平均値の差の検定からの統計学入門

●統計的仮説検定の理解から予測へ

堤 裕之 Hiroyuki Tsutsumi

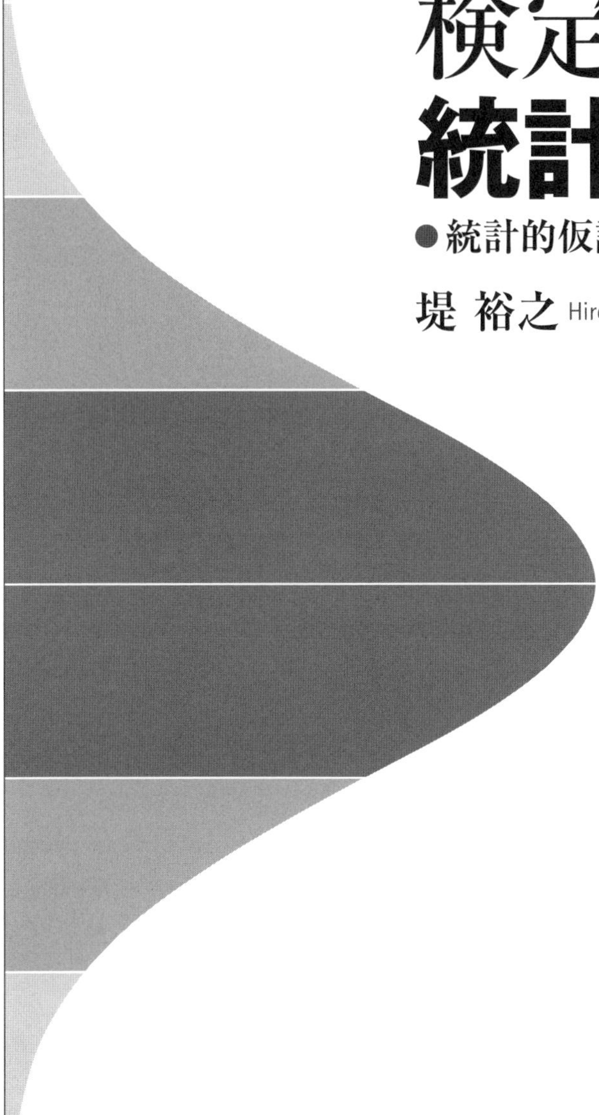

An Introduction to Statistics from Test of Difference in Means

ナカニシヤ出版

はじめに

本書は，理系以外の大学初年時の学生に向けた「統計学」の授業用の教科書として書き下ろしましたので，はじめに，著者の本書の授業での使い方についての企図を説明しておきたいと思います．

目次をみればわかる通り，本書は，半期 15 回の講義形式の授業を想定しています．そして，各講は，必ず 2 頁以内の要点と，その詳しい解説をした本文，そして演習問題から構成されています．本書について，まず，ご留意いただきたいのは，授業で解説することを想定しているのは要点の 2 頁のみで，本文部分ではないことです．本文は休んだ学生とやる気のある学生のための自習用です．

もちろん，本文に沿った解説ができないわけではないのですが，最初の数講はともかく，それ以降は，授業でそのまま解説するには頁数が多過ぎると思います．また，本文の記述は，教科書としての正確さを重視し，その分記述が複雑です．理系の学生ならともかく，それ以外だと，細かな部分は省き，議論の流れを重視する方がよいでしょう．特に，連続確率変数の確率は，積分を計算としてではなく，面積としてとらえるよう解説していただきたいと思います．

なお，本書は，基本的に高等学校 1 年次までに学ぶ数学の知識を前提として全体を記述していることから，基本的には，例，もしくは簡易的な式変形のみの解説に留めています．ただし，他の書籍にあまり載せられていないもの，例えばウエルチの検定の基になる定理 12.12 などですが，これらについては，ある程度複雑な式変形も記述することにしました．

また，本書の主たる内容は，古典的な「平均値の差の検定」についての解説です．これは卒業研究などでの必要性に配慮した結果なのですが，最後の 3 講だけは，現代的な統計学への橋渡しを企図して記しています．この辺りの事情については，最終講の「おわりに」にいくらかの解説を入れておきましたので，ご覧いただければと思います．

最後に，演習問題についてです．

本書の演習問題は一部を除き，手で計算するのではなく，表計算ソフトを用いて解くことを想定しています．驚いたことに，統計の専用パッケージを使わなくても，表計算ソフトを用いて，簡単に，さまざまな分布に従う乱数を発生させることができます．そして，この機能を用いて，実際に本書の定理が成立していることを数値的に確かめる問題を出題しています．これらの問題をレポートなどに課すことで学生の理解がそれなりに進むのではないかと思います．

目次

第 I 部

確率変数の四則演算と期待値・分散

われわれの身の周りで観測される値のほとんどは，さまざまな理由で変化します．すなわち「変数」です．また，その変化は，同じ対象を観測しているのならば，なんらかの傾向があるでしょう．この傾向は，変数の値のそれぞれに対して，その値が現れる「確率」を対応させることで明示できます．これが「確率変数」の概念です．すなわち，確率付きの変数が確率変数であり，われわれの身の周りで観測される値のほとんどは確率変数なのです．

ここで，変数は X, Y のような記号で表すこと，そして，変数どうしは加減乗除でき，たとえば $X+Y=2X$ のように計算できることを思い出しましょう．

確率変数も変数ですから，もちろん X, Y のような記号で表します．また，$X+X=2X$ のような計算もできます．しかし，その計算結果もまた確率変数だと考えてよいのでしょうか．また，もし確率変数だとすると，どのような確率が対応するのでしょうか．

第 I 部の目標はこの疑問に答えることです．

結論からいえば，確率変数どうしの四則演算結果もまた確率変数です．また，対応する確率の計算方法も分かります．ただし，その計算はかなり複雑です．現実には，簡単な確率変数，もしくは，かなり限定された条件を満たす確率変数でなければ実際に計算を実行することはできません．

このため方針を次のように転換します．

確率変数どうしを加減乗除した値もまた確率変数です．しかし，その確率変数の値がどのような確率と対応するのかを計算で完全に明らかにすることは多くの場合困難です．代わりに，確率変数の特徴を表す値を考え，その値が加減乗除によりどのような影響を受けるのかを考察するのです．

この確率変数の特徴を表す最も典型的な値が「期待値」と「分散」です．また，この方針はある程度うまくいきます．確率変数に「独立」という自然な条件を付すことで，非常に計算のしやすい公式が，「期待値」については加法・減法・乗法に対して成立し，「分散」については加法・減法に対して成立するからです．

さて，確率変数には大きく分け，離散的なものと連続的なものがあるのですが，まずは，離散的な確率変数に対してこれらの事実を順にみていきましょう．

第 1 講

離散確率分布と期待値・分散（1 変数）

ここからしばらくは，推計統計の基本概念を説明するために必要な言葉の準備をします．

ポイント 1.1. 離散確率変数と分布

1. 確率的に変化する数が**確率変数**です．本書は一般の確率変数を X, Y のように大文字で表します．本節はとびとびの値に変化する**離散的確率変数**についてのみ取り扱います．
2. 確率変数の各値が現れる確率を返すのが**確率関数（確率質量関数）**です．本書は確率変数 X の確率関数を大文字で $F(X), G(X)$ のように表します．
3. 確率関数のグラフが**確率分布**（単に**分布**ともいう）です．
4. 与えられた値以下の値が現れる確率を返すのが**累積分布関数**です．本書は確率関数 $F(X)$ に対応する累積分布関数を $F_X(t)$ のように表します．
5. 累積分布関数のグラフが**累積確率分布**です．

ポイント 1.2. 期待値と分散

1. 確率変数を，その確率で加重平均した値が**期待値**です．期待値は分布を代表する値です．本書は確率変数 X の期待値を $E(X)$ で表します．
2. 確率変数から期待値を引いた値が**偏差**です．
3. 偏差の 2 乗の期待値が**分散**です．分散は分布のばらつきを代表する値です．本書は確率変数 X の分散を $V(X)$ で表します．
4. 確率分布が与えられたら，その代表値である期待値と分散をすぐに計算すべきです．本書は以下のような表を利用して計算することを推奨しています．

確率変数	1	2	3	合計
確率	1/3	1/3	1/3	1
確率変数 · 確率	1/3	2/3	3/3	2
偏差	−1	0	1	
偏差^2	1	0	1	
偏差^2 · 確率	1/3	0	1/3	2/3

ポイント 1.3. 基本的な離散確率分布

1. 全ての値が同確率で現れる分布は**一様分布**とよばれます．一様分布の期待値は，確率変数の全ての値の算術平均値と一致します．
2. ある出来事が起きるに 1，起きないに 0 を対応させる分布が**ベルヌーイ分布**です．その期待値は値 1 が現れる確率と一致し，分散は値 1 が現れる確率と値 0 が現れる確率の積と一致します．ベルヌーイ分布の典型例は，はいかいいえで答えるアンケートです．ここでは，はいに 1，いいえに 0 に対応させます（逆でもかまいません）．
3. 単位時間内に平均 λ 回起きることが，ちょうど X 回発生する確率は $\frac{\lambda^X e^{\lambda}}{X!}$ で計算できます．† この分布を**ポアソン分布**といいます．ポアソン分布の期待値と分散は両方 λ です．

† $e \simeq 2.718281828$ を**ネイピア数**とよぶ．

1.1 離散的確率変数

まずは，離散的な確率変数とその記号の使い方を紹介しましょう．

定義 1.1. 確率変数

確率的に変化する値を**確率変数**といい，特にとびとびの値しか現れない確率変数を**離散的な確率変数**という．本書は一般の確率変数を X, Y, Z のように大文字で記す．また，離散的な確率変数 X の各値を $x_1, x_2, \ldots, x_n$ のように小文字で記す．

例 1. X は $1, 2, 3$ のいずれかの値を取り，どの値も同じ確率で現れるとします．つまり，どの値が現れる確率も 1/3 です．これは，離散的な確率変数のもっとも簡単な例のひとつです．

例 2. Y は $0, 1$ のいずれかの値を取り，$Y = 0$ となる確率が q，$Y = 1$ となる確率が p だとしましょう．Y は 2 つしか値を取らないので，もちろん $p + q = 1$ で，これから $q = 1 - p$ となることが分かります．

次に，離散的な確率変数に対して定まる確率関数について解説します．

定義 1.2. 確率関数

離散的な確率変数に対して，その各値に対応する確率を返す関数を**確率関数**，もしくは**確率質量関数**とよぶ．本書は確率関数を $F(X), G(Y), H(Z)$ のように大文字で記す．†

† 本書では採用しなかったが，確率変数 X が値 x_i となる確率が p_i であることを $P(X = x_i) = p_i$ のように表すことも多い．ただし，一般に，関数に対してこのような記号は使われないことを覚えておいてほしい．

解説．確率関数とは，確率変数という「数」を入れると，その数が出てくる確率という「数」が返されますので，数学的な「関数」の一種です（関数の一般的な考え方と記号の使い方については，文献 [1] 第 9 講などを参照するとよいでしょう）．また，確率変数を与えることと，確率関数を与えることは本質的に同じことです．確率関数とは，確率変数を単に関数の記号を用いて書き直しただけのものだからです．

例 3. 例 1 で与えた確率変数に対応する確率関数 $F(X)$ は

$$F(1) = F(2) = F(3) = \frac{1}{3}$$

です．これを $P(X = 1) = P(X = 2) = P(X = 3) = 1/3$ と書くこともあります．

例 4. 例 2 で与えた確率変数に対応する確率関数 $F(Y)$ は

$$F(0) = q = 1 - p, \qquad F(1) = p$$

です．これを $P(Y = 0) = q, P(Y = 1) = p$ と書くこともあります．

確率関数が与えられれば，そこから累積分布関数を作ることができます．

定義 1.3. 累積分布関数

確率変数 X の値が t 以下となる確率を返す関数を確率変数 X の**累積分布関数**とよぶ．本書は，確率関数 $F(X)$ に対応する累積分布関数を $F_X(t)$ のように表す．

例 5. 例 1 の確率変数に対応する累積分布関数は，

$$F_X(t) = \begin{cases} 0 & (t < 1) \\ 1/3 & (1 \leq t < 2) \\ 2/3 & (2 \leq t < 3) \\ 1 & (t \geq 3) \end{cases}$$

です．また，例 2 の確率変数 Y に対応する累積確率関数は，

$$F_Y(t) = \begin{cases} 0 & (t < 1/2) \\ 1/2 & (1/2 \leq t < 1) \\ 1 & (t \geq 1) \end{cases}$$

となります．

これまでとは逆に，累積確率関数を与えます．すると，この累積確率関数の元となっている確率関数を復元することは容易です．つまり，確率関数を与えるということと，累積確率関数を与えるということは本質的には同じことです．本質的に同じなら，わかりやすい確率関数だけを使えばよいのに，なぜ，わざわざわかりにくい累積確率関数を考えるのでしょうか．実は，統計では，確率関数よりも，累積確率関数を考えることの方が多いのですが，この理由については第 4 講で解説します．

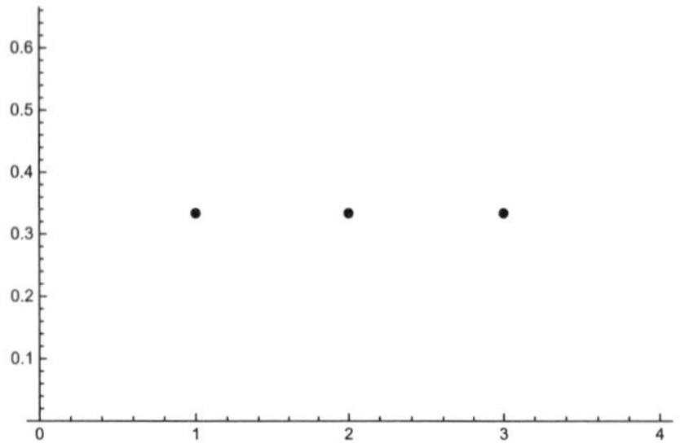

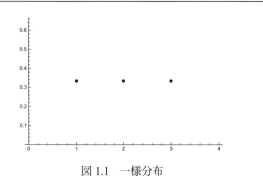

図 1.1　一様分布

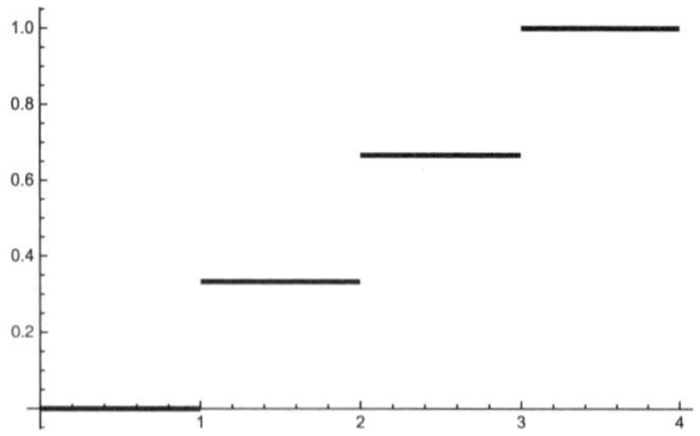

図 1.2　一様分布の累積分布関数

定義 1.4. 確率分布（分布）

離散的な確率変数に対して，その確率関数のグラフを**確率分布**，もしくは単に**分布**とよぶ．

定義 1.5. 累積確率分布

確率変数に対して，その累積分布関数のグラフを**累積確率分布**とよぶ．

例 6. 例 1 で与えられる確率関数のグラフ，言い換えると確率分布は図 1.1 の通りです．なお，このようなどの値も同じ確率で現れる確率分布は，**一様分布**とよばれています．また，その累積確率分布は図 1.2 のような右肩上がりの階段状のグラフです．

確率分布の定義は形式的には「グラフ」です．しかし，実際にはこれ以外のものも確率分布とよばれることがあります．すでに，確率変数を与えることと確率関数を与えること，確率関数を与えることと累積確率関数を与えることは本質的に同じだと説明しました．確率分布は，確率関数のグラフです．グラフが描ければ，どのような関数なのかは一目瞭然です．したがって，確率分布を与えることと，確率関数を与えることは本質的に全く同じことです．このように，確率変数，確率関数，累積確率関数，確率分布は全て本質的には同じ概念であり，単にみた目が異なっているに過ぎません．だから，確率変数，確率関数，累積確率関数を確率分布とよんでも構わないわけです．

例 7. 例 1 で与えた一様分布を表の形で表すと，

X	1	2	3
$F(X)$	1/3	1/3	1/3

のようになりますが，グラフを描く代わりに，この表を確率分布とよんでも構いません．

なお，確率変数 X に対応する確率分布が P であることを，「確率変数 X は確率分布 P に**従う**」と表現します．また，記号「~」を用いて，「$X \sim P$」のように表すこともあります．

1.2 期待値

確率変数とは，確率的に変化する値でした．変化する値ですから，さまざまな値が出てくる可能性があります．その詳細はグラフ（確率分布）を描くことでみやすくはなりますが，ここからは，これら確率的に変化する値全体の特徴を，いくつかの数を用いて表すことを考えましょう．

このような値は一般に**代表値**とよばれますが，それらのなかで，最も重要な値が**期待値**です．期待値の定義は形式的には以下の通りです．

定義 1.6. 期待値（離散）

確率変数 X が $x_1, x_2, \ldots, x_n$ の各値を取るとし，その確率関数を $F(X)$ とおく．このとき，値

$$E(X) = x_1F(x_1) + x_2F(x_2) + \cdots + x_nF(x_n)$$

を X の**期待値**とよび，本書はこれを記号 $E(X)$ で記す．

例 8. 例 1 で与えた一様分布の期待値は

$$E(X) = 1 \times \frac{1}{3} + 2 \times \frac{1}{3} + 3 \times \frac{1}{3} = \frac{1+2+3}{3} = 2$$

です．実際に計算するときは，以下のような表を作るとよいでしょう．合計欄の最下段に現れている値が期待値です．

X	1	2	3	合計
$F(X)$	1/3	1/3	1/3	1
$X \cdot F(X)$	1/3	2/3	3/3	2

例 8 をみて，一様分布のとき，期待値の計算は，（算術）平均の計算と全く同じことに気付かれた人も多いと思います．つまり，期待値の特殊例の一つが算術平均なのです．もちろん，一般には，期待値と平均は異なる値です．両者の計算を混同しないようにしなければなりません．

なお，期待値と平均には，上で述べたこと以外に，より重要，かつ本質的な関係があります．これは期待値がなぜ「期待」値とよばれるのかの答えでもあるのですが，この点は第 9 講で解説します．

1.3 分散

確率変数の最も重要な代表値が期待値であることに間違いはないのですが，これ以外に，もう一つ重要な代表値があります．それが**分散**とよばれる値です．

分散を求めるには期待値よりもかなり複雑な計算を行わなければなりません．また，分散は，それ自体，ある種の期待値です．これらのことを説明しやすするために，分散の定義をいきなり与えるのではなく，まずは，**偏差**について解説します．

定義 1.7. 偏差

確率変数 $X - E(X)$ を確率変数 X の**偏差**とよぶ[†].

[†] 確率変数に対して，偏差という言葉遣いは普通行われない．しかし，便利な言葉であることから，本書ではあえて確率変数に対してもこの言葉遣いを採用する．

例 9. 例 1 で与えた一様分布の偏差は

X	1	2	3	合計
$F(X)$	1/3	1/3	1/3	1
$X \cdot F(X)$	1/3	2/3	3/3	2
偏差	−1	0	1	

となります．

偏差は確率変数の値と期待値がどの程度離れているのかを示す値であり，確率変数の一種だととらえるべきものです．

例 10. 例 9 で一様分布 X の偏差を計算しました．この場合，例えば $X = 1$ に対応する偏差は −1 ですが，この値が，期待値 2 から 1 が −1 だけ離れたところにあるという事実を表していることは，その計算からみて明らかでしょう．

では，この −1 という値はどの程度の確率で得られる値でしょうか．それはもちろん $X = 1$ が現れる確率と同じであり，この場合は 1/3 がその答えです．

このように，偏差の各値に対して，対応する X の値に付随する確率を対応させなければなりません．すなわち，確率変数 X の偏差はそれ自体が確率変数であり，その確率分布は，基となる確率変数の確率分布を期待値分だけ横に平行移動させたものになります．

偏差は確率変数の一種ですから，その期待値を計算することができます．しかし，この値を実際に計算する必要はありません．次の定理が成立するからです．

定理 1.8. 偏差の期待値

偏差の期待値は 0 である．

例 11. 例 9 で与えた一様分布の偏差の期待値を定義に従い計算してみましょう．

X	1	2	3	合計
$F(X)$	1/3	1/3	1/3	1
$X \cdot F(X)$	1/3	2/3	3/3	2
偏差	−1	0	1	
偏差 $\cdot F(X)$	−1/3	0	1/3	0

合計欄の最下段が偏差の期待値のはずですが，たしかに，定理 1.8 の主張通り 0 が出てきています．

定理 1.8 の証明は，第 3 講で行います．本節の目標である分散は，以下のように定義されます．

定義 1.9. 分散（離散）

確率変数 X が $x_1, x_2, \ldots, x_n$ の各値を取るとし，その確率関数が $F(X)$ だとする．このとき，値

$$V(X) = E\left((X - E(X))^2\right) = (x_1 - E(X))^2 F(x_1) + (x_2 - E(X))^2 F(x_2) + \cdots + (x_n - E(X))^2 F(x_n)$$

を X の**分散**とよび，本書はこれを記号 $V(X)$ で記す．すなわち，偏差の 2 乗の期待値が**分散**である．

例 12. 例 1 で与えた一様分布の分散は以下のように計算できます．

$$V(X) = \frac{1}{3}\left\{(1-2)^2 + (2-2)^2 + (3-2)^2\right\} = \frac{2}{3}.$$

これまでと同様に，表の形でこの計算を追ったものは以下の通りです．

X	1	2	3	合計
$F(X)$	1/3	1/3	1/3	1
$X \cdot F(X)$	1/3	2/3	3/3	2
偏差	−1	0	1	
偏差^2	1	0	1	
偏差$^2 \cdot F(X)$	1/3	0	1/3	2/3

合計欄の最下段に分散の値が現れます．表にすることで，分散が偏差の 2 乗の期待値であることが分かりやすくなるのではないかと思います．

分散は，偏差の 2 乗の期待値であることから，分布のばらつきを代表する値となりますが，この点についての詳細な解説は，期待値の場合と同様に，第 9 講で行います．

1.4 代表的な離散確率分布

本節は，代表的な（離散）分布として，一様分布，ベルヌーイ分布，そしてポアソン分布を紹介します．

定義 1.10. 一様分布

離散的な確率変数 X の値が，全て同じ確率で現れるとき，この確率変数 X が対応する分布は**（離散的な）一様分布**とよばれる．

例 13. 例 1 に与えた確率変数 X は，全ての値が同確率 1/3 で現れますので，一様分布に従う確率変数です．また，偏りのないサイコロを投げて現れる値も，一様分布に従う確率変数です．

定理 1.11. 一様分布の期待値と算術平均

確率変数 X が一様分布に従うとき，その期待値 $E(X)$ は X として現れる値全ての算術平均に等しい．

定理 1.12. 一様分布の分散

値 $x_1, x_2, \ldots, x_n$ を取る確率変数 X が一様分布に従うとき，その分散は，

$$V(X) = \frac{(x_1 - \overline{x})^2 + (x_2 - \overline{x})^2 + \cdots + (x_n - \overline{x})^2}{n}$$

を満たす．ただし，$\overline{x}$ は値 $x_1, x_2, \ldots, x_n$ の算術平均値である．

解説. 一様分布の場合，その定義から，確率関数が，$F(x_1) = F(x_2) = \cdots = F(x_n) = 1/n$ を満たすことは明らかです．したがって，$E(X) = \overline{x}$ となることはほぼ明らかですし，この結果を定義 1.9 に適用することで，定理 1.12 が成立することもすぐに分かります．

次に，ベルヌーイ分布を取り上げましょう．

定義 1.13. ベルヌーイ分布

確率 p で 1 を，確率 $q = 1 - p$ で 0 を取る離散確率分布を（成功確率 p の）**ベルヌーイ分布**とよぶ．

例 14. 例 2 で与えた確率変数に対応する分布がベルヌーイ分布です．

この分布は，ある出来事が起きたとき（成功したとき）を 1，起きなかったとき（失敗したとき）を 0 と対応させることで現れます．もちろん，このとき，確率 p は，ある出来事が起きる確率（成功確率），確率 q はその逆，つまり，ある出来事が起きない確率（失敗確率）に対応します．

ベルヌーイ分布の典型例は，はいか，いいえで答えるアンケートです．はいに 1 を，いいえに 0 を割り当てればよいからです（逆に割り当ててもかまいません）．

定理 1.14. ベルヌーイ分布の期待値と分散

ベルヌーイ分布の期待値は p，分散は $pq = p(1 - p)$ である．

解説. 実際の計算の様子は以下のようになります．

X	0	1	合計
$F(X)$	$1 - p$	p	1
$X \cdot F(X)$	0	p	p
偏差	$-p$	$1 - p$	
偏差^2	p^2	$(1 - p)^2$	
偏差$^2 \cdot F(X)$	$p^2(1 - p)$	$p(1 - p)^2$	$p(1 - p)$

例 15. 硬貨を投げ，表が出る回数を X とおくと，この確率変数に対応する分布は一様分布かつベルヌーイ分布です．この場合，$p = 1/2$ ですから，期待値は $p = 1/2$，分散は $pq = 1/4$ です．

最後に，ポアソン分布を紹介しましょう．

定義 1.15. ポアソン分布

定数 λ と非負の整数を値にもつ確率変数 X に対し，その確率関数 $F(X)$ が

$$F(X) = \frac{\lambda^X e^\lambda}{X!}$$

となる分布を**ポアソン分布**とよび，本書はこれを記号 $P(\lambda)$ で表す．ただし，e は**ネイピア数**とよばれる，近似値

$$e \simeq 2.7182818284590452353602874713 52$$

を取る数学定数であり，$X! = X(X-1)\cdots 2\cdot 1$ である．

定理 1.16. ポアソン分布の意味

分布 $P(\lambda)$ は，単位時間内に平均 λ 回起きることが，ちょうど X 回発生する確率を与える．

定理 1.17. ポアソン分布の期待値・分散

分布 $P(\lambda)$ の期待値と分散は共に λ である．

解説. これらの事実を証明するには，かなり深い数学の知識が必要になります．したがって，その詳細については，本書では取り扱いません（これらの詳細について知りたい場合は，文献 [2] 等を参照するとよいでしょう）．なお，ネイピア数 e については，第 7 講でその詳細を取り扱います．

例 16. 時間当たり平均 5 個の不良品が流れる生産ラインに 10 個の不良品が流れてくる確率は，$\lambda = 5$ として，

$$F(10) = \frac{5^{10}e^{-5}}{10!} \simeq 0.0181328$$

のように計算できます．一見，かなり低い確率に思えますが，24 時間操業の工場なら，2 日に 1 回程度は起こり得る程度の確率です．したがって，この程度だと，工場の設備，もしくは生産過程になんらかの異常が発生したとはみなされないでしょう．

演習問題

問 1. 確率変数 X が一様分布に従うとき，その偏差の合計値が 0 であることを示せ．

問 2. 確率変数 X の分散 $V(X) \geq 0$ となるのがなぜかを説明せよ．また，どのような場合に $V(X) = 0$ となるのかを答えよ．

問 3. ある人とじゃんけんをし，勝った場合に 1，引き分けた場合に 0，負けた場合に -1 を対応させて得られる確率変数を X とおく．この確率変数 X の確率関数 $F(X)$，累積分布関数 $F_X(t)$ を構成し，その確率分布を描け．また，その期待値と分散を求めよ．

問 4. サイコロ（六面体）を投げて出る目を X とおく．この確率変数 X の確率関数 $F(X)$，累積分布関数 $F_X(t)$ を構成し，その確率分布を描け．また，その期待値と分散を求めよ．

問 5. 硬貨を n 回投げ，表が出る回数を X_n とおく．$n = 1, 2, 3$ に対して，確率関数 $F(X_n)$，および累積確率関数 $F_{X_n}(t)$ を構成し，その確率分布を折れ線グラフで描け．また，その期待値と分散を求めよ．

問 6. ある箱のなかに 3 本のあたりが含まれるくじ 10 本を用意する．あたりくじを引くと賞金 100 円がもらえ，はずれくじだと 50 円寄付をしなければならないとする．以下の問いに答えよ．

(1) このくじを 1 本引いて得られる賞金額を X とおく．確率変数 X の期待値・分散を求めよ．
(2) このくじを 2 本同時に引いて得られる賞金額を Y とおく．確率変数 Y の期待値・分散を求めよ．
(3) このくじを 2 本引くが，今度は，1 本目のくじを引き，それを箱に戻して 2 本目のくじを引いたとする．このようにして得られる賞金額を Z と置き，その期待値と分散を求めよ．

問 7. ある箱のなかに 30 本のあたりが含まれるくじ 100 本を用意する．9 人がくじを引き，あたりが X 本含まれるとして，この確率変数 X の確率分布を折れ線グラフで描け（このような確率分布を**超幾何分布**とよぶ）．また，その期待値，分散を計算せよ．

問 8. $\lambda = 1, 5, 10, 20, X = 0, 1, 2, \ldots, 30$ に関するポアソン分布を折れ線グラフで描け（図 8.1 参照）．

問 9. $n = 0, 1, 2, \ldots, 10$ について，$n!$ を計算せよ．

問 10. あるプロ野球チームの 1 試合あたりの平均得点数は 2 点だとする．このプロ野球チームが試合で 10 得点する確率を求めよ．

問 11. ある学生は，400 字ごとに平均 5 か所の綴り間違いをすることが分かっている．この学生にレポートを課したとして，以下の問いに答えよ．ただし，提出は 400 字詰めの原稿用紙で行われたとする．

(1) 10 枚目の提出用紙に，綴り間違いがちょうど 5 か所ある確率を求めよ．
(2) 1 枚目の提出用紙に，綴り間違いが 5 か所以内しかない確率を求めよ．
(3) 1 枚目の提出用紙に，綴り間違いが n か所以上ある確率が 2% 未満となるような数 n を求めよ．
(4) レポートは全 10 枚から成るとする．綴り間違いが 10 か所以上の提出用紙がある確率を求めよ．

第 2 講

多変数の離散確率分布とその四則演算

第 2 講は，確率変数の四則演算を理解することが主目的なのですが，そのためには，多変数の離散確率分布，周辺確率分布，そして確率変数の独立性の概念をこの順番に理解しなければなりません．

ポイント 2.1. 多変数の離散確率分布と独立性

1. 確率的に変化する数の組が多変数の確率変数であり，(X, Y) のように表します．確率関数，確率分布も第 1 講と同様に定義します．本書は多変数の離散確率分布を以下のような表で与えます．

$Y \backslash X$	x_1	x_2	x_3	F_Y
y_1	1/8	1/4	1/8	1/2
y_2	1/8	1/4	1/8	1/2
F_X	1/4	1/2	1/4	–

2. 上の表の F_X と F_Y の欄には，それぞれ，確率を列ごとに合計した値と行ごとに合計した値が与えられています．これらの値に対応する確率分布が，X，もしくは Y の**周辺確率分布**です．
3. 多変数の確率分布が，周辺確率分布の対応する値の積で得られるとき，分布の各変数は**独立**とよばれます．つまり，確率変数 X と Y が独立とは，

$Y \backslash X$	x_1	x_2	x_3	F_Y
y_1	p_1q_1	p_1q_2	p_1q_3	p_1
y_2	p_2q_1	p_2q_2	p_2q_3	p_2
F_X	q_1	q_2	q_3	–

のようになることです．なお，これは，X の各値が，Y の各値と無関係（独立）に現れるという状況を数学的に言い換えたものでもあります．

ポイント 2.2. 離散確率分布の四則演算とスカラー倍・平行移動

1. 確率「変数」ですから，四則演算ができます．たとえば，確率変数 X と Y が

$Y \backslash X$	0	1	2
1	1/8	1/4	1/8
2	1/12	1/6	1/4

のとき，その和・差・積・商は以下のように計算されます．

$Z = X + Y$	1	2	3	4
$F(Z)$	1/8	1/4 + 1/12 = 1/3	1/8 + 1/6 = 7/24	1/4

$Z = X - Y$	-2	-1	0	1
$F(Z)$	1/12	1/8 + 1/6 = 7/24	1/4 + 1/4 = 1/2	1/8

$Z = XY$	0	1	2	4
$F(Z)$	1/8 + 1/12 = 5/24	1/4	1/8 + 1/6 = 7/24	1/4

$Z = X/Y$	0	1/2	1	2
$F(Z)$	1/8 + 1/12 = 5/24	1/6	1/4 + 1/4 = 1/2	1/8

2. 確率変数になにかの定数を掛けることを**スカラー倍**といいます．スカラー倍された値に対応する確率は，元の値のものと一致します．
3. 確率変数になにかの定数を加えることを**平行移動**といいます．平行移動された値に対応する確率は，元の値のものと一致します．

ポイント 2.3. 二項分布とポアソン分布

1. ベルヌーイ分布に従う独立な確率変数の和を複数回取ることで得られる分布が**二項分布**です．これは，成功の確率が p，失敗の確率が $q = 1 - p$ の独立な試行を n 回実施したとき，ちょうど X 回試行に成功する確率を与える分布です．本書は二項分布を $B(n, p)$ と略記します．
2. 分布 $B(n, p)$ の確率関数 $F(X)$ は，
$$F(X) = {}_nC_X p^X (1 - p)^{n-X}$$
を満たします．また，その期待値は np，分散は $np(1 - p)$ となります．
3. 十分に小さな値 p について，$\lambda = np$ とおくと，二項分布 $B(n, p)$ は，λ に関するポアソン分布とほぼ等しくなります．これは，**ポアソンの極限定理**とよばれており，ポアソン分布が，滅多に起こらない希少な出来事の発生数の確率分布ともみなせることを示しています．

2.1 2 変数の離散確率分布

まずは，2 変数の離散確率変数と，その記号の使い方を紹介します．

定義 2.1. 多変数の離散確率変数

変数の 2 つの組 (X, Y) に対して，変数 X は $x_1, x_2, \ldots, x_m$，変数 Y は $y_1, y_2, \ldots, y_n$ の各値を取るとする．これら各値の全ての組 (x_i, x_j) が確率的に変化するとき，(X, Y) を 2 **変数の確率変数**とよぶ．3 変数，4 変数などの確率変数も同様に定義する．

例 17. X は $0, 1, 2$，Y は $0, 1$ のいずれかの値を取るとします．また，これら各値の全ての組

$$(0,0),\quad (0,1),\quad (1,0),\quad (1,1),\quad (2,0),\quad (2,1)$$

はどの組も同じ確率 1/6 で得られるとします．このとき，(X, Y) は（離散的な）2 変数の確率変数です．

1 変数の確率変数は，確率的に変化する「数」だと定義しました．多変数の確率変数とは，要するに確率的に変化する「数の組」です．

多変数の確率関数は 1 変数のときと同じように定義できます．しかし，累積確率関数については，定義が面倒なことから，本書では取り扱いません．2 変数の確率関数は以下のように定義できます．

定義 2.2. 2 変数の確率関数

2 変数の離散的な確率変数に対して，その各値の組に対応する確率を返す関数をその**確率関数**とよぶ．本書は 2 変数の確率関数を $F(X, Y), G(Y, Z)$ のように大文字で記す．3 変数，4 変数の場合も同様に定義する．†

† 定義 1.2 の脚注と同様に，$F(x_i, y_j) = p_{ij}$ を $P(X = x_i, Y = y_j) = p_{ij}$ のように表すことがある．また，値 p_{ij} を**同時確率**とよぶことも多い．

例 18. 例 17 で与えた 2 変数の確率変数に対応する確率関数 $F(X, Y)$ は次で定義されます．

$$F(0,0) = F(0,1) = F(1,0) = F(1,1) = F(2,0) = F(2,1) = \frac{1}{6}.$$

2 変数の離散確率分布も，1 変数のときと同じように定義します．

定義 2.3. 2 変数の離散確率分布

離散的な 2 変数の確率変数に対して，その確率関数のグラフを **2 変数の確率分布**，もしくは**同時確率分布**とよぶ．

例 19. 例 18 で与えた確率関数の確率分布は図 2.1 のようになります．どの数の組も同じ確率で現れますので，1 変数のときと同様に，この 2 変数の確率分布も**一様分布**とよばれます．

しかし，図 2.1 のようなグラフを描くのは大変ですし，あまりみやすくもありません．2 変数の離散的な確率分布はグラフではなく，図 2.2 のような表の形で示すことが多いようです．

2.2 周辺確率分布と確率変数の独立性

2 変数の確率分布に対して，周辺確率分布とは以下で定義される分布です．

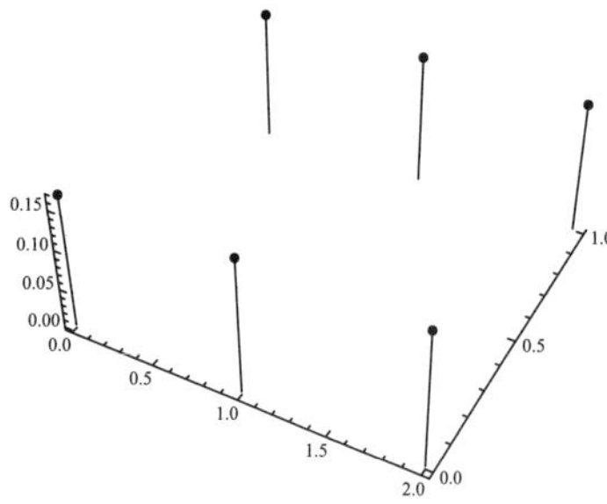

図 2.1　2 変数の一様分布

$Y\backslash X$	0	1	2
0	1/6	1/6	1/6
1	1/6	1/6	1/6

図 2.2　2 変数の一様分布

定義 2.4. 周辺確率分布

確率関数 $F(X,Y)$ について，変数 X は $x_1, x_2, \ldots, x_m$，変数 Y は $y_1, y_2, \ldots, y_n$ の各値を取るとする．このとき，確率関数

$$F_X(Y) = F(X, y_1) + F(X, y_2) + \cdots + F(X, y_n),$$
$$F_Y(X) = F(x_1, Y) + F(x_2, Y) + \cdots + F(x_m, Y)$$

で定まる確率分布をそれぞれ**確率変数 X の周辺確率分布**，**確率変数 Y の周辺確率分布**とよぶ．

例 20. 例 19 の一様分布について，変数 X の周辺確率分布は，下表の通り列の値を合計して，変数 Y の周辺確率分布は，行の値を合計して得られます．

$Y\backslash X$	0	1	2	F_Y
0	1/6	1/6	1/6	1/2
1	1/6	1/6	1/6	1/2
F_X	1/3	1/3	1/3	–

つまり，確率変数 X の周辺確率分布を与える確率関数 $F_X(Y)$ は，$F_X(0) = F_X(1) = F_X(2) = 1/3$ です．また，確率変数 Y の周辺確率分布を与える確率関数 $F_Y(X)$ は，$F_Y(0) = F_Y(1) = 1/2$ です．

確率変数 X と Y の独立性は，周辺確率分布を用いて定義します．

定義 2.5. 確率変数の独立性

2 変数の確率関数 $F(X,Y)$ に対して，その周辺確率分布を与える確率関数を $F_X(Y), F_Y(X)$ とおく．

$$F(X,Y) = F_Y(X) \times F_X(Y)$$

となるとき，確率変数 X と Y は**独立**という．逆に，確率変数 X の確率関数 $F(X)$ と確率変数 Y の確率関数 $G(Y)$ を用いて，

$$H(X,Y) = F(X) \times G(Y)$$

と定めることで，独立な，確率関数が $H(X,Y)$ となる 2 変数の確率分布を定めることができる．

例 21. 例 20 で与えた一様分布とその周辺確率分布を与える表は記号 F_X, F_Y を使うと，以下のように書くことができます．

$Y\backslash X$	0	1	2	F_Y
0	$F_X(0)\times F_Y(0)$	$F_X(0)\times F_Y(1)$	$F_X(0)\times F_Y(2)$	$F_Y(0)$
1	$F_X(1)\times F_Y(0)$	$F_X(1)\times F_Y(1)$	$F_X(1)\times F_Y(2)$	$F_Y(1)$
F_X	$F_X(0)$	$F_X(1)$	$F_X(2)$	–

したがって，一様分布に従う確率変数 X と Y は独立です．

定義をみただけでは，独立の意味が分からないのではないかと思います．確率変数が独立であるとは，どのような意味なのかを理解するために，さらにふたつの例を与えましょう．よく似たことをしているのですが，前者は独立となり，後者はそうなりません．

例 22. 10 円硬貨 2 枚と 50 円硬貨 1 枚を投げ，10 円硬貨の表が出た回数を X，50 円硬貨の表が出た回数を Y と置きます．

10 円硬貨だけに着目すると，その確率関数 $F_{10}(X)$ は，$F_{10}(0) = F_{10}(2) = 1/4, F_{10}(1) = 1/2$ を満たします．50 円硬貨のみに着目すると，その確率関数 $F_{50}(Y)$ は，$F_{50}(0) = F_{50}(1) = 1/2$ を満たします．

確率変数の組 (X, Y) に対して，その確率関数 $F(X, Y)$ と周辺確率 F_X, F_Y は

$Y\backslash X$	0	1	2	F_Y
0	1/8	1/4	1/8	1/2
1	1/8	1/4	1/8	1/2
F_X	1/4	1/2	1/4	–

です。$F_Y(X) = F_{10}(X)$, $F_X(Y) = F_{50}(Y)$ となり，この場合，確率変数 X と Y は独立です．

例 23. 10 円硬貨 2 枚と 50 円硬貨 1 枚を同様に用意します．ただし，今度は，10 円硬貨を先に投げ，その表が出た回数 50 円硬貨を投げることができるとします．10 円硬貨の表が出た回数を X，50 円硬貨の表が出る回数を Y としたとき，確率変数 (X, Y) に対応する確率関数 $F(X, Y)$ と周辺確率関数 $F_X(Y), F_Y(X)$ は

$Y\backslash X$	0	1	2	F_Y
0	1/4	1/4	1/16	9/16
1	0	1/4	1/8	3/8
2	0	0	1/16	1/16
F_X	1/4	1/2	1/4	–

です．$F_X(2)\times F_Y(2) = 1/64 \neq 1/16 = F(2, 2)$ ですから，X と Y は独立ではありません．

例 22 と例 23 の違いはなんでしょうか．

例 22 の場合は，10 円を投げることで得られる結果が，50 円を投げることになにも影響を及ぼしませ

ん．しかし，例 23 の場合は違います．つまり，例 22 の場合は，10 円を投げるという行為と，50 円を投げるという行為が「独立」に行われますが，例 23 の場合は違う，と言い換えることができます．これが「独立」という言葉の裏側にある考え方です．

一般に，異なる確率変数には，異なる記号を割り当てます．例 22 と 23 では，10 円に X，50 円に Y を割り当てました．これらが異なる確率変数だからです．しかし，異なる記号を使っているからといって，確率変数が独立だと判断することはできません．例 23 はまさにそのような例です．

逆にいえば，同じ記号を割り当ててよい確率変数は，全く同じ変化をする確率変数だけです．(X, X) と書いた場合，前者の X がたとえば 1 に変化したとすると，後者の X も必ず（必然的に，確率 1 で）1 に変化する，そのような確率変数の組だと解釈しなければなりません．

2.3 確率変数の四則演算

2 変数の確率変数と確率関数を使うことで，確率変数の四則演算を定義することができます．

定義 2.6. 確率変数の和（差）

離散的な確率変数の組 (X, Y) とその確率関数 $F(X, Y)$ に対し，$Z = X \pm Y$ を，変数 X の値 x_i と変数 Y の値 y_j の和（差）$x_i \pm y_j$ として表せる全ての値を取る変数とし，変数 Z の各値 z に対応する確率を

$$z = x_i \pm y_j \text{となる全ての } F(x_i, y_j) \text{ の和}$$

で定める．このようにして作られる確率変数 Z を**確率変数** (X, Y) **の和（差）**とよぶ．

例 24. 硬貨を 2 回投げ，表が出た場合に 1，裏が出た場合に 0 を対応させることとし，1 回目に表が出たか否かを表す確率変数を X_1，2 回目に表が出たか否かを表す確率変数を X_2 と置きます．このとき，その確率関数 $F(X_1, X_2)$ の値は，

$X_2 \backslash X_1$	0	1
0	1/4	1/4
1	1/4	1/4

です．したがって，確率変数の和 $Y = X_1 + X_2$ は，$0 = 0 + 0$, $1 = 1 + 0 = 0 + 1$, $2 = 1 + 1$ の 3 つの値を取ります．すなわち，2 枚の硬貨を投げ表が出る回数を表す確率変数で，その確率関数 $G(Y)$ は，

$$G(0) = F(0, 0) = 1/4, \quad G(1) = F(1, 0) + F(0, 1) = 1/2, \quad G(2) = F(1, 1) = 1/4$$

を満たします．

この例をみると，確率変数の和（差）の確率関数の値は，表の右上から左下へ斜め向きに確率を足し合わせて得られることに気が付きます．このような計算は一般に**畳み込み**とよばれています．

なお，この場合の確率変数の差 $Z = X_1 - X_2$ は，$-1 = 0 - 1$, $0 = 0 - 0 = 1 - 1$, $1 = 1 - 0$ の 3 つの値を取る確率変数であり，その確率関数 $H(Z)$ は，

$$H(-1) = F(0, 1) = 1/4, \quad H(0) = F(0, 0) + F(1, 1) = 1/2, \quad H(1) = F(1, 0) = 1/4$$

となります．

定義 2.7. 確率変数の積

離散的な確率変数の組 (X, Y) とその確率関数 $F(X, Y)$ に対し，$Z = XY$ を，変数 X の値 x_i と変数 Y の値 y_j の積 $x_i y_j$ として表せる全ての値を取る変数だとし，変数 Z の各値 z に対応する確率を

$$z = x_i y_j \text{となる全ての } F(x_i, y_j) \text{ の和}$$

で定める．このようにして作られる確率変数 Z を**確率変数** (X, Y) **の積**とよぶ．

例 25. 例 24 で与えた確率関数 $F(X_1, X_2)$ をもつ確率分布に対して，確率変数の積 $Z = X_1 X_2$ は，$0 = 0 \times 0 = 1 \times 0 = 0 \times 1$, $1 = 1 \times 1$ の 2 つの値のみを取る確率変数で，その確率関数 $J(Z)$ は，

$$J(0) = F(0, 0) + F(1, 0) + F(0, 1) = 3/4, \quad J(1) = F(1, 1) = 1/4$$

を満たします．これは，2 回とも表の出る確率を返す確率関数だと解釈できます．

商も同様に定義できるのですが，零で割れないことに注意する必要があります．

定義 2.8. 確率変数の商

離散的な確率変数の組 (X, Y) とその確率関数 $F(X, Y)$ に対し，$Z = X/Y$ を，変数 X の値 x_i と変数 Y の値 y_j の商 x_i/y_j として表せる全ての値を取る変数だとし，変数 Z の各値 z に対応する確率を

$$z = x_i/y_j \text{となる全ての } F(x_i, y_j) \text{ の和}$$

で定める．このようにして作られる確率変数 Z を**確率変数** (X, Y) **の商**とよぶ．

例 26. 例 24 で与えた確率関数 $F(X_1, X_2)$ をもつ確率分布に対して，確率変数の商 $V = X_1/X_2$ は定義できません．なぜならば，確率変数 X_2 は値 0 を取る可能性があり，このとき X_1/X_2 は定義できないからです．

確率分布が

$X_2 \backslash X_1$	0	1
1	1/4	1/4
2	1/4	1/4

の場合は商 $Z = X_1/X_2$ を定義できます．この場合，確率変数の商 $Z = X_1/X_2$ は，$0 = 0/1 = 0/2$, $0.5 = 1/2$, $1 = 1/1$ の 3 つの値を取る確率変数で，その確率関数 $K(Z)$ は

$$K(0) = F(0, 1) + F(0, 2) = 1/2, \quad K(1/2) = F(1, 2) = 1/4, \quad K(1) = F(1, 1) = 1/4$$

を満たします．

2.4 離散確率変数のスカラー倍と平行移動

確率変数の和と積の特殊例として，特に重要なものがスカラー倍と平行移動です.

スカラー倍とは，変数になにかの定数を掛けること，平行移動とは変数になんらかの定数を足すことです．記号使って書くと，X を変数，a, b を定数としたとき，

$$aX$$

がスカラー倍,

$$X + b$$

が平行移動とよばれます.

最初に述べた通り，スカラー倍と平行移動は確率変数の和と積の特殊な場合です．なぜならば，定数は確率 1 で（必ず）その値が現れる確率変数だと解釈できるからです．したがって，スカラー倍は確率変数の積として，平行移動は確率変数の和として解釈できます．このことから次の結果が得られます.

定理 2.9. 確率変数のスカラー倍

離散的な確率変数 X は $x_1, x_2, \ldots, x_n$ の各値を取るとし，その確率関数を $F(X)$ とする．このとき，定数 a に対して，確率変数 aX は，$ax_1, ax_2, \ldots, ax_n$ の各値を取り，その確率分布は,

$$ax_i \text{ が現れる確率} = F(x_i) \quad (i = 1, 2, \ldots, n)$$

を満たす.

定理 2.10. 確率変数の平行移動

離散的な確率変数 X は $x_1, x_2, \ldots, x_n$ の各値を取るとし，その確率関数を $F(X)$ とする．このとき，定数 b に対して，確率変数 $X + b$ は，$x_1 + b, x_2 + b, \ldots, x_n + b$ の各値を取り，その確率分布は,

$$x_i + b \text{ が現れる確率} = F(x_i) \quad (i = 1, 2, \ldots, n)$$

を満たす．つまり，確率変数 $X + b$ の確率分布は，確率変数 X の確率分布を横向きに b 平行移動して得られる.

解説. 上の注意より，確率変数 X と定数 a は独立であり，組 (X, a) が満たす確率分布は

$a\backslash X$	x_1	x_2	$\cdots$	x_n
a	$1 \times F(x_1)$	$1 \times F(x_2)$	$\cdots$	$1 \times F(x_n)$

です．したがって，値 ax_i が現れる確率は $1 \times F(x_i) = F(x_i)$ です．平行移動の場合も全く同様です.

例 27. 硬貨を 2 回投げ，表が出る回数を X とおくと，X は確率変数で，その分布は

X	0	1	2
確率	1/4	1/2	1/4

です．この確率変数 X に対して，確率変数 $2X + 1$ の確率分布は

$2X + 1$	1	3	5
確率	1/4	1/2	1/4

であり，元の確率分布を横に 2 倍して，右に 1 平行移動させたものとなっています．

2.5　二項分布

確率変数の四則演算の結果はふたたび確率変数です．つまり，四則演算で新たな確率変数を作り出すことができます．そのような確率分布の例として最も基本的なものが二項分布です．

定義 2.11. 二項分布

確率変数 $X_1, X_2, \ldots, X_n$ は独立であり，すべて同じ（成功確率が p の）ベルヌーイ分布に従うとする．このとき，確率変数 $Y = X_1 + X_2 + \cdots + X_n$ が従う分布を**二項分布**とよび，これを記号 $B(n, p)$ で表す．

解説. 二項分布は，ベルヌーイ分布に従う独立な確率変数の和で定義される分布です．ベルヌーイ分布に従う確率変数 X は，成功のとき 1，失敗のとき 0 となります．したがって，二項分布に従う確率変数 Y は，

$$Y = \underbrace{\cdots + \overbrace{0}^{\text{失敗}} + \cdots + \overbrace{1}^{\text{成功}} + \cdots + \overbrace{0}^{\text{失敗}} + \cdots + \overbrace{0}^{\text{失敗}} \ldots}_{n\ \text{回}} = \text{成功回数}$$

を満たし，これにより，二項分布とは，成功・失敗いずれかの結果となる試行を独立に n 回繰り返し試したとき，そのうち X 回に実際に成功する確率を返す分布とみなせることが分かります．

例 28. 例 24 の確率変数 Y が二項分布 $B(2, 1/2)$ に従うことは，その構成の仕方からほぼ明らかでしょう．

例 29. 分布 $B(n, p)$ の典型例は，はいかいいえで答えるアンケートを n 人に実施したときに現れます．このとき，はい（いいえ）と答える人の数 Y は二項分布 $B(n, p)$ に従います．ここで，もちろん確率 p はアンケートにはい（いいえ）と答える確率です．

定理 2.12. 二項分布の確率関数

分布 $B(n, p)$ の確率関数 $F(X)$ は,

$$F(X) = {}_nC_X p^X (1-p)^{n-X}$$

を満たす．ただし，${}_nC_X$ は**組み合わせの数**であり，その具体的な値は,

$${}_nC_X = \frac{n!}{X!(n-X)!} = \frac{n \times (n-1) \times \cdots \times (n-X+1)}{X \times (X-1) \times \cdots \times 1}$$

である．

解説. $n = 4, X = 2$ の場合を解説しましょう．また，$q = 1 - p$ と置いておきます．

まず，確率変数 X_1, X_2, X_3, X_4 は独立です．したがって，たとえば，$X_1 = 1, X_2 = 1, X_3 = 0, X_4 = 0$ となる確率は，確率変数 X_k の確率関数を $F_k(X_k)$ とおくと,

$$F_1(1) \times F_2(1) \times F_3(0) \times F_4(0) = p \times p \times q \times q = p^2 q^2$$

です（定義 2.5 参照）．$Y = X_1 + X_2 + X_3 + X_4 = 2$ となるのは，これに加えて,

$X_1 + X_2 + X_3 + X_4$	確率
$1+0+1+0$	$p \times q \times p \times q = p^2q^2$
$1+0+0+1$	$p \times q \times q \times p = p^2q^2$
$0+1+1+0$	$q \times p \times p \times q = p^2q^2$
$0+1+0+1$	$q \times p \times q \times p = p^2q^2$
$0+0+1+1$	$q \times q \times p \times p = p^2q^2$

の場合も考えなければなりません．すなわち，$Y = 2$ となる場合は，$Y = \square + \square + \square + \square$ の 4 つの□から，2 ヵ所 1 を入れる場所を選ぶ（残りの□には 0 を入れる）ことに対応し，また，$Y = 2$ となるどの組み合わせでも確率が全て同じ値 $p^2q^{4-2} = p^Xq^{n-X}$ になることが導かれます．

n 個の□から，X 個の□を選ぶ選び方の総数は，組み合わせの数 ${}_nC_X$ の定義そのままです（組み合わせの数 ${}_nC_X$ の詳細は文献 [3] 等を参照してください）．したがって，定義 2.6 より，$Y = 2$ となる確率は,

$${}_nC_X p^X q^{n-X} = {}_4C_2 p^2 q^{4-2} = \frac{4!}{2!2!} = 6p^2q^2$$

となることが分かります．

定理 2.13. 二項分布の期待値・分散

分布 $B(n, p)$ の期待値は np，分散は $np(1-p)$ である．

解説. この定理の証明は第 3 講で行います．なお，組み合わせの数の性質を用いた直接的な証明も行えることを注意しておきます．

さらに，二項分布とポアソン分布との間には次のような関係が知られています．

定理 2.14. ポアソンの極限定理

確率 p が十分に小さな値のとき，$\lambda = np$ に対して，

$$ {}_nC_X p^X (1-p)^{n-X} \simeq \frac{\lambda^X e^{\lambda}}{X!} $$

が成立する．すなわち，確率 p が十分に小さな値の場合，分布 $B(n,p)$ とポアソン分布はほぼ同じ分布だとみなすことができる．

解説. 本定理の証明も，かなり深い数学の知識を要することから本書では省略しますが，実際に，$p = 1/90$, $n = 9$ と置き，分布 $B(n,p)$ の確率関数の値と，$\lambda = np = 1/10$ に関するポアソン分布の確率関数の値を比較すると，

X	二項分布	ポアソン分布
0	0.904331117	0.904837418
1	0.091449214	0.090483742
2	0.004110077	0.004524187
3	0.000107755	0.000150806
4	0.000001816	0.000003770

のようになり，小数点以下 3 桁まで完全に一致することがみて取れます．

なお，p が十分に小さい値なのですから，$1 - p \simeq 1$ です．このとき，二項分布 $B(n,p)$ の期待値は $np = \lambda$，分散は $np(1-p) \simeq np = \lambda$ となり，定理 1.17 の主張と整合しています．

ポアソンの極限定理より，ポアソン分布が次の意味をもつ確率分布であることは明らかでしょう．

定理 2.15. ポアソン分布と二項分布

ポアソン分布は，滅多に起こらない希少な出来事の発生数に対応する確率を与える．

例 30. 馬に蹴られて死ぬことが稀であろうことは調べるまでもなくほぼ明らかですが，これを実際に研究したのがボルトキーヴィッチ (1868–1931) です．彼は 1875 年から 1894 年にかけての 20 年間のプロイセン陸軍に所属する 200 の騎兵隊の馬に蹴られて死亡する兵士の数を調査し，それが，

死者数 (X)	0	1	2	3	4	5 (以上)
軍団数 (A)	109	65	22	3	1	0
確率 $(A/200)$	0.5450	0.3250	0.1100	0.0150	0.0050	0.0000
$0.61^X e^{0.61}/X!$	0.5434	0.3314	0.1011	0.0206	0.0031	0.0004

であることを報告しました（文献 [4] 参照）．この表から，その確率は，$\lambda = 0.61$ のポアソン分布と近いことがみて取れます．

演習問題

問 12. ある箱の中に 10 本のくじがあり，そのうちの 3 本だけが当たりくじである．当たりくじを引くと賞金 100 円がもらえ，外れくじだと 50 円寄付をしなければならないとする．以下の問いに答えよ．

(1) このくじ 2 本同時に引き，1 本目のくじの賞金を X，2 本目のものを Y とおく．確率変数の組 (X, Y) の確率分布とその周辺確率を求めよ．また，確率変数 X と Y が独立か否かを答えよ．

(2) このくじを 2 本引くが，今度は，1 本目のくじを引き，それを箱に戻して 2 本目のくじを引いたとする．1 本目のくじで得られた賞金額を X，2 本目のものを Y と置き，確率変数の組 (X, Y) の確率分布とその周辺確率を求めよ．また，確率変数 X と Y が独立か否かを判定せよ．

問 13. 問 12 で与えた確率変数の組 (X, Y) の和 $X + Y$，差 $X - Y$，積 XY，商 X/Y の確率関数を構成せよ．また，$2X, -Y, X + 1, 3Y - 1, X^2, Y^3$ に対応する確率関数を構成せよ．

問 14. 10 円硬貨 2 枚と 100 円硬貨 1 枚を投げ，10 円硬貨の表が出た枚数を X，100 円硬貨の表の出た枚数を Y とおく．確率変数の組 (X, Y) の確率分布とその周辺分布を求めよ．また，確率変数 X と Y が独立か否かを判定せよ．

問 15. 異なる n 個のものから X 個を取り出す取り出し方の総数 ${}_nC_X$ に関する $n = 0, 1, 2, \ldots, 10, X = 0, 1, 2, \ldots, 10$ の場合の表を作成せよ．

問 16. 問 14 で与えた確率変数の組 (X, Y) の和 $X + Y$ を定義 2.6 にしたがって求め，それが分布 $B(3, 1/2)$ と一致することを確かめよ．また，その期待値と分散を求めよ．

問 17. $n = 1, 2, 3, 5, 15, 24, 99$ の各場合について，分布 $B(n, 1/3)$ を折れ線グラフで描け．

問 18. サイコロを n 回投げ，目 1 が出る回数を X，目 6 が出る回数を Y とおく．このとき (X, Y) は 2 変数の離散確率変数であり，その確率関数は

$$F(X, Y) = {}_{10}C_X \cdot {}_{10-X}C_Y \cdot \left(\frac{1}{6}\right)^X \left(\frac{1}{6}\right)^Y \left(\frac{2}{3}\right)^{n-(X+Y)}$$

で与えられるが，このような離散確率分布を**多項分布**とよぶ．$n = 10$ の場合の確率分布の表を作成せよ．また，その周辺分布を求め，確率変数 X と Y が独立か否かを判定せよ．

問 19. 分布 $P(0.61)$ と分布 $B(100, 0.61/100)$ を $X = 0, 1, 2, \ldots, 10$ の範囲で描き，定理 2.14 の主張通り，それらがほとんど同じ分布となることを確かめよ．

第 3 講

離散確率変数の演算と期待値・分散の関係

第 3 講は確率変数の演算が期待値，分散の値にどのような影響を与えるのかについて解説します．確率変数が独立か否かで，成立する結果が大きく違うことに注意しなければなりません．

ポイント 3.1. 確率変数の四則演算と期待値・分散の関係

離散的な確率変数の和（差）$X \pm Y$ に対して，

$$E(X \pm Y) = E(X) \pm E(Y) \qquad \text{（複合同順）}$$

が成り立ちます．さらに，確率変数 X と Y が独立ならば，

$$E(X \times Y) = E(X) \times E(Y),$$
$$V(X \pm Y) = V(X) + V(Y)$$

も成り立ちます．確率変数の商の期待値や積の分散などに対して，同様の計算規則は成立しないことにも注意が必要です．

ポイント 3.2. 確率変数のスカラー倍・平行移動と期待値・分散の関係

離散的な確率変数 X と定数 a, b に対して，

$$E(aX + b) = aE(X) + b,$$
$$V(aX + b) = a^2 V(X)$$

が成立します．

ポイント 3.3. 分散と期待値

分散は，2 乗の期待値から期待値の 2 乗を引くことで得られます．つまり，確率変数 X に対して，

$$V(X) = E(X^2) - E(X)^2$$

が成立します．

ポイント 3.4. 二項分布の期待値・分散

分布 $B(n,p)$ の期待値と分散は，この分布が成功確率 p の独立なベルヌーイ分布 $X_1, X_2, \ldots, X_n$ の和とみなせることから，

$$E(X_1 + X_2 + \cdots + X_n) = E(X_1) + E(X_2) + \cdots + E(X_n) = np,$$
$$V(X_1 + X_2 + \cdots + X_n) = V(X_1) + V(X_2) + \cdots + V(X_n) = np(1-p)$$

です．ただし，ベルヌーイ分布の期待値が p，分散が $p(1-p)$ であることをここでは用いています．

3.1 期待値と確率変数の四則演算の関係

まず，確率変数の和（差）が期待値にどのような影響を与えるのかをみてみましょう．

定理 3.1. 離散確率変数の和（差）と期待値

離散確率変数 (X,Y) に対して，

$$E(X \pm Y) = E(X) \pm E(Y) \qquad \text{(複合同順)}$$

が成立する．

例 31. 例 23 の確率分布で実際に計算してみましょう．確率変数 (X,Y) の確率分布と周辺確率分布は，

$Y\backslash X$	0	1	2	F_Y
0	1/4	1/4	1/16	9/16
1	0	1/4	1/8	3/8
2	0	0	1/16	1/16
F_X	1/4	1/2	1/4	–

でした．確率変数 $Z = X + Y$ の確率分布と期待値の計算を表にすると，

Z	$0+0$	$1+0=0+1$	$2+0=1+1=0+2$	$2+1=1+2$	$2+2$	合計
$F(Z)$	1/4	$1/4+0=1/4$	$1/16+1/4+0=5/16$	$1/8+0=1/8$	1/16	1
$Z \cdot F(Z)$	0	1/4	5/8	3/8	1/4	3/2

です．期待値は合計欄の最下段に出てきています．

期待値 $E(X), E(Y)$ は，X, Y に対応する確率関数がそれぞれ $F_Y(X), F_X(Y)$ なので，

$$E(X) = 0 \cdot \frac{1}{4} + 1 \cdot \frac{1}{2} + 2 \cdot \frac{1}{4} = 1, \quad E(Y) = 0 \cdot \frac{9}{16} + 1 \cdot \frac{3}{8} + 2 \cdot \frac{1}{16} = \frac{1}{2}$$

であり，たしかに $E(X+Y) = 3/2 = 1 + 1/2 = E(X) + E(Y)$ です．

確率変数の和（差）に対応する期待値は，それぞれの期待値の和（差）になります．また，この性質は，確率変数の独立性とは無関係に成立します．例 31 はまさにそのような例となっています．

次に，確率変数の積が期待値に与える影響についてみてみましょう．

定理 3.2. 離散確率変数の積と期待値

独立な離散確率変数 X と Y に対して,

$$E(X \times Y) = E(X) \times E(Y)$$

が成立する.

例 32. 今度は例 22 の確率分布を用いて実際に計算してみましょう. 確率変数 (X, Y) の確率分布と周辺確率分布は,

$Y \backslash X$	0	1	2	F_Y
0	1/8	1/4	1/8	1/2
1	1/8	1/4	1/8	1/2
F_X	1/4	1/2	1/4	–

でした. 確率変数 $Z = XY$ の確率分布と期待値の計算を表にすると,

Z	$0 \cdot 0 = 0 \cdot 1 = 1 \cdot 0 = 2 \cdot 0$	$1 \cdot 1$	$2 \cdot 1$	合計
$F(Z)$	$1/8 + 1/8 + 1/4 + 1/8 = 5/8$	1/4	1/8	1
$Z \cdot F(Z)$	0	1/4	1/4	1/2

です. 期待値は合計欄の最下段に出てきています.

期待値 $E(X), E(Y)$ は,

$$E(X) = 0 \cdot \frac{1}{4} + 1 \cdot \frac{1}{2} + 2 \cdot \frac{1}{4} = 1, \quad E(Y) = 0 \cdot \frac{1}{2} + 1 \cdot \frac{1}{2} = \frac{1}{2}$$

であり, たしかに $E(X \times Y) = 1/2 = 1 \times 1/2 = E(X) \times E(Y)$ です.

この定理は, 確率変数の積の期待値が, それぞれの確率変数の積であることを主張しています. しかし, 前提として, 確率変数が独立でなければなりません. 例 23 の確率分布でこれを確かめてみましょう.

例 33. 例 23 の確率分布は, 例 31 でも使いましたので, ここではその確率分布を再掲せずに, 積 $Z = XY$ の確率分布と期待値の計算のみ表で示します.

Z	0	1	2	4	合計
$F(Z)$	9/16	1/4	1/8	1/16	1
$Z \cdot F(Z)$	0	1/4	1/4	1/4	3/4

期待値 $E(X)$ と $E(Y)$ は例 31 で計算済みで, それぞれ 1 と 1/2 ですので, $E(X \times Y) = 3/4 \neq 1/2 = 1 \times 1/2 = E(X) \times E(Y)$ となり, 積の期待値が, 期待値の積と一致しません.

残念ながら確率変数の商の期待値については, たとえ確率変数が独立だとしても, 和と積のときのような自然な対応はありません. 例 26 の確率分布でこれをみてみましょう.

例 34. 例 26 の確率分布と，商 $Z = X_1/X_2$ の期待値の計算を表にしたものは以下の通りです．

$X_2 \backslash X_1$	0	1	F_{X_2}
1	1/4	1/4	1/2
2	1/4	1/4	1/2
F_{X_1}	1/2	1/2	–

Z	0	1/2	1	合計
$F(Z)$	1/2	1/4	1/4	1
$Z \cdot F(Z)$	0	1/8	1/4	3/8

期待値 $E(X_1), E(X_2)$ は，X_1, X_2 に対応する確率関数がそれぞれ $F_{X_2}(X_1), F_{X_1}(X_2)$ なので，

$$E(X_1) = 0 \cdot \frac{1}{2} + 1 \cdot \frac{1}{2} = \frac{1}{2}, \quad E(X_2) = 1 \cdot \frac{1}{2} + 2 \cdot \frac{1}{2} = \frac{3}{2}$$

です．$E(X_1/X_2) = 3/8 \neq 1/3 = (1/2)/(3/2) = E(X_1)/E(X_2)$ となり，たとえ確率変数が独立だとしても，確率変数の商の期待値が期待値の商と一致しないことが分かります．

3.2 スカラー倍・平行移動と期待値

第 2 講の第 2.4 節で，定数は確率 1 でその値を取る特別な確率変数であることを注意しました．したがって，スカラー倍・平行移動と期待値の関係は，期待値の四則演算の特殊例だととらえられます．

定理 3.3. スカラー倍・平行移動と期待値（離散）

離散確率変数 X と，定数 a, b に対して

$$E(aX + b) = aE(X) + b$$

が成立する．特に，$E(b) = b$ である．

解説. 定数 a は，確率 1 で（常に）値 a を取る確率変数なので，確率変数 X になんの影響も与えませんし，逆に，確率変数 X からなんの影響もうけません．つまり，確率変数 X と a は独立です．したがって，確率変数 $aX + b$ に定理 3.1 と定理 3.2 の両方を適用できます．結果的に，

$$\begin{aligned} E(aX + b) &= E(aX) + E(b) && \text{(定理 3.1)} \\ &= E(a) \times E(X) + E(b) = aE(X) + b && \text{(定理 3.2)} \end{aligned}$$

と計算できます．なお，$E(a) = a, E(b) = b$ は期待値の定義からすぐに分かることです．

例 35. 定理 1.8 で偏差の期待値が 0 になることを紹介しました．これは，期待値が定数であることに注意して（ここではわかりやすくするために，$E(X) = e$ と置きます），定理 3.3 を使い，

$$E(X - e) = E(X) - e = e - e = 0$$

のように，簡単に示せます．

3.3 期待値と分散の関係

定理 3.3 を利用して，さらに分散と期待値の間に成立する重要な次の関係を示せます．

定理 3.4. 期待値と分散の関係（離散）

分散は，2 乗の期待値から，期待値の 2 乗を差し引いた値と一致する．

解説. 偏差の 2 乗の期待値が分散（定義 1.9 参照）です．したがって，定理 3.3 を繰り返し使って，

$$
\begin{aligned}
V(X) &= E\left((X-e)^2\right) = E\left(X^2 - 2eX + e^2\right) \\
&= E(X^2) - 2eE(X) + e^2 = E(X^2) - 2e^2 + e^2 = E(X^2) - e^2
\end{aligned}
$$

が分かります．なお，分かりやすくするために，$E(X) = e$ と置いています．また，$E(X^2) = E(X)^2$ ではないことに注意してください．$E(X^2) = E(X \times X) = E(X) \times E(X) = E(X)^2$ と計算するには，X が X と独立でなければなりません（定理 3.2）が，明らかにそうではありません．

例 36. 第 1 講の例 2 で与えたベルヌーイ分布で定理 3.4 を確かめてみましょう．ベルヌーイ分布の期待値と分散，および，2 乗の期待値を元の定義にしたがって計算したものは以下の通りです．

X	0	1	合計
$F(X)$	$1-p$	p	1
$X \cdot F(X)$	0	p	p
偏差	$-p$	$1-p$	
偏差^2	p^2	$(1-p)^2$	
確率 · 偏差^2	$p^2(1-p)$	$p(1-p)^2$	$p(1-p)$

X^2	0	1	合計
$F(X^2)$	$1-p$	p	1
$X^2 \cdot F(X^2)$	0	p	p

2 乗の期待値から期待値の 2 乗を差し引くと，$p - p^2 = p(1-p)$ となり，たしかにベルヌーイ分布 X の分散と同じ値が出てきます．

3.4 分散と確率変数の和の関係

期待値のときとは違い，確率変数の四則演算と分散の四則演算の間には，和を除き，自然な対応がありません．また，和の場合も，無条件ではなく，独立性の仮定が必要になります．

定理 3.5. 離散確率変数の和（差）と分散

独立な確率変数 X と Y に対して，

$$V(X \pm Y) = V(X) + V(Y)$$

が成立する．

解説. この定理は，定理 3.4，3.1，3.2 を順番に使うことで出てきます．まず，定理 3.4 より，分散は，2 乗の期待値から期待値の 2 乗を差し引いて得られますので，

$$\begin{aligned}V(X \pm Y) &= E((X \pm Y)^2) - E(X \pm Y)^2 \\ &= E(X^2 \pm 2XY + Y^2) - E(X \pm Y)^2 \\ &= E(X^2) \pm 2E(XY) + E(Y^2) - (E(X) \pm E(Y))^2 && \text{（定理 3.1）} \\ &= E(X^2) \pm 2E(X)E(Y) + E(Y^2) - E(X)^2 \mp 2E(X)E(Y) - E(Y)^2 && \text{（定理 3.2）} \\ &= E(X^2) - E(X)^2 + E(Y^2) - E(Y)^2 = V(X) + V(Y)\end{aligned}$$

です．定理 3.2 を使うには X と Y の独立性が必要なので，この定理にも独立性の仮定が必要です．

例 37. 例 22 の確率分布を用いて分散を実際に計算しましょう．まず，X と Y の分散を計算します．

$Y \backslash X$	0	1	2	F_X	$Y \cdot F_X(Y)$	$Y - E(Y)$	$(Y - E(Y))^2$	$(Y - E(Y))^2 \cdot F_X(Y)$
0	1/8	1/4	1/8	1/2	0	−1/2	1/4	1/8
1	1/8	1/4	1/8	1/2	1/2	1/2	1/4	1/8
F_Y	1/4	1/2	1/4	合計	1/2			1/4
$X \cdot F_Y(X)$	0	1/2	1/2	1				
$X - E(X)$	−1	0	1					
$(X - E(X))^2$	1	0	1					
$(X - E(X))^2 \cdot F_Y(X)$	1/4	0	1/4	1/2				

次に，$Z = X + Y$ の分散を計算しましょう．

Z	0	1	2	3	合計
$F(Z)$	1/8	3/8	3/8	1/8	1
$Z \cdot F(Z)$	0	3/8	6/8	3/8	3/2
偏差	−3/2	−1/2	1/2	3/2	
偏差^2	9/4	1/4	1/4	9/4	
偏差^2・確率	9/32	3/32	3/32	9/32	3/4

たしかに，$V(X + Y) = 3/4 = 1/2 + 1/4 = V(X) + V(Y)$ となりました．

3.5 スカラー倍・平行移動と分散

定理 3.3 とは違い，スカラー倍・平行移動と分散の関係は少しわかりにくい形をしています．

定理 3.6. スカラー倍・平行移動と分散（離散）

離散確率変数 X と，定数 a, b に対して

$$V(aX + b) = a^2 V(X)$$

が成立する．特に，$V(b) = 0$ である．

解説. 定数は，確率 1 で（常に）その値を取る確率変数だととらえられること，さらに，定数は全ての確率変数と独立であることに注意して，定理 3.5 を使うと，

$$V(aX+b) = V(aX) + V(b)$$

が分かります．定理 3.4 より，分散は確率変数の 2 乗の期待値から，期待値の 2 乗を差し引いて得られるので，

$$V(aX) = E(a^2X^2) - E(aX)^2 = a^2E(X^2) - a^2E(X)^2 = a^2\left(E(X^2) - E(X)^2\right) = a^2V(X)$$

です．ここで，2 番目の等号が成立することは，定理 3.3 を，最後の等号が成立することは，定理 3.4 を再度使うことで分かります．同様に，

$$V(b) = E(b^2) - E(b)^2 = b^2 - b^2 = 0$$

となることも分かります．したがって，$V(aX+b) = a^2V(X)$ が出てきました．

ここまでの結果を利用することで，二項分布の期待値・分散を容易に導くことができます．

定理 3.7. 二項分布の期待値・分散（定理 2.13 の再掲）

分布 $B(n,p)$ の期待値は np，分散は $np(1-p)$ である．

解説. 分布 $B(n,p)$ は，ベルヌーイ分布に従う n 個の確率変数 $X_1, X_2, \ldots, X_n$ の和が従う分布です．ベルヌーイ分布に従う確率変数 X_i の期待値と分散は，分散は例 36 より，

$$E(X_i) = p, \qquad V(X_i) = p(1-p)$$

ですから，定理 3.1 と定理 3.5 より，

$$E(X) = E(X_1 + X_2 + \cdots + X_n) = E(X_1) + E(X_2) + \cdots + E(X_n) = np,$$
$$V(X) = V(X_1 + X_2 + \cdots + X_n) = V(X_1) + V(X_2) + \cdots + V(X_n) = np(1-p)$$

となることがすぐに分かります．

演習問題

問 20. 離散確率変数 X と Y は独立であり，さらに，$E(X) = 3, E(Y) = 2, E(X^2) = 25, E(Y^2) = 7$ を満たすとする．以下の問いに答えよ．

(1) 確率変数 $X, 2Y$ の分散を求めよ．
(2) 確率変数 $X^2 + X, 3XY$ の期待値を求めよ．
(3) 確率変数 $3X - 1, X + 2Y$ の期待値と分散を求めよ．

問 21. 問 7 で与えた超幾何分布を与える確率変数 X に対して，$V(X) = E(X^2) - E(X)^2$ が成立することを期待値 $E(X^2)$ を定義に従い計算することで確かめよ．

問 22. 問 12，問 14，問 18 で与えた確率変数 X, Y について，期待値 $E(X + Y)$ と分散 $V(X + Y)$ の値を定義に従い計算せよ．また，それらの値と値 $E(X) + E(Y), V(X) + V(Y)$ を比較せよ．また，同様に，期待値 $E(XY)$，分散 $V(XY)$ と値 $E(X)E(Y), V(X)V(Y)$ も比較せよ．

問 23. $n = 1, 2, 3, 5, 15, 24, 99$ の各場合について，分布 $B(n, 1/3)$ の期待値と分散を定義に従い計算せよ．また，それらの値が，定理 3.7 と整合していることを確かめよ．

問 24. あたり 100 円が出る確率が 1/6，あたり 10 円が出る確率が 1/3，はずれの確率が 1/2 のくじを 10 回引き，k 回目にくじを引いた結果貰える金額を X_k，10 回引いた結果貰える金額の合計を X とおく．期待値 $E(X), E(X_k)$ と分散 $V(X), V(X_k)$ の値を定義に従い計算せよ．また，

$$E(X) = E(X_1) + E(X_2) + \cdots + E(X_{10})$$
$$V(X) = V(X_1) + V(X_2) + \cdots + V(X_{10})$$

であることを確かめよ．

問 25. 同じ確率分布に従う互いに独立な離散確率変数 $X_1, X_2, \ldots, X_n$ に対して，

$$E\left(\frac{X_1 + X_2 + \cdots + X_n}{n}\right) = E(X_1), \qquad V\left(\frac{X_1 + X_2 + \cdots + X_n}{n}\right) = \frac{V(X_1)}{n}$$

が成立する理由を説明せよ．

問 26. 定理 2.14 を用いて，分布 $P(\lambda)$ の期待値と分散が共に λ となることを示せ．

問 27. 確率変数 X が成功確率 p のベルヌーイ分布に従うとして，任意の自然数 n に対して $E(X^n) = p$ であることを示せ．また，この事実を用いて，分布 $B(m, p)$ に従う確率変数 Y について，

$$E(X^3) = m(m-1)(m-2)p^3 + 3m(m-1)p^2 + mp,$$
$$E(X^4) = m(m-1)(m-2)(m-3)p^4 + 6m(m-1)(m-2)p^3 + 7m(m-1)p^2 + mp$$

となることを示せ．

第 4 講

積分と連続確率分布

確率的に変化する値が確率変数ですが，ここまで，離散的なものだけを取り上げました．ここからは，より難しい連続的な確率変数の取り扱いについて解説します．

ポイント 4.1. 連続確率変数

1. 離散的ではない確率変数が**連続確率変数**です．たとえば，人の身長は連続確率変数の一種です．
2. 連続確率変数に対して，累積分布関数は離散確率変数と同様に定義できます．しかし，確率関数を考える意味はありません．なぜなら，「連続確率変数の確率関数は常に 0」だからです．連続確率変数の場合，確率関数の代わりに**確率密度関数**を考えなければなりません．
3. 離散確率変数の期待値・分散は確率関数を使って定めました．同様に，連続確率変数の場合，これらは確率密度関数を使って定めます．

ポイント 4.2. 積分

確率密度関数について理解するには，まず，**積分**について理解しなければなりません．**積分**（関数 $f(X)$ の区間 $[a,b]$ における積分）とは，関数 $f(X)$ のグラフに対して定められる図 4.1 の斜線で表される面積 S_1 と S_2 の差 $S_1 - S_2$ のことで，一般に，この値を記号

$$\int_a^b f(X)dX$$

で表します．ただし，記号 $\int_a^b$ は「区間 $[a,b]$ で合計」を，記号 dX は「X 付近」を表しています．

ポイント 4.3. 確率密度関数と確率分布

連続確率変数 X の累積分布関数 $F_X(t)$ に対して，

$$F_X(t) = \int_{-\infty}^t f(X)dX$$

を満たす関数 $f(X)$ を**確率密度関数**，そのグラフを連続確率変数 X の**確率分布**といいます．つまり，

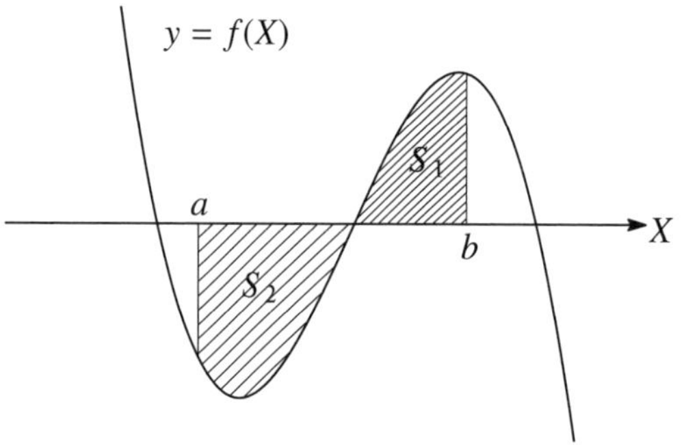

図 4.1　積分の定義

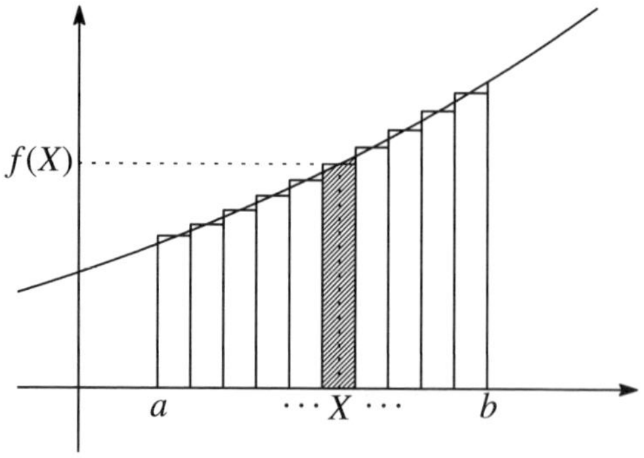

図 4.2　積分記号の意味

連続確率変数がある範囲の値を取る確率を面積で表現するために確率密度関数を使います．定義より，

$$\int_{-\infty}^{\infty} f(X)dX = 1$$

は明らかでしょう．また，

$$f(X)dX$$

は「X 付近の値が現れる確率」を表しています．

4.1　連続確率変数と累積分布関数

まずは，連続的な確率変数の定義をしておきましょう．

定義 4.1. 確率変数

離散的ではない確率変数を**連続確率変数**とよぶ．

形式的でわかりにくいと思いますので，連続確率変数の最も簡単な例を文献 [2] から与えましょう．

例 38. 針を指で弾き，それが地面に落ちたときに針先が向く向きを考えます．真東を 0 として，反時計回りに（度数法で）角度を記録した値を X としましょう．この値 X は明らかに連続的な確率変数で，$0 \le X < 360$ を満たします．

さて，例 38 の確率変数 X がちょうど 0 になる確率はどの程度でしょうか．$X = 0$ になるのは投げた針がきれいに真東を向くときです．適当に針を投げ，その針がきれいに真東を向くなど，ほぼ奇跡ですから，$X = 0$ になる確率は 0 です．$X = 0$ 以外も全く同様ですから，連続確率変数の確率関数の値は常に 0 です．連続確率変数の場合，確率関数を調べても何も分からないのです．

例 39. 例 38 で与えた確率変数 X が $0 \le X \le 90$ となる確率は 1/4 です．弾いた針の先が真東と真北に挟まれた領域に落ちればよいからです．同様に考えて，$0 \le X \le 30$ となる確率は 1/12 となります．

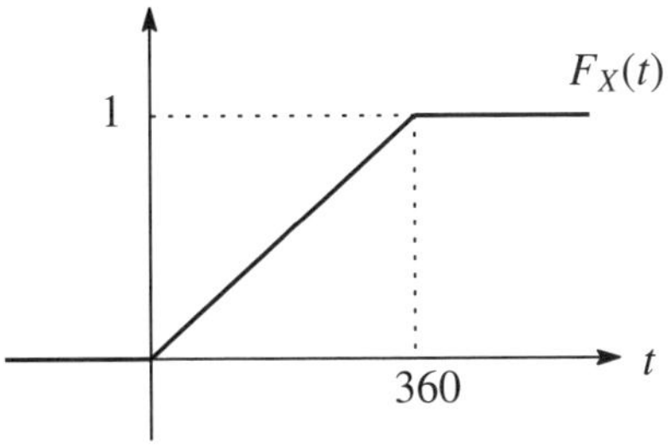

図 4.3　針投げ試行の累積分布関数

例 39 の着眼点は何でしょうか．それは，確率変数の適当な「範囲」です．確率変数の範囲を適当に指定することで，その範囲の値が現れる確率を考えることはできます．

これは，適当な値 t を指定し，$X \leq t$ となる確率を考えることに意味があると言い換えることもできますが，この考え方は第 1 講で紹介した**累積分布関数**の定義そのままです．つまり，連続確率変数についてまず明らかにすべきは，その累積分布関数なのです．

例 40. 例 38 で与えた確率変数 X の累積分布関数 $F_X(t)$ は，t の増加に比例して確率も高まることが予想できますので，以下で与えられます．

$$F_X(t) = \begin{cases} 0 & (t < 0) \\ t/360 & (0 \leq t < 360) \\ 1 & (t \geq 360) \end{cases}$$

なお，図 4.3 にこの累積分布関数のグラフを与えておきます．

4.2　積分

連続確率変数に対して，まず明らかにすべきことが，その累積分布関数であることは間違いないのですが，離散確率変数と同様に，連続確率変数の四則演算，期待値，分散についても考えておくべきでしょう．しかし，離散確率変数の四則演算，期待値，分散等の定義には，確率関数が使われていました．したがって，これらを考察するには，連続確率変数に対して，確率関数に相当する何かをみつけなければなりません．

ここで注意してほしいのは，みつけるべきは，確率関数によく似た何かであって，確率関数そのものではないことです．第 4.1 節に記した通り，連続確率変数の確率関数は常に「0」だからです．この「確率関数によく似た何か」は**確率密度関数**とよばれるのですが，その説明のためには，さらに**積分**について学ばなければなりません．

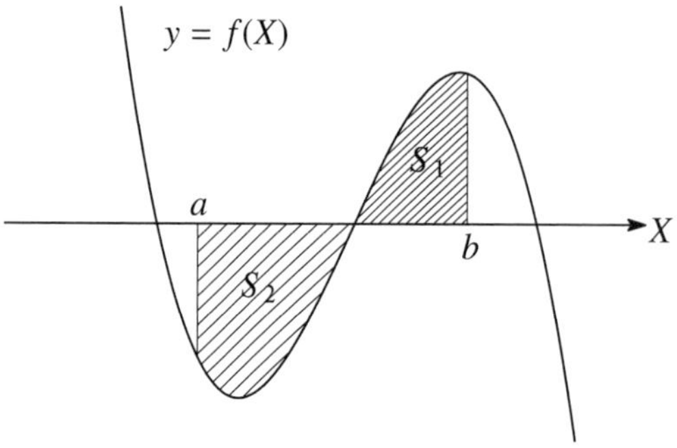

図 4.4 積分の定義（再掲）

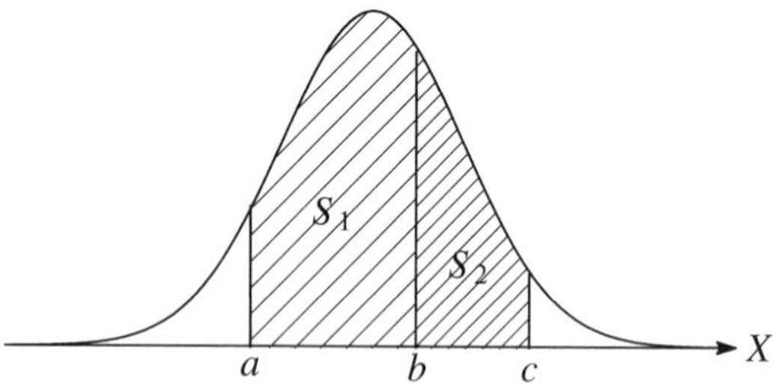

図 4.5 定理 4.3

定義 4.2. 積分

関数 $f(X)$ に対して，$f(X)$ のグラフ，$X = a$，$X = b$，および X 軸に囲まれた部分の面積を

$$\int_a^b f(X)dX$$

で表し，関数 $f(X)$ の $[a,b]$ での**積分**とよぶ．ただし，$f(X)$ のグラフが x 軸の上にあるときは正の面積，$f(X)$ のグラフが x 軸の下にあるときは負の面積と考えることにする．

解説. 積分は図で理解すべきです．図 4.4 で，関数 $f(X)$ のグラフを曲線で表しています．このとき，関数 $f(X)$ の $[a,b]$ での**積分**は，この図の斜線部の**面積**です．もし $f(X)$ のグラフが X 軸の下，つまり，$f(X) < 0$ ならば，負の面積だと考えます．

積分は微分の逆操作だと習った人も多いかも知れませんが，いったん忘れてください．これは間違いではないのですが，確率密度関数の理解にはつながりません．積分は「面積を記号で表現したもの」だととらえるのが確率密度関数の理解の近道です．

例 41. 関数 $f(X) = 1$ に対して，$\int_a^b f(X)dX = (b-a) \times 1 = b - a$ となること，$f(x) = kx$ に対して，$\int_0^a f(X)dX = ka^2/2$ となることなどはほぼ明らかでしょう．

この定義から，積分について次の計算規則が成り立つことがすぐに分かります．

定理 4.3. 面積の和と積分

定数 $a < b < c$ と関数 $f(X)$ に対して次の関係が成立する．

$$\int_a^c f(X)dX = \int_a^b f(X)dX + \int_b^c f(X)dX.$$

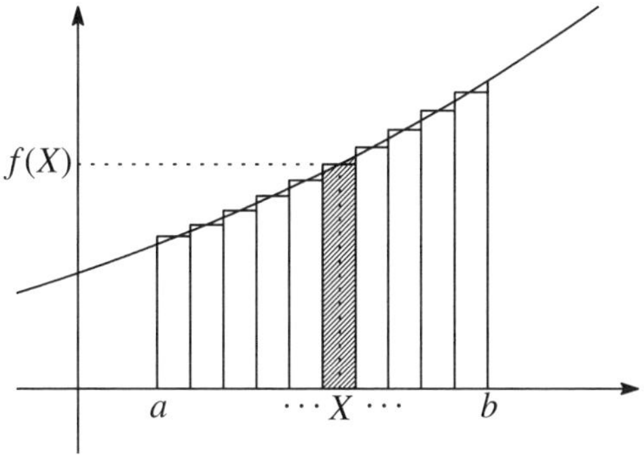

図 4.6　積分記号の意味（再掲）

解説. この定理は，図 4.5 で示した斜線部分全ての面積が，疎な斜線部分の面積 S_1 と，密な斜線部分の面積 S_2 の和であるという明らかな事実を，積分記号を使って正確に表現しただけのものです．

定理 4.4. 積分の線型性

定数 a, b, r, s と関数 $f(X), g(X)$ に対して次の関係が成立する．

$$\int_a^b \{rf(X) + sg(X)\}\, dX = r\int_a^b f(X)dX + s\int_a^b g(X)dX.$$

解説. この定理は，次の 2 つの事実をまとめて表現したものです．

$h(X) = rf(X)$ とおくと，関数 $h(X)$ のグラフは関数 $f(X)$ のグラフの高さを r 倍したものになります．高さが r 倍になれば，面積は元の面積の r 倍ですから，それを記号で表すと，

$$\int_a^b rf(X)dX = \int_a^b h(X)dX = r\int_a^b f(X)dX$$

となります．

次に $h(X) = f(X) + g(X)$ と置きます．関数 $h(X)$ のグラフは，関数 $f(X)$ のグラフの上に $g(X)$ のグラフを乗せたものですから，結果的に $h(X)$ に対応する面積は，$f(X)$ のものと，$g(X)$ のものを足し合わせて得られます．これを記号で書くと，

$$\int_a^b \{f(X) + g(X)\}\, dX = \int_a^b h(X)dX = \int_a^b f(X)dX + \int_a^b g(X)dX$$

となります．

ところで，なぜ積分（面積）をこのような記号で表すのでしょうか．図 4.6 をご覧ください．

関数 $f(X)$ のグラフは右肩上がりの曲線で表されています．$a \leq X \leq b$ の範囲に，たくさんの細長い長方形が描かれていますが，この長方形の面積を全て合計すると，$f(X)$ の $[a, b]$ における積分にかなり近い

値が出てくることがみて取れます．もちろん，よりたくさんの細長い長方形を考えれば，精緻な積分の近似値が得られるでしょう．

ここで，斜線が引かれた長方形の面積について考えてみましょう．

この長方形の底辺は，X にほど近い数だけを含んでおり，その長さは非常に短く取られています．このような数を数学は記号 dX で表します．すると，この長方形の高さは $f(X)$ ですから，その面積は，

$$f(X) \times dX \qquad (\text{通常} \times \text{は省略します})$$

と表せます．

積分の値を求めるには，範囲 $[a, b]$ に描かれたたくさんの細長い長方形の面積を合計しなければなりませんが，これは，$[a, b]$ の範囲で X をすこしずつずらして $f(X)dX$ を計算し，その全ての合計を算出することに相当します．合計は英語で Summention ですので，頭文字 S を上下に引き伸ばした記号

$$\int_a^b f(X)dX$$

を使うと考えてください．つまり，積分の記号は，実際に面積を計算する作業を記号化したものなのです．

4.3 確率密度関数と連続確率変数の確率分布

確率密度関数は，積分を使って次のように定義します．

定義 4.5. 確率密度関数

連続確率変数 X の累積分布関数 $F_X(t)$ に対して，以下を満たす関数 $f(X) \geq 0$ を，確率変数 X の**確率密度関数**とよぶ．

$$F_X(t) = \int_{-\infty}^t f(X)dX.$$

解説．累積確率関数 $F_X(t)$ は，確率変数 X が t 以下になる確率を返す関数でした．その確率を，面積というみた目に分かりやすい量で表すための道具が確率密度関数です．

例 42. 例 38 で与えた針を投げる試行に対応する累積分布関数は

$$F_X(t) = \begin{cases} 0 & (t < 0) \\ t/360 & (0 \leq t < 360) \\ 1 & (t \geq 360) \end{cases}$$

でした．この累積分布関数に対して，関数 $f(X)$ を

$$f(X) = \begin{cases} 0 & (X < 0, X \geq 360) \\ 1/360 & (0 \leq X < 360) \end{cases}$$

と定めることで，$F_X(t) = \int_{-\infty}^t f(X)dX$ となります．つまり，この $f(X)$ が針を投げる試行に対応する確率密度関数です．図 4.8 はそのグラフです．

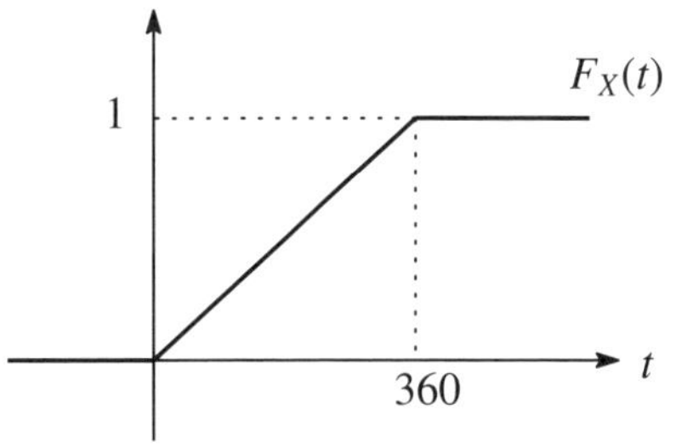

図 4.7 針投げ試行の累積分布関数（再掲）

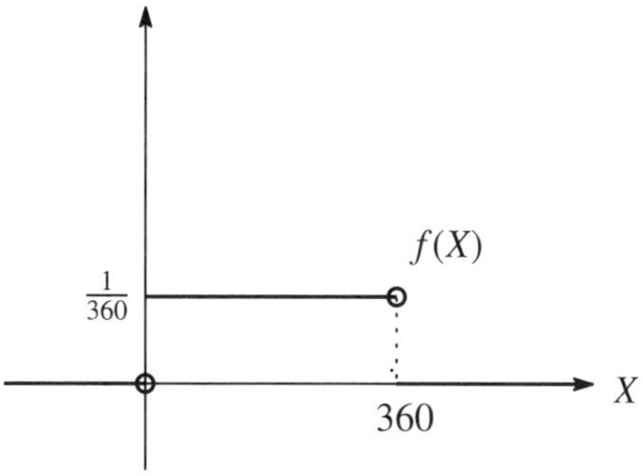

図 4.8 針投げ試行の確率密度関数

これは非常に上手い定義です．

まず，連続確率変数の場合，確率変数が特定の値になる確率は 0 でしたが，この定義では，これを，X 方向の幅が 0，高さが $f(X)$ の長方形の面積 $f(X) \times 0 = 0$ に対応させています（図 4.2 参照）．

次に，X 近辺の値が現れる確率について考えてみましょう．再び図 4.6 を参照してください．X 近辺の値が現れる確率は，かなり小さいとは思いますが，完全に 0 ではありません．確率密度関数の定義は，その確率を，図の斜線で示された長方形の面積に対応させています．記号で書くと $f(X)dX$ です．

最後に X が $[a, b]$ の範囲の場合を考えましょう．再び図 4.6 をみてみます．確率密度関数の考え方だと，その確率は，範囲 $[a, b]$ に描かれた細長い長方形の面積の合計です．記号だと $\int_a^b f(X)dX$ です．

ここまでの説明から，次の定理の成立は明らかでしょう．

定理 4.6. 確率密度関数と積分区間

連続確率変数 X の確率密度関数を $f(X)$ とおく．確率変数 X が $[a, b]$ の範囲の値を取る確率は $\displaystyle\int_a^b f(X)dX$ †であり，特に，$\displaystyle\int_{-\infty}^{\infty} f(X)dX = 1$ である．

† 本書では採用しなかったが，これを記号 $P(a < X < b)$ で表すことも多い．

解説. 定理後半で与えた式は，連続確率変数 X が $[-\infty, \infty]$ の範囲に値を取る確率ですので，要するに，確率変数 X がどんな値でもよいということです．したがって，その対応する確率は当然 1 です．

最後に，連続確率変数の確率分布を定義しましょう．離散確率変数の場合は，確率関数のグラフが確率分布でしたので，連続確率変数の場合は当然，以下のように定義されます．

定義 4.7. 確率分布（連続）

連続確率変数 X に対して，その確率密度関数のグラフを**（連続）確率分布**とよぶ．

例 43. 例 38 で与えた針投げ試行 X の確率分布は，図 4.8 のグラフです．なお，図 1.1 と図 4.8 を見比べてみます．図 1.1 はとびとびで一定の値が出てきていますが，図 4.8 は連続して一定の値が出てきています．このことから，図 1.1 を一様分布とよぶのと同様に，このグラフも**一様分布**とよばれます．

演習問題

問 28. 以下のうち，連続確率変数となるものをその理由と共に全て答えよ．

(1) 人の身長
(2) ある大学生の体重
(3) ある大学で行われた試験の結果
(4) 地球の中心から太陽の中心までの距離
(5) 水素原子の原子核から電子までの距離

問 29. 関数 $f(X)$ は，任意の X について，$f(-X) = f(X)$ を満たすとき**偶関数**，$f(-X) = -f(X)$ を満たすとき**奇関数**とよぶ．定数 $a \geq 0$ に対して，$f(X)$ が偶関数ならば

$$\int_{-a}^{a} f(X)dX = 2\int_{0}^{a} f(X)dX$$

を，奇関数ならば

$$\int_{-a}^{a} f(X)dX = 0$$

を満たすが，これがなぜかを説明せよ．

問 30. 以下の関数 $f(X)$ のグラフを描き，$\int_a^b f(X)dX$ $(a < 0, b > 0)$ に相当する領域を斜線で示せ．また，可能な場合はその値を求めよ．

(1) $f(X) = 2$
(2) $f(X) = 2X$
(3) $f(X) = -X + 1$
(4) $f(X) = X^2$
(5) $f(X) = X^2 - 2X + 1$
(6) $f(X) = |X - 1| + 1$

問 31. ある関数 $f(X)$ について，$\int_0^1 f(X)dX = 1, \int_1^2 f(X)dX = 3, \int_2^5 f(X)dX = 2, \int_0^5 g(X)dX = 7$ だとする．以下の値を求めよ．

(1) $\displaystyle\int_0^5 f(X)dX,$　　(2) $\displaystyle\int_0^5 \{11f(X) + 3g(X)\}\,dX.$

問 32. 丸い長い筒を立て，その中に一粒の砂を適当に投げ入れ，どこに落ちるのかを観察することにしよう．筒の半径を 1 メートルとし，中心から砂粒までの距離を X とおくと，X は連続確率変数である．この確率変数の累積確率分布と確率密度関数を求め，それらのグラフを描け．

問 33. 図 4.9 から図 4.11 に，統計学で重要な連続確率分布の確率密度関数のグラフを与えた．それぞれの確率分布に対応する確率変数がそれぞれ X_1, X_2, X_3 であるとして，以下の問いに答えよ．ただし，χ^2 分布と F 分布の確率密度関数の値は，確率変数が負のとき 0 である．

(1) $X_i \leq 0$ $(i = 1, 2, 3)$ となる確率を答えよ．また，$X_i \geq 0$ $(i = 1, 2, 3)$ となる確率を答えよ．
(2) X_1 が $[-1, 2]$，X_2 が $[1, 4]$，X_3 が $[-\infty, 3]$ の範囲に含まれる確率を面積としてもつ領域を図示せよ．
(3) それぞれの確率分布を表すグラフ（曲線）と X 軸に挟まれた部分の面積を答えよ．
(4) それぞれの確率分布に対応する累積分布関数のグラフの概形を積分の近似計算で描け．

問 34. 図 4.9 から図 4.11 の確率分布，および累積密度関数のグラフを描け．また，これらの全区間 $[-\infty, \infty]$ での積分が 1 になることを積分の近似計算により確かめよ．

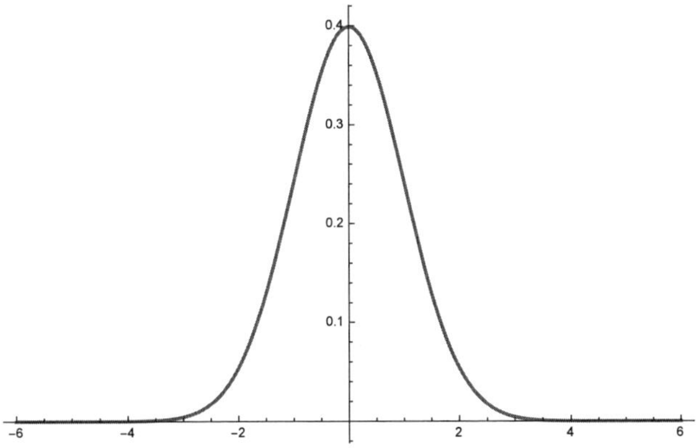

図 4.9　標準正規分布（定義 7.4）

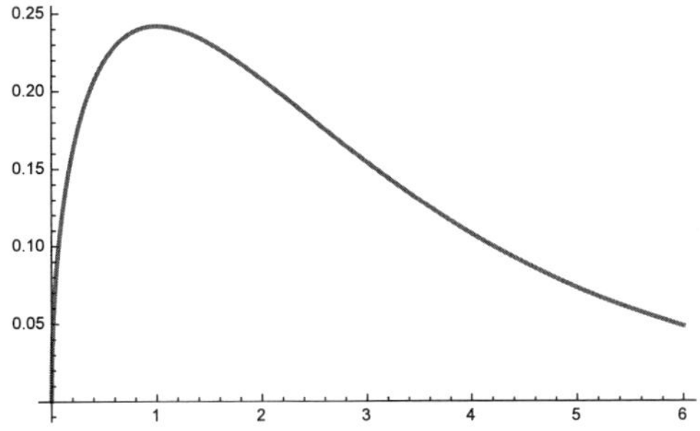

図 4.10　自由度 3 の χ^2 分布（定理 10.9）

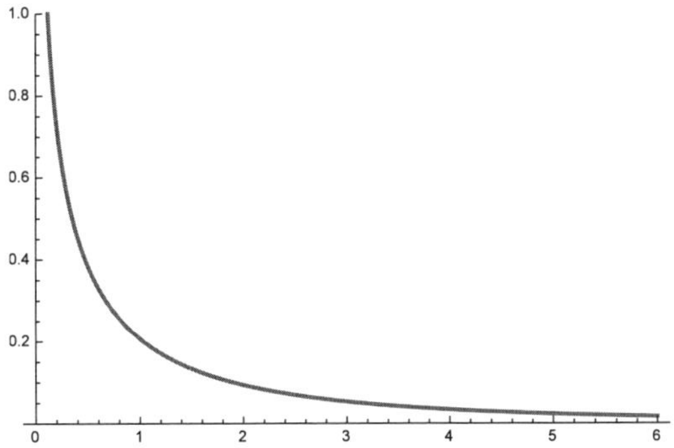

図 4.11　自由度 $(1, 3)$ の F 分布（定理 11.3）

第 5 講

連続確率分布の四則演算

第 5 講と第 6 講は，連続確率変数の四則演算について解説しますが，初めて学ぶ方にとっては難しい内容が多いと思います．したがって，本講は，まず以下の要点の部分のみに目を通し，これ以外の部分は必要になってから読むで構いません．本講で把握しておくべきことは以下の 2 つです．

ポイント 5.1. 離散と連続の読み替え

連続確率変数の四則演算と独立性の定義は，離散確率変数で「＊＊＊が現れる確率」と書かれている部分を「＊＊＊付近の値が現れる確率」と読み替えるだけで得られます．

例えば，離散確率変数 (X, Y) が独立の定義は，(X, Y) となる確率が常に

$$F(X) \times G(Y)$$

となることです．ここで，$F(X), G(Y)$ は，それぞれ値 X が現れる確率，Y が現れる確率の意味です．したがって，連続確率変数 (X, Y) が独立の定義は，(X, Y) 付近の値になる確率が常に

$$f(X)dX \times g(Y)dY$$

となることです．ただし，$f(X), g(Y)$ はそれぞれ X, Y の確率密度関数，$f(X)dX$ は「X 付近の値が現れる確率」，$g(Y)dY$ は「Y 付近の値が現れる確率」を表すことに注意してください（要点 4.2 参照）．

ポイント 5.2. 連続確率変数のスカラー倍・平行移動と確率密度関数

連続確率変数 X と定数 $a \neq 0, b$ に対して，確率変数 $Z = aX + b$ の確率密度関数 $h(Z)$ は，

$$h(Z) = \frac{1}{|a|} f\left(\frac{Z - b}{a}\right) = \frac{1}{|a|} f(X) \tag{5.1}$$

です．ただし，$f(X)$ は X の確率密度関数，$|a|$ は a の絶対値です．

一見，難しそうですが，スカラー倍・平行移動された近辺の値が現れる確率 $h(Z)dZ$ は，元の値近辺の値が現れる確率 $f(X)dX$ と同じ（第 2 講参照），つまり，$h(Z)dZ = f(X)dX$ のはずです．$Z = aX + b$ ですから，X から距離 ϵ の位置にある点は，Z から距離 $|a|\epsilon$ の距離に移ります．つまり，Z 近辺の値

の「幅」は，X 近辺の幅の $|a|$ 倍だと考えるべきです．これは式で，$dZ = |a|dX$ と表せますから，

$$h(Z)dZ = h(Z)|a|dX = f(X)dX$$

となり，両辺を $|a|dX$ で割って式 (5.1) が出てきます．

図 5.1 はこの関係を図でみたものです．ただし，$dX = 2\epsilon$ としています．また，図左上斜線部の面積がほぼ $f(X)dX$，図下斜線部の面積がほぼ $h(Z)dZ$ に等しいことに注意してください．

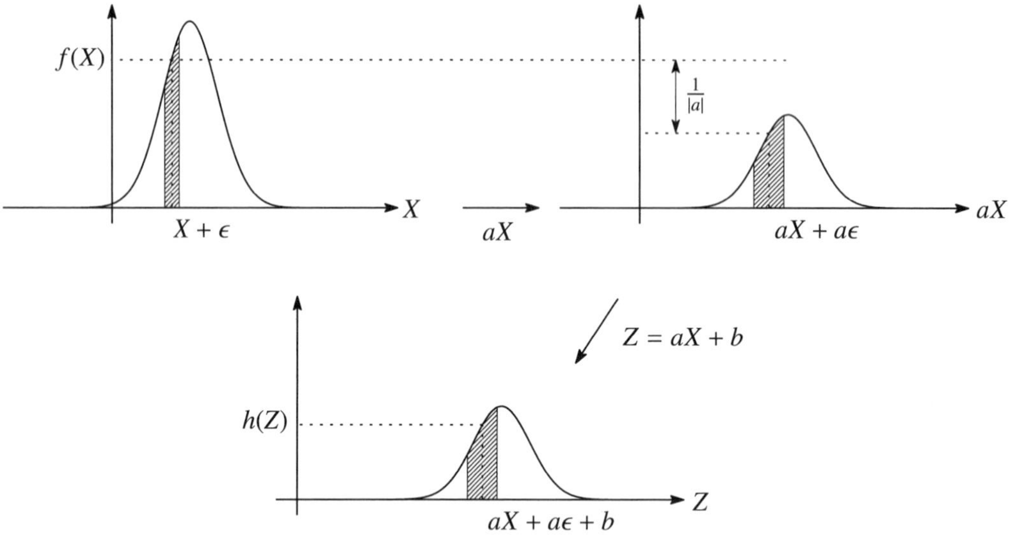

図 5.1　スカラー倍・平行移動と確率密度関数

5.1　確率変数の独立性

離散確率変数の独立性についての第 2 講の定義は周辺確率分布の概念を使ったものでした．連続確率変数の場合も同様に定義できるのですが，この正確な説明には多変数の積分についての解説が必要であり，その解説にはかなり手間がかかります．本書はこれを避けるため，正確性に欠けますが，少し違う形で連続確率変数の独立性を定義します．なお，対比しやすいよう，離散確率変数の独立性を同様の形に書き換えたものと並べる形で紹介しましょう．

定義 5.1. 確率変数の独立性（改）（離散）

離散確率変数 X, Y の確率関数をそれぞれ $F(X), G(Y)$ とおく．変数の組 (X, Y) が現れる確率が常に

$$F(X) \times G(Y)$$

となるとき，変数 X と Y は独立という．

定義 5.2. 確率変数の独立性（離散×連続）

離散確率変数 X と連続確率変数 Y の確率関数と確率密度関数をそれぞれ $F(X), g(Y)$ とおく．変数の組 (X, Y) について，X かつ Y 近辺の値の現れる確率が常に

$$F(X) \times g(Y)dY$$

となるとき，変数 X と Y は**独立**という．

定義 5.3. 確率変数の独立性（連続）

連続確率変数 X, Y の確率密度関数をそれぞれ $f(X), g(Y)$ とおく．変数の組 (X, Y) 近辺の値が現れる確率が常に

$$f(X)dX \times g(Y)dY$$

となるとき，変数 X と Y は**独立**という．

解説. 連続確率変数 X, Y に対して，X 近辺の値が現れる確率は $f(X)dX$ で表され，同様に，Y 近辺の値が現れる確率は $g(Y)dY$ で表されました．この独立性の定義は，X（近辺）かつ Y（近辺の値）が現れる確率が，これらの積になるというものです．このようなことが起きるのは，X（近辺の値）の現れ方が Y（近辺の値）の表れ方に何も影響も及ぼさない，すなわち，X と Y の値の変化の仕方が独立なときだけです．

例 44. 例 38 と同様の針を投げる試行を，今度は続けて 2 度行ったとして，1 度目の試行に対応する確率変数を X，2 度目の試行に対応する確率変数を Y と置きます．

試行者が，1 度目の結果を全く気にせずに 2 度目の試行を行ったときは，X と Y は独立となります．そうではなく，1 度目の結果をみて，その結果に応じて 2 度目の試行方法を変える，たとえば，同じような向きになるように投げるのなら，X と Y は独立とはいえません．

5.2 確率変数の四則演算

前節と同様，手間のかかる数学の議論を省略するため，本節は，連続確率変数 X と Y が独立な場合に限定して，確率変数の四則演算を解説します．まずは和を解説しますが，前節と同様，離散確率変数の場合を同様の形に書き換えたものと並べた形で紹介します．

定義 5.4. 確率変数の和（改）（離散）

離散確率変数 X, Y は独立とし，その確率関数がそれぞれ $F(X), G(Y)$ で与えられるとする．このとき，

確率変数 $Z = X + Y$ の確率関数 $H(Z)$ を,

$$H(Z) = \text{「} Z = X + Y \text{ となる全ての } F(X) \times G(Y) \text{ の合計」}$$

で定める.

定義 5.5. 確率変数の和（離散×連続）

離散確率変数 X と連続確率変数 Y は独立とし，その確率関数と確率密度関数がそれぞれ $F(X)$ と $g(Y)$ で与えられるとする．このとき，確率変数 $Z = X + Y$ の確率密度関数 $h(Z)$ を,

$$h(Z) = \text{「} F(X) \times g(Z - X) \text{ を全ての } X \text{ について合計」}$$

で定める.

定義 5.6. 確率変数の和（連続）

連続確率変数 X, Y は独立とし，その確率密度関数がそれぞれ $f(X), g(Y)$ で与えられるとする．このとき，確率変数 $Z = X + Y$ の確率密度関数 $h(Z)$ を,

$$h(Z) = \int_{-\infty}^{\infty} f(X)g(Z - X)dX$$

で定める.

解説. これらが同じ考え方で定義されていることについては，少し説明が必要でしょう.

まず，離散確率変数と連続確率変数の和から解説します．いたずらな複雑さを避けるため，X は，$1, 2$ のいずれかの値を取るとします.

確率密度関数の定義から，Z 近辺の値が出てくる確率は $h(Z)dZ$ です．$X = 1$ のとき，$Z = 1 + Y$，同じことですが $Y = Z - 1$ なので，Z 近辺の値は，Y が $Z - 1$ 近辺の値のとき得られます.

X, Y は独立なので，$X = 1$ かつ $Y = Z - 1$ 近辺の値が出てくる確率は定義 5.2 より

$$F(X) \times g(Z - 1)d(Z - 1)$$

です．$X = 2$ かつ $Y = Z - 2$ 近辺の値のときも，$Z = X + Y$ より Z 近辺の値が出てきますので，結局,

$$h(Z)dZ = F(X) \times g(Z - 1)d(Z - 1) + F(X) \times g(Z - 2)d(Z - 2) \tag{5.2}$$

となることが分かります．式 (5.2) が定義 5.4 の式の類似であることはほぼ明らかでしょう.

さて，dZ は，Z を含む非常に短い区間の長さ（第 4 講の第 4.2 節参照）でした．$d(Z - 1)$ は，$Z - 1$ を含む非常に短い区間の長さを表していますが，この非常に短い区間は，Z 近辺の値から 1 を引いて得られるものです．つまり，$Z - 1$ を含む非常に短い区間の長さは，Z を含む非常に短い区間の長さと同じ，式で書くと，$d(Z - 1) = dZ$ です．$d(Z - 2)$ の場合も同様なので，式 (5.2) より,

$$h(Z)dZ = F(X) \times g(Z - 1)dZ + F(X) \times g(Z - 2)dZ$$

が得られます．この式の両辺を dZ で割ることで，定理 5.5 の式が得られます．

X, Y が双方とも連続確率変数のとき，定義 5.5 に対応する式は，$F(X)$ を X 近辺の値を取る確率 $f(X)dX$ で置き換えた

$$h(Z) = \text{「} f(X)dX \times g(Z - X) \text{ を全ての } X \text{ について合計」} \tag{5.3}$$

です．記号 $\int_{-\infty}^{\infty}$ は「合計」を意味していましたから（第 4 講の第 4.2 節参照），式 (5.3) と定義 5.6 の式はみた目が違うだけです．

積と商の場合も同様です．これらは，確率密度関数がどのような形になるかのみ示しましょう．

定義 5.7. 確率変数の積（離散×連続）

離散確率変数 $X \neq 0$ [†] と連続確率変数 Y は独立とし，その確率関数と確率密度関数がそれぞれ $F(X)$ と $g(Y)$ で与えられるとする．このとき，確率変数 $Z = X \times Y$ の確率密度関数 $h(Z)$ を，

$$h(Z) = \text{「} \frac{F(X) \times g(Z/X)}{|X|} \text{ を全ての } X \neq 0 \text{ について合計」}$$

で定める．ただし，$|X|$ は X の絶対値である．

[†] $X = 0$ となる可能性がある場合は，Y の値が何であっても $Z = XY = 0 \times Y = 0$ なので，$Z = 0$ となる確率は $F(0) \times 1 = F(0)$ である．この場合，$Z \neq 0$ では確率密度関数，$Z = 0$ では確率関数として振る舞う特異なものの考察が必要になる．

定義 5.8. 確率変数の積（連続）

連続確率変数 X, Y は独立とし，それぞれの確率密度関数が $f(X), g(Y)$ で与えられるとする．このとき，確率変数 $Z = XY$ の確率密度関数 $h(Z)$ を，

$$h(Z) = \int_{-\infty}^{\infty} \frac{f(X)g(Z/X)}{|X|} dX$$

で定める．ただし，$|X|$ は X の絶対値である．

定義 5.9. 確率変数の商（離散×連続）

離散確率変数 $X \neq 0$ と連続確率変数 Y は独立とし，その確率関数と確率密度関数がそれぞれ $F(X)$ と $g(Y)$ で与えられるとする．このとき，確率変数 $Z = Y/X$ の確率密度関数 $h(Z)$ を，

$$h(Z) = \text{「} F(X) \times g(XZ) \times |X| \text{ を全ての } X \text{ について合計」}$$

で定める．[†]ただし，$|X|$ は X の絶対値である．

[†] $Z = X/Y$ の場合は，定義 5.7 の注と同様の問題が生じることから本書での解説は割愛する．

定義 5.10. 確率変数の商（連続）

連続確率変数 X, Y は独立とし，それぞれの確率密度関数が $f(X), g(Y)$ で与えられるとする．このとき，確率変数 $Z = Y/X$ の確率密度関数 $h(Z)$ を，

$$h(Z) = \int_{-\infty}^{\infty} f(X)g(XZ)|X|dX$$

で定める．ただし，$|X|$ は X の絶対値である．

例 45. かたよりのない硬貨を 2 回投げ，表が出る回数を X とおき，例 38 の針投げ試行で与えた確率変数を Y と置きます．このとき，確率変数 X と Y は独立です．また，X の確率分布は，

X	0	1	2
$F(X)$	1/4	1/2	1/4

であり，Y の確率密度関数は，例 42 より

$$g(Y) = \begin{cases} 0 & (Y < 0, Y \geq 360) \\ 1/360 & (0 \leq Y < 360) \end{cases}$$

です．X の確率関数を $F(X)$ とおくと，$Z = XY$ の確率密度関数 $h(Z)$ は，定義 5.7 より，

$$h(Z) = \frac{F(1)g(Z/1)}{1} + \frac{F(2)g(Z/2)}{2} = \frac{4g(Z) + g(Z/2)}{8}$$

ですが，各 Z における値を全て書き下すと，

$$h(Z) = \begin{cases} 0 & (Z < 0, Z \geq 720) \\ 1/576 & (0 \leq Z < 360) \\ 1/2880 & (360 \leq Z < 720) \end{cases}$$

です．確率密度関数 $h(Z)$ の全区間での積分（面積）を計算すると，$\frac{1}{571} \times 360 + \frac{1}{2880} \times (720 - 360) = \frac{3}{4}$ です．確率密度関数の全区間での積分は 1（定理 4.6 参照）にならなければならないため，一見，誤りのようにみえますが，これは $X = 0$ を考慮に入れていないためです．$Z = 0$ となる確率は $F(0) = 1/4$ であることから，$3/4 + 1/4 = 1$ ときちんと計算が合います．（定義 5.7 の注を参照）

例 46. 例 38 で与えた針投げ試行を 2 回実施したとして，1 回目に対応する確率変数を X，2 回目に対応する確率変数を Y と置きます．確率変数 X と Y は独立だとして，確率変数 $Z = X + Y$ の確率密度関数 $h(Z)$ を求めてみましょう．なお，確率変数 X の確率密度関数を $f(X)$ と置きます．

定義 5.6 より，$h(Z)$ は，$f(X)f(Z - X)$ の X についての全区間の積分なので，各 Z の値について，$f(X)f(Z - X)$ の様子を考えなければなりません．$f(X)$ は $0 \leq X < 360$ の範囲で 1/360，それ以外で 0，$f(Z - X)$ は，$-360 + Z < X \leq Z$ の範囲で 1/360，それ以外で 0 なので，$Z < 0, Z \geq 720$ のとき，

$$f(X)f(Z - X) = 0,$$

$0 \leq Z < 360$ のとき，

$$f(X)f(Z-X) = \begin{cases} 0 & (X < 0, X \geq Z) \\ 1/360^2 & (0 \leq X < Z) \end{cases}$$

$360 \leq Z < 720$ のとき，

$$f(X)f(Z-X) = \begin{cases} 0 & (X < Z-360, X \geq 360) \\ 1/360^2 & (Z-360 \leq X < 360) \end{cases}$$

です．したがって，

$$h(Z) = \int_{-\infty}^{\infty} f(X)f(Z-X)dX = \begin{cases} 0 & (Z < 0, Z \geq 720) \\ Z/360^2 & (0 \leq Z < 360) \\ (720-Z)/360^2 & (360 \leq Z < 720) \end{cases}$$

となります．確率密度関数 $h(Z)$ の全区間での積分（面積）は，底辺の長さが 720 で高さが 1/360 の 2 等辺三角形の面積です．したがって，$\frac{1}{2} \times 720 \times \frac{1}{360} = 1$ となり，確率密度関数の満たすべき性質がきちんと成立していることも確認できます．

例 38 で与えた針投げ試行に対応する確率分布は，一様分布と呼ばれるもっとも簡単な連続確率分布の一種です．この最も簡単な場合に限っても，確率変数の四則演算を実際に計算するのはかなり面倒であることがみて取れるのではないかと思います．

5.3 連続確率変数のスカラー倍と平行移動

離散確率変数と連続確率変数の和と積から，連続確率変数のスカラー倍と平行移動の確率密度関数について次が成立することが分かります．

定理 5.11. 連続確率変数のスカラー倍と平行移動の確率密度関数

連続確率変数 X と定数 $a \neq 0, b$ に対し，確率変数 $Z = aX + b$ の確率密度関数 $h(Z)$ は，

$$h(Z) = \frac{1}{|a|} f\left(\frac{Z-b}{a}\right) = \frac{1}{|a|} f(X)$$

を満たす．ただし，$f(X)$ は X の確率密度関数であり，$|a|$ は a の絶対値である．

解説. 第 2 講の第 2.4 節で解説した通り，定数は，確率 1 でその値を取る特殊な離散確率変数だととらえられます．また，確率変数 X とは無関係に，常にその値になるのですから，定数は確率変数 X と独立となることも明らかです．定義 5.7 より，確率変数 $Y = aX$ の確率密度関数 $g(Y)$ は

$$g(Y) = 1 \times f(Y/a)/|a| = f(X)/|a|$$

です．したがって，定義 5.5 より，$Z = Y + b$ の確率密度関数 $h(Z)$ は

$$h(Z) = 1 \times g(Z - b) = g(Y) = f(X)/|a|$$

となります．

例 47. 例 38 で与えた針投げ試行に対応する確率変数 X に対して，

$$Z = (\pi/180)X - \pi$$

とおくと，真西を 0 とする反時計回りの弧度法 $(-\pi \leq Z < \pi)$ で針の向きを示す確率変数となります．この確率変数 Z の確率密度関数が

$$h(Z) = \begin{cases} 0 & (Z \geq \pi, Z < -\pi) \\ 1/(2\pi) & (-\pi \leq Z < \pi) \end{cases}$$

となるのはほぼ明らかでしょう．また，この確率密度関数は元の確率変数 X の確率密度関数 $f(X)$ と，

$$h(Z) = \frac{1}{\pi/180} f\left(\frac{Z + \pi}{\pi/180}\right) = \frac{180}{\pi} f(X)$$

の関係を満たしています．

5.4 確率変数のべき

本講はここまで，確率変数が独立な場合に限って，その演算を解説してきましたが，本節は，これ以外の場合として，あとでどうしても必要になる，連続確率変数のべきについて解説します．

定義 5.12. 連続確率変数のべきと確率密度関数

連続確率変数 X の確率密度関数を $f(X)$ とおく．奇数 n に対し，$Z = X^n \neq 0$ の確率密度関数 $h(Z)$ を，

$$h(Z) = \frac{f\left(\sqrt[n]{Z}\right)}{n\sqrt[n]{Z^{n-1}}}$$

で定める．また，偶数 n に対し，$Z = X^n \neq 0$ の確率密度関数 $h(Z)$ を，$Z < 0$ のときは $h(Z) = 0$，$Z > 0$ のときは，

$$h(Z) = \frac{f\left(\sqrt{Z}\right) + f\left(-\sqrt{Z}\right)}{n\sqrt[n]{Z^{n-1}}}$$

で定める．†

† 本書では，$Z = X^n = 0$ のときの確率密度関数の値は定義しません．

解説. いたずらな複雑さを避けるため，$n = 2$ の場合のみ解説します．

まず，$Z = X^2 \geq 0$ であることに注意してください．つまり，$Z < 0$ となる確率は 0 です．したがって，$Z < 0$ のときは，$h(Z) = 0$ と定めなければなりません．また，$X^2 = Z$ を満たす X は，$X = \sqrt{Z}$ と $X = -\sqrt{Z}$ に限られます．したがって，Z 近辺の値が現れる確率は，

$$h(Z)dZ = f\left(\sqrt{Z}\right)d\left(\sqrt{Z}\right) + f\left(-\sqrt{Z}\right)d\left(-\sqrt{Z}\right) \tag{5.4}$$

です．次に，dZ と $d\left(\sqrt{Z}\right)$，同じことですが，$d(X^2)$ と dX の関係を調べてみましょう．

dX は，X を含む非常に短い区間の幅のことでした（第 4 講第 4.2 節参照）．仮に，X を中心とした 2ϵ の長さの区間 $[X - \epsilon, X + \epsilon]$ を取ってみます．つまり，$dX = 2\epsilon$ としておきます．$Z = X^2$ で，この区間がどのように変化するのかをみてみましょう．

$$(X \pm \epsilon)^2 = X^2 \pm 2X\epsilon + \epsilon^2, \qquad (X + \epsilon)^2 - (X - \epsilon)^2 = 4X\epsilon = 2\epsilon \times 2X$$

ですので，区間の幅が元の幅 dX の $2X$ 倍に拡大されることが分かります．つまり，$d(X^2) = 2XdX$ となる訳です．$d\left(-\sqrt{Z}\right) = d(-X) = dX$ であることは，dX が幅（長さ）を表すことから明らかです．したがって，式 (5.4) にこれらの関係を適用して，

$$h(Z)2XdX = f\left(\sqrt{Z}\right)dX + f\left(-\sqrt{Z}\right)dX$$

が分かり，$Z = X^2 \neq 0$ ならば，さらに両辺を $2XdX$ で割ることで定義の $n = 2$ の場合が得られます．なお，0 で割ることは許されませんので，この方法で，$Z = X^2 = 0$ の確率密度関数の値の適切な定義を与えることはできないことに注意する必要があります．

例 48. 例 38 で与えた針投げ試行に対応する確率変数 X に対して，$Z = X^2$ の確率密度関数 $h(Z)$ を求めてみましょう．X の確率密度関数を $f(X)$ とおくと，$X < 0$ のとき，$f(X) = 0$ なので，定理 5.12 より，

$$h(Z) = \frac{f\left(\sqrt{Z}\right)}{2\sqrt{Z}} \quad (Z \neq 0)$$

です．各 Z における値を全て書き下すと，

$$h(Z) = \begin{cases} 0 & (Z < 0, Z > 360^2) \\ 1\Big/\left(720\sqrt{Z}\right) & (0 < Z < 360^2) \end{cases}$$

となります．

演習問題

問 35. 以下のうち，独立か否かをその理由と共に全て答えよ．

(1) 人の身長と体重
(2) 人の睡眠時間と身長
(3) ある大学の学生の数学の試験結果と通学時間
(4) 無作為に選んだ 2 人の身長
(5) サイコロを投げたときの飛距離と出る目

問 36. $X=-1$ となる確率が 1/3，$X=1$ となる確率が 2/3 となる離散確率変数 X と確率密度関数が

$$f(Y)=\begin{cases}0 & (Y<-1, Y\geq 1)\\ 1/2 & (-1\leq Y<1)\end{cases},\qquad g(Z)=\begin{cases}0 & (Z<-1, Z\geq 1)\\ (Z+1)/2 & (-1\leq Z<1)\end{cases},$$

となる連続確率変数 Y と Z について以下の問いに答えよ．ただし，X, Y, Z は独立だと仮定せよ．

(1) これらの確率変数の和・積・商の確率密度関数を求めよ．
(2) 確率変数 $2Y+1, -4Z+3$ の確率密度関数と累積分布関数を求めよ．
(3) 確率変数 Y^2, Z^2 の確率密度関数を求めよ．

問 37. 関数 $f(X)=\frac{1}{\pi}\frac{1}{1+X^2}$ について，以下の問いに答えよ．

(1) この関数のグラフの概形を描け．
(2) $\int_{-\infty}^{\infty}f(X)dX=1$ となることを積分の近似計算で確かめよ．
(3) 関数 $f(X)$ が確率密度関数となる分布は，自由度 1 の t **分布**呼ばれる (**コーシー分布**とも呼ばれる)．確率変数 X がこの分布に従うとして，$X\geq 0$ となる確率を求めよ（定理 12.3 参照）．
(4) $Y=2X+1$ とする．確率変数 Y の確率密度関数を求め，そのグラフの概形を描け．

問 38. 関数 $f(X)=\frac{1}{\sqrt{2\pi}}e^{-X^2/2}$ について，以下の問いに答えよ．

(1) この関数のグラフの概形を描け．
(2) $\int_{-\infty}^{\infty}f(X)dX=1$ となることを近似計算で確かめよ．
(3) 関数 $f(X)$ が確率密度関数となる分布は**標準正規分布**と呼ばれている．確率変数 X がこの分布に従うとして，$X\geq 0$ となる確率を求めよ（定義 7.4 参照）．
(4) $Y=\sigma X+\mu\ (\sigma>0)$ とする．確率変数 Y の確率密度関数を求め，そのグラフの概形を描け．

問 39. 標準正規分布に従う独立な連続確率変数 X, Y について，以下の問いに答えよ．

(1) 確率変数 $X+Y$ の確率密度関数のグラフの概形を積分の近似計算で描き，関数 $\frac{1}{\sqrt{4\pi}}e^{-X^2/4}$ のものと比較せよ（定理 7.9 参照）．
(2) 確率変数 $X^2(>0)$ の確率密度関数のグラフの概形を描け．
(3) 上で求めた確率密度関数の全区間 $[-\infty, \infty]$ での積分が 1 になることを積分の近似計算により確かめよ．

第 6 講

連続確率変数の期待値・分散とその性質

第 6 講は，連続確率変数の期待値・分散と，それらの四則演算がどのような性質をもつのかを解説しましょう．離散確率変数の場合と全く同様の結果となることをみていくことが本講の目標です．

ポイント 6.1. 連続確率変数の期待値・分散

連続確率変数 X の期待値と分散の定義は，それぞれ，

$$E(X) = \int_{-\infty}^{\infty} Xf(X)dX, \qquad V(X) = \int_{-\infty}^{\infty} (X - E(X))^2 f(X)dX$$

です．ただし，$f(X)$ は確率密度関数です．

一見，離散確率変数の場合と違うものにみえますが，この定義は，離散確率変数の定義の「＊＊＊が現れる確率」の部分を「＊＊＊付近の値が現れる確率」と読み替え，さらに，「合計」を「$\int_{-\infty}^{\infty}$」に書き換えただけのものです．

実際，離散確率変数 X の期待値は（定義 1.6 参照），

$$E(X) = x_1F(x_1) + x_2F(x_2) + \cdots + x_nF(x_n)$$

です．つまり「$XF(X)$ の合計」なので，その連続確率変数への書き換えは，

$$E(X) = \int_{-\infty}^{\infty} Xf(X)dX$$

となります．ここで，$f(X)dX$ が「X 近辺の値が現れる確率」を表していることを思い起こしてください．分散の場合も全く同様です（定義 1.9 参照）．

ポイント 6.2. 確率変数の四則演算と期待値・分散

連続確率変数の期待値・分散の定義は，離散確率変数で「＊＊＊が現れる確率」の部分を「＊＊＊付近の値が現れる確率」と読み替えるだけですから，離散確率変数の場合に成り立つ計算法則はそのまま連続確率変数の場合にも成立します．すなわち，連続確率変数の和（差）$X \pm Y$ に対して，

$$E(X \pm Y) = E(X) \pm E(Y) \qquad \text{（複合同順）}$$

が成り立ちます．さらに，確率変数 X と Y が独立ならば，

$$E(X \times Y) = E(X) \times E(Y),$$
$$V(X \pm Y) = V(X) + V(Y)$$

も成立します．また，連続確率変数 X と定数 a, b に対して，

$$E(aX + b) = aE(X) + b,$$
$$V(aX + b) = a^2 V(X),$$
$$V(X) = E(X^2) - E(X)^2$$

ももちろん成立します．

6.1 微分積分学からの準備

本講は，期待値・分散の計算例のなかで，以下の積分の計算公式を使います．

定理 6.1. x^n の積分値

$$\int_a^b X^k dX = \frac{1}{k+1}(b^2 - a^2) \qquad (k \neq -1) \tag{6.1}$$

本書では，この公式の証明は行いません．微分積分学のどの教科書でも載せられている公式であることがその一つの理由ですが，これ以外の理由もあります．

実は，本講で取り上げる計算例は，連続確率変数のなかでも最も簡単な一様分布のものだけです．逆にいえば，最も簡単な例の説明をするだけでも，微分積分学の公式が必要になるのですから，次講以降で解説するより複雑な連続確率変数の場合は，より複雑なことになるであろうことは容易に想像できるのではないかと思います．

本講は，雰囲気を掴んでもらうためにあえて計算例を示していますが，必要な微分積分学の知識をその度に解説していくのは本書の目的とは相容れませんので，次講以降は，基本的に，微分積分学の知識を使わないと示せないことについては，結果のみ「覚えるべきこと」として取り上げます．

例 49. $f(X) = X$ のグラフは傾き 1 の直線です．したがって，$b > a > 0$ を満たす定数 a, b に対して，

$$\int_a^b X dX$$

は，実際に図を描くことで，台形の面積

$$\frac{1}{2}(a + b)(b - a) = \frac{1}{2}(b^2 - a^2)$$

と等しくなることが容易に分かります．この結果は確かに式 (6.1) の $k = 1$ の場合に一致しています．

6.2 期待値

離散的な確率変数の期待値は，変数の値とその値が現れる確率（確率関数の値）の積を取ったものを合計した値でした（定義 1.6 参照）．連続的な確率変数の期待値についても同様に定義します．

定義 6.2. 期待値（連続）

連続確率変数 X とその確率密度関数 $f(X)$ に対して，期待値 $E(X)$ を

$$E(X) = \int_{-\infty}^{\infty} Xf(X)dX$$

で定める．

解説. この定義がなぜ離散的な確率変数の場合と同じなのでしょうか．再度，確率密度関数の考え方を思い出しましょう．

連続確率変数の場合，確率変数が特定の値になる確率は 0 で考える意味はなかったことから，代わりに，X 近辺の値が現れる確率を考えるのでした．確率密度関数とは，面積と確率を対応させるためのもので，それは，図 6.1 の斜線部の面積に，X 近辺の値が現れる確率を対応させるというものでした．記号 dX で斜線が引かれた長方形の底辺の長さを表す約束でしたので，その確率（面積）は，ほぼ

$$f(X)dX$$

と等しかった訳です．だから，X の各値と，その値近辺の値が現れる確率の対応は，表にすると

変数値	$\cdots$	X	$\cdots$	合計
確率	$\cdots$	$f(X)dX$	$\cdots$	$\int_{-\infty}^{\infty} f(X)dX = 1$

のようになります．積分記号 $\int$ は単に「合計」を表す記号だったことも思い起こしてください．

離散確率変数の期待値は，変数の値とその値が現れる確率の積を取ったものを合計した値でしたので，その連続確率変数版は，変数の値と，その値近辺の値が現れる確率の積を取ったものを合計した値だと定めるのが自然です．つまり，

変数値	$\cdots$	X	$\cdots$	合計
確率	$\cdots$	$f(X)dX$	$\cdots$	$\int_{-\infty}^{\infty} f(X)dX = 1$
変数値 · 確率	$\cdots$	$X \cdot f(X)dX$	$\cdots$	$\int_{-\infty}^{\infty} Xf(X)dX$

となり，確かにこの定義は離散的な確率変数の期待値の定義と同じ考え方のものです．

例 50. 指で針を弾き，それが地面に落ちたときの針先の角度を X と置いた確率変数の密度関数は

$$f(X) = \begin{cases} 0 & (X < 0, X \geq 360) \\ 1/360 & (0 \leq X < 360) \end{cases}$$

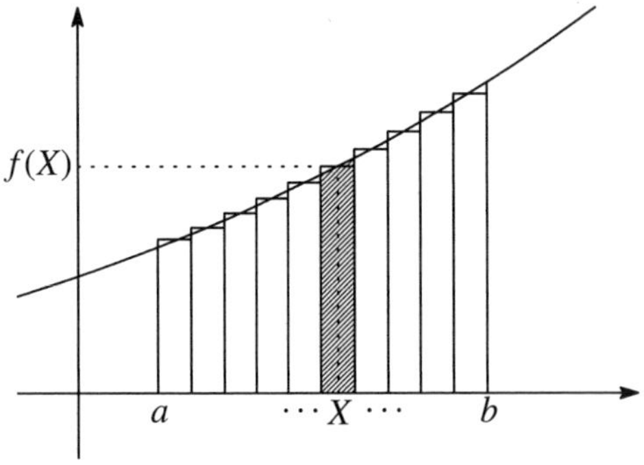

図 6.1　積分記号の意味（再掲）

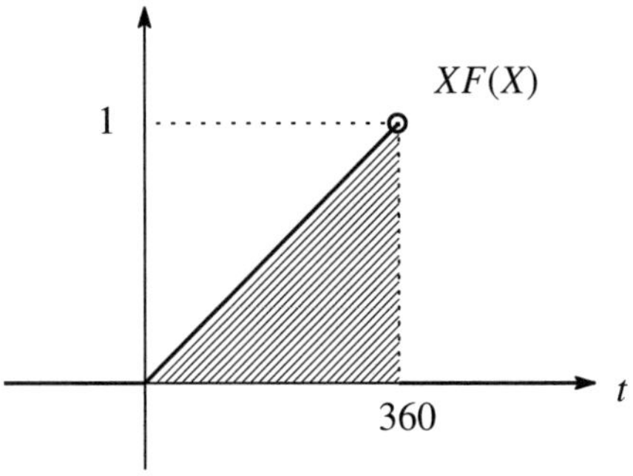

図 6.2　針投げ試行の期待値

でした（例 42 参照）．関数 $Xf(X)$ は，

$$Xf(X) = \begin{cases} 0 & (X < 0, X \geq 360) \\ X/360 & (0 \leq X < 360) \end{cases}$$

なので，その期待値は，図 6.2 の斜線で示した三角形の面積です．したがって，

$$E(X) = \int_{-\infty}^{\infty} Xf(X)dX = \frac{1}{2} \times 360 \times 1 = 180$$

となります．

6.3 分散

期待値が定義できれば，分散もすぐに定義できます．偏差の 2 乗の期待値が分散のもともとの定義だからです（定義 1.9 参照）．

定義 6.3. 分散（連続）

連続確率変数 X とその確率密度関数 $f(X)$ に対して，分散 $V(X)$ を

$$V(X) = E\left((X - E(X))^2\right) = \int_{-\infty}^{\infty} (X - E(X))^2 f(X)dX$$

で定める．

ここで，定理 4.4（積分の線形性）を使うと，連続確率変数の場合も定理 3.4 と同様の結果が成立することが分かります．

定理 6.4. 期待値と分散の関係（連続）

分散は，2 乗の期待値から，期待値の 2 乗を差し引いた値と一致する．

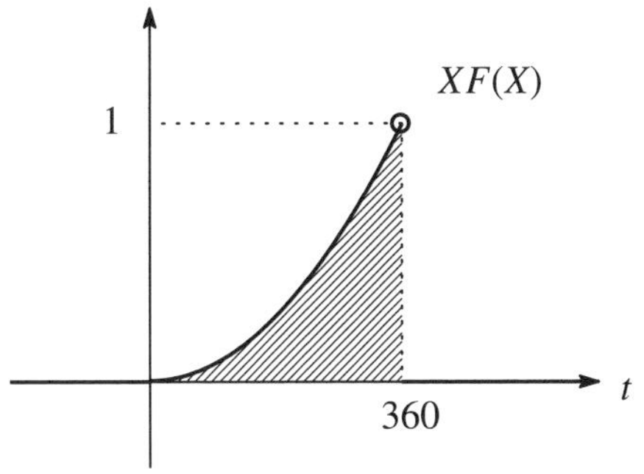

図 6.3　針投げ試行の 2 乗期待値

解説. 実際に示しましょう．式変形をみやすくするために，$E(X) = e$ と置きます．すると，

$$(X - e)^2 = X^2 - 2eX + e^2$$

なので，

$$\begin{aligned} V(X) &= \int_{-\infty}^{\infty} (X^2 - 2eX + e^2) f(X) dX = \int_{-\infty}^{\infty} \left\{ X^2 f(X) - 2eXf(X) + e^2 f(X) \right\} dX \\ &= \int_{-\infty}^{\infty} X^2 f(X) dX - 2e \int_{-\infty}^{\infty} X f(X) dX + e^2 \int_{-\infty}^{\infty} f(X) dX \end{aligned} \tag{6.2}$$

です．上の式の 1 行目から 2 行目に移るところで定理 4.4 を使いました．期待値 e は単に何かの数（定数）であることに注意してください．定理 4.6 と期待値の定義 6.2 より，

$$\int_{-\infty}^{\infty} f(X) dX = 1, \qquad \int_{-\infty}^{\infty} X f(X) dX = e, \qquad E(X^2) = \int_{-\infty}^{\infty} X^2 f(X) dX$$

ですので，式 (6.2) は，

$$\int_{-\infty}^{\infty} X^2 f(X) dX - 2e^2 + e^2 = \int_{-\infty}^{\infty} X^2 f(X) dX - e^2 = E(X^2) - E(X)^2$$

のように計算でき，確かに，定理の主張通りの結果が得られます．

例 51. 指で針を弾き，それが地面に落ちたときの針先の角度を X と置いた確率変数の密度関数は

$$f(X) = \begin{cases} 0 & (X < 0, X \geq 360) \\ 1/360 & (0 \leq X < 360) \end{cases}$$

でした（例 42 参照）．関数 $X^2 f(X)$ は，

$$X^2 f(X) = \begin{cases} 0 & (X < 0, X \geq 360) \\ X^2/360 & (0 \leq X < 360) \end{cases}$$

なので，その期待値は，図 6.3 の斜線で示した部分の面積です．

$$E(X^2) = \int_{-\infty}^{\infty} X^2 f(X)dX = \int_0^{360} \frac{X^2}{360}dX = \frac{1}{3} \times 360^2 = 43200, \tag{6.3}$$

定理 6.4 と例 50 より，分散は $V(X) = 43200 - 180^2 = 43200 - 32400 = 10800$ です．

6.4 期待値と連続確率変数の四則演算の関係

連続確率変数の場合も離散確率変数の場合（定理 3.1，3.2 参照）と全く同じ以下の定理が成立します．

定理 6.5. 確率変数の和（差）と期待値

確率変数 X, Y に対して，

$$E(X \pm Y) = E(X) \pm E(Y) \qquad （複合同順）$$

が成立する．

定理 6.6. 確率変数の積と期待値

独立な確率変数 X と Y に対して，

$$E(X \times Y) = E(X) \times E(Y)$$

が成立する．

解説. 実際に，X が離散確率変数，Y が連続確率変数で，かつ独立な場合を示してみましょう．ただし，いたずらな複雑さを避けるため，X は $1, 2$ しか値を取らないとしておきます．

定義 5.5 より，$Z = X + Y$ の確率密度関数は，

$$h(Z) = 「F(X) \times g(Z - X) \text{ を全ての } X \text{ について合計」}$$

です．期待値 $E(Z)$ は定義 6.2 から，$Z = X + (Z - X)$ に注意して，

$$\begin{aligned}
E(Z) &= \int_{-\infty}^{\infty} Zh(Z)dZ = \int_{-\infty}^{\infty} \{ZF(1)g(Z-1) + ZF(2)g(Z-2)\}\,dZ \\
&= \int_{-\infty}^{\infty} \{(1 + (Z-1))F(1)g(Z-1) + (2 + (Z-2))F(2)g(Z-2)\}\,dZ
\end{aligned}$$

$$\begin{aligned}
&= \int_{-\infty}^{\infty} \{1 \cdot F(1)g(Z-1) + 2 \cdot F(2)g(Z-2) + (Z-1)F(1)g(Z-1) + (Z-2)F(2)g(Z-2)\}\,dZ \\
&= 1 \cdot F(1) \int_{-\infty}^{\infty} g(Z-1)dZ + 2 \cdot F(2) \int_{-\infty}^{\infty} g(Z-2)dZ \\
&\qquad + F(1) \int_{-\infty}^{\infty} (Z-1)g(Z-1)dZ + F(2) \int_{-\infty}^{\infty} (Z-2)g(Z-2)dZ
\end{aligned} \tag{6.4}$$

です．最後の等号は，定理 4.4（積分の線形性）を使っています．ここで，関数 $y = f(x-a)$ のグラフは，$y = f(x)$ のグラフを右に a 平行移動したものになることを思い出しましょう．単に横に平行移動するだけですから，$y = f(x-a)$ のグラフと x 軸に囲まれた部分の面積（全区間での積分）は，$y = f(x)$ のものと同じです．つまり，定理 4.6 と期待値の定義から，

$$\int_{-\infty}^{\infty} g(Z-a)dZ = \int_{-\infty}^{\infty} g(Z)dZ = 1, \quad \int_{-\infty}^{\infty} (Z-a)g(Z-a)dZ = \int_{-\infty}^{\infty} Zg(Z)dZ = E(Y)$$

です．したがって，$F(1) + F(2) = 1$ と $E(X) = 1 \cdot F(1) + 2 \cdot F(2)$ より，

$$\text{式 (6.4)} = 1 \cdot F(1) + 2 \cdot F(2) + E(Y)(F(1) + F(2)) = E(X) + E(Y)$$

となりました．$Z = XY$ の場合も同じような計算で示すことができます．

例 52. 例 46 で 2 回の独立な針投げ試行 X, Y の和 $Z = X + Y$ の確率密度関数が

$$h(Z) = \int_{-\infty}^{\infty} f(X)f(Z-X)dX = \begin{cases} 0 & (Z < 0, Z \geq 720) \\ Z/360^2 & (0 \leq Z < 360) \\ (720-Z)/360^2 & (360 \leq Z < 720) \end{cases} \tag{6.5}$$

となることを示しました．その期待値をこの式から直接計算すると，

$$\int_{-\infty}^{\infty} Zh(Z)dZ = \int_{0}^{360} \frac{Z^2}{360^2}dZ + \int_{360}^{720} \frac{Z(720-Z)}{360^2}dZ = 360$$

です．一方，例 50 より $E(X) = E(Y) = 180$ なので，確かに $E(X+Y) = E(X) + E(Y)$ が成立しています．また，この 2 回の針投げ試行は独立ですから，$E(X \times Y) = E(X) \times E(Y) = 180^2 = 32400$ です．

6.5 分散と確率変数の和の関係

連続確率変数の和と分散の関係も定理 3.5 と全く同じ結果が成り立ちます．

定理 6.7. 確率変数の和と分散

独立な確率変数 X と Y に対して，

$$V(X+Y) = V(X) + V(Y)$$

が成立する．

解説． 定理 3.5 は，定理 3.2 と定理 3.4 を使って示すことができましたが，これらの定理の連続確率変数版はそれぞれ定理 6.5 と 6.4 です．したがって，定理 3.4 と全く同じ方法でこの定理を示せます．

例 53. 例 52 で 2 回の独立な針投げ試行 X, Y の和 $Z = X + Y$ の期待値を計算しましたので，今度は分散を計算してみましょう．まず，確率変数 Z の確率密度関数の式 (6.5) から直接計算してみます．

定義 5.12 より，$W = Z^2$ の確率密度関数 $h(W)$ は

$$h(W) = \frac{f\left(\sqrt{W}\right) + f\left(-\sqrt{W}\right)}{2\sqrt{W}} = \begin{cases} 0 & (W < 0, W \geq 720^2) \\ 1/259200 & (0 \leq W < 360^2) \\ (720 - \sqrt{W})/(259200\sqrt{W}) & (360^2 \leq W < 720^2) \end{cases}$$

です．したがって，

$$E(Z^2) = \int_{-\infty}^{\infty} Wh(W)dW = \int_0^{360^2} \frac{W}{259200}dW + \int_{360^2}^{720^2} \frac{(720 - \sqrt{W})\sqrt{W}}{259200}dW = 151200$$

と例 52 より，定理 6.4 を使って，

$$V(Z) = E(Z^2) - E(Z)^2 = 151200 - 360^2 = 21600$$

です．例 51 で，$V(X) = V(Y) = 10800$ はすでに示されています．したがって，$V(Z) = 21600 = 10800 + 10800 = V(X) + V(Y)$ であり，確かに定理の主張通りの結果となっています．

6.6 スカラー倍・平行移動と期待値・分散

ここまで，連続確率変数の期待値・分散と四則演算の間に，離散確率変数と全く同じ結果が成り立つことを確かめました．スカラー倍・平行移動は，ここまで示した性質の特別な場合に過ぎませんので，もちろん，定理 3.3，3.6 と同様に，以下の結果も成り立ちます．

定理 6.8. スカラー倍・平行移動と期待値（連続）

確率変数 X と，定数 a, b に対して

$$E(aX + b) = aE(X) + b.$$

が成立する．特に，$E(b) = b$ である．

定理 6.9. スカラー倍・平行移動と分散（連続）

確率変数 X と，定数 a, b に対して

$$V(aX + b) = a^2V(X)$$

が成立する．特に $V(b) = 0$ である．

例 54. 例 47 で，弧度法版の針投げ試行の確率密度関数が

$$h(Z) = \begin{cases} 0 & (Z \geq \pi, Z < -\pi) \\ 1/(2\pi) & (-\pi \leq Z < \pi) \end{cases}$$

であることを解説しました．なお，元の針投げ試行に対応する確率変数 X と Z は式 $Z = (\pi/180)X - \pi$ で対応しています．確率変数 Z の確率密度関数 $h(Z)$ から直接期待値と分散を計算すると，

$$E(Z) = \int_{-\infty}^{\infty} Zh(Z)dZ = \int_{-\pi}^{\pi} \frac{Z}{2\pi}dZ = 0,$$

$$V(Z) = E(Z^2) - E(Z)^2 = \int_{-\pi}^{\pi} \frac{Z^2}{2\pi}dZ - E(Z)^2 = \frac{\pi^2}{3}$$

です．例 50 と 51 より，$E(X) = 180, V(X) = 10800$ ですから，

$$E(Z) = 0 = \frac{\pi}{180} \times 180 - \pi = \frac{\pi}{180} \times E(X) - \pi,$$

$$V(Z) = \frac{\pi^2}{3} = \frac{\pi^2}{32400} \times 10800 = \left(\frac{\pi}{180}\right)^2 \times V(X)$$

と，確かに定理の主張通りの結果となっています．

演習問題

問 40. 連続確率変数 X と Y は独立であり，さらに，$E(X) = 3, E(Y) = 2, E(X^2) = 25, E(Y^2) = 7$ を満たすとする．以下の問いに答えよ．

(1) 確率変数 $X, 2Y$ の分散を求めよ．
(2) 確率変数 $X^2 + X, 3XY$ の期待値を求めよ．
(3) 確率変数 $3X - 1, X + 2Y$ の期待値と分散を求めよ．

問 41. 問 36 で与えた確率変数 X, Y, Z について以下の問いに答えよ．

(1) X, Y, Z の期待値と分散をその確率密度関数から求めよ．
(2) X, Y, Z の分散を定理 6.4 を用いて求めよ．
(3) $X + Y, XY, Y + Z, YZ$ の期待値をその確率密度関数から求め，定理 6.5 と 6.6 を確かめよ．
(4) $X + Y, Y + Z$ の分散をその確率密度関数から求め，定理 6.7 を確かめよ．
(5) $2Y + 1, -4Z + 3$ の期待値と分散をその確率密度関数から求め，定理 6.8 と 6.9 を確かめよ．

問 42. 関数 $f(X) = \frac{1}{\pi}\frac{1}{1+X^2}$ を確率密度関数としてもつ確率変数 X（自由度 1 の t 分布）について以下の問いに答えよ．

(1) $E(X) = 0$ となることを $Xf(X)$ のグラフから説明せよ．
(2) $V(X) = \infty$ となるのがなぜかを説明せよ．
(3) $Y = \sigma X + \mu\ (\sigma > 0)$ に対して，$E(Y) = \mu$ となることを示せ．また，その理由を $Yg(Y)$ のグラフから説明せよ．ただし，確率変数 Y の確率度関数を $g(Y)$ とおく．

問 43. 連続確率変数 X, Y の確率分布がそれぞれ図 4.9 と図 4.10 で与えられるとする．以下の問いに答えよ．ただし，X, Y は独立だと仮定せよ．

(1) $E(X) = 0, E(Y) = 3$ となることを積分の近似計算で確かめよ．また，$E(X) = 0$ となる理由を $Xf(X)$ のグラフを描き説明せよ．
(2) $V(X) = 1, V(Y) = 6$ となることを積分の近似計算で確かめよ．
(3) 確率変数 X_1 と X_2 は X と同じ確率密度関数をもつが，独立だとする．確率変数の和 $X_1 + X_2$ の期待値と分散をその確率密度関数から積分の近似計算で求め，そのようにして得られた値が定理 6.5 と 6.7 を満たしていることを確かめよ（問 39 参照）．
(4) 確率変数 Y_1 と Y_2 は Y と同じ確率密度関数をもつが，独立だとする．(3) と同様の問題を解け．
(5) 確率変数 $2X + 1, -4Y + 3$ の期待値と分散をその確率密度関数から積分の近似計算で求め，そのようにして得られた値が定理 6.8 と 6.9 を満たしていることを確かめよ．

第 7 講

正規化と正規分布

第 7 講は，確率変数に対して行われる**正規化**とよばれる変換と，連続確率分布のなかで最も重要な**正規分布**について解説します．正規化と正規分布は，どちらも「正規」とは付きますが，全く異なる概念であることに注意が必要です．

ポイント 7.1. 正規化

スカラー倍と平行移動を用いて，期待値が 0，分散が 1 になるよう確率変数を変換することを**正規化**と呼びます．より具体的には，

$$Z = \frac{X - E(X)}{\sqrt{V(X)}}$$

のように確率変数 X を書き換えることが正規化です．

ポイント 7.2. 標準正規分布

標準正規分布とは，確率分布が（確率密度関数のグラフが）図 7.1 の (2) のと一致するもののことです．標準正規分布について必ず覚えておかなければならないことは，その形状が，

(1) 原点を通る縦軸について左右対称で，$X = 0$ のとき最大値 $1/\sqrt{2\pi} \simeq 0.398$ を取る．
(2) 山形であり，$X = \pm 1$ で，上に凸と下に凸が切り替わる（このような点を**変曲点**といいます）．
(3) 山の裾野部分は原点から離れると急速に高さが低くなり，$X = \pm 3$ でほぼ 0 となる（この性質を**急減少**と表現します）．

を満たすこと，そして，期待値と分散がそれぞれ 0 と 1 となることです．また，標準正規分布の累積分布関数の値を求めるには，**標準正規分布表**（表 4.1 参照）などに頼るしかありません．

ポイント 7.3. 正規分布

正規化することで標準正規分布となる連続確率分布が**正規分布**です．逆のいい方をすると，正規分布する確率変数は正規化し標準正規分布に従うようにしてから調べるべきです．期待値 μ，分散 σ^2 の正規分布の確率密度関数のグラフは，図 7.2 のような，左右対称な，期待値 μ を中心とした，

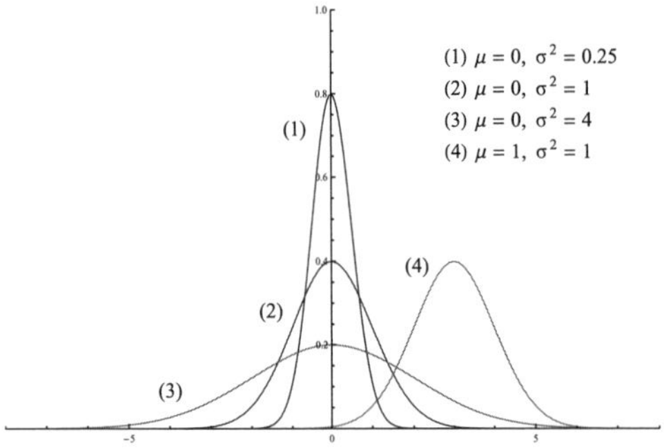

図 7.1 正規分布の確率密度関数と分散・期待値

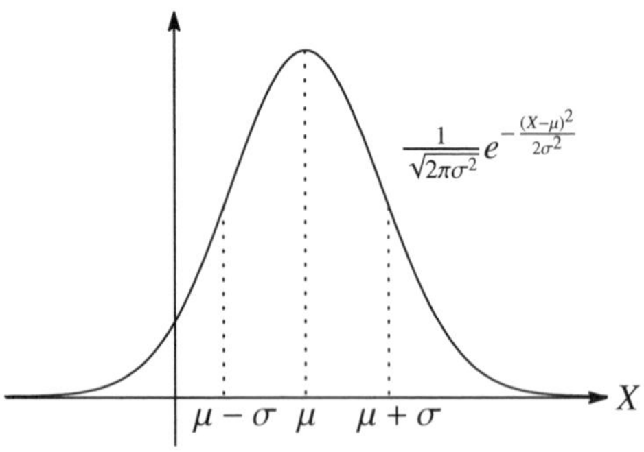

図 7.2 正規分布 $N(\mu, \sigma^2)$

山の広がり具合が σ の山形になります．この分布は，記号 $N(\mu, \sigma^2)$ で表されることが多く，標準正規分布 $N(0, 1)$ の累積分布関数 $F_Y(t)$ と正規分布 $N(\mu, \sigma^2)$ の累積分布関数 $F_X(t)$ は，関係，

$$F_Y(t) = F_X((t - \mu)/\sigma)$$

を満たします．この関係と標準正規分布表から，正規分布の累積分布関数の値を求めます．

ポイント 7.4. 正規分布の再生性

定数 a, b と独立な確率変数 $X \sim N(\mu_X, \sigma_X^2), Y \sim N(\mu_Y, \sigma_Y^2)$ に対して，

$$aX + b \sim N(a\mu_X + b, a^2\sigma_X^2), \qquad X + Y \sim N(\mu_X + \mu_Y, \sigma_X^2 + \sigma_Y^2)$$

が成立します．この性質を正規分布の**再生性**といいます．この性質はのちに何度も使いますので，必ず覚えておくようにしてください．

7.1 正規化

正規化の定義は以下で与えられます．つまり，正規化とは，偏差を分散の平方根で割ることです．

定義 7.1. 正規化

確率変数 X に対して，

$$Z = \frac{X - E(X)}{\sqrt{V(X)}}$$

で新たな確率変数 Z を定義することを，確率変数 X の**正規化**とよぶ．ここで，$E(X)$ は確率変数 X の期待値，$V(X)$ は確率変数 X の 分散 である．

例 55. 例 1 の一様分布に従う確率変数 X を正規化して得られる確率変数 Z は，例 8 と例 12 より，式

$$Z = \frac{X - 2}{\sqrt{2/3}}$$

で与えられます．X の各値は正規化により，

X	1	2	3
Z	−1.224	0	1.224
$F(Z)$	1/3	1/3	1/3

のように変化します．

正規化の目的は何でしょうか．次の定理がその答えです．

定理 7.2. 正規化と期待値・分散

正規化により得られた確率変数 Z の期待値は 0 であり，分散は 1 である．

解説. 正規化については，この定理の方が本質的です．つまり，正規化とは，期待値を 0，分散を 1 にするための操作です．式変形をみやすくするため，$E(X) = e$, $\sqrt{V(X)} = s$ と置き，計算してみます．

まず，定理 6.8 より，

$$E(Z) = E\left(\frac{X-e}{s}\right) = \frac{E(X)-e}{s} = \frac{e-e}{s} = 0$$

です．これで期待値が 0 になることが分かりました．次に，定理 6.9 より，$s^2 = V(X)$ に注意して，

$$V(Z) = V\left(\frac{X-e}{s}\right) = \frac{1}{s^2}V(X-e) = \frac{1}{s^2}V(X) = \frac{1}{s^2}s^2 = 1$$

となり，確かに分散が 1 になることも分かります．

例 56. 例 55 で与えた確率変数 Z の期待値と分散を定義に従い計算すると，

$$E(Z) \simeq \frac{1}{3}(-1.224 + 0 + 1.224) = 0, \quad V(Z) \simeq \frac{1}{3}\left((-1.224)^2 + 0^2 + 1.224^2\right) = 0.998$$

です．分散の計算結果が正確に 1 とならないのは，例 55 の結果に誤差があるからです．

7.2 ネイピア数

正規分布を正確に定義するには，**ネイピア数**とよばれる重要な数学定数が必要です．ネイピア数にはいろいろな導入方法がありますが，本書は，近似計算しやすい次の形で与えます．

定義 7.3. ネイピア数

$$e = 1 + \frac{1}{1!} + \frac{1}{2!} + \frac{1}{3!} + \cdots = 2.71828\ldots$$

で定義される値を**ネイピア数**とよぶ．ただし，$n! = n \times (n-1) \times \cdots \times 2 \times 1$ である．

解説. ネイピア数は，円周率 π と並ぶ，数学的に重要な定数です．ネイピア数について覚えておくべきことは，この値が円周率 π と同様に無理数であり，その値を正確に記すことができないこと，また，指数関数 $y = e^x$ や対数関数 $y = \log x$ と合わせて紹介されることが多い値であることです．

通常，ネイピア数は，記号 e を使って表しますが，この値が 2.5 より大きな値になることは $1 + \frac{1}{1!} + \frac{1}{2!} = 2.5$ より，すぐに分かります．$e < 3$ であること，また，無理数であることの証明も難しくはないのですが，統計学とは直接関係しませんので，本書ではその詳細は省略します．

7.3 標準正規分布

正規分布は確率密度関数を使って導入されるのが普通です．まずは，**標準正規分布**から紹介します．

定義 7.4. 標準正規分布

確率密度関数 $f(X)$ が

$$f(X) = \frac{1}{\sqrt{2\pi}} e^{-\frac{X^2}{2}}$$

となる確率分布を**標準正規分布**とよぶ．

解説. 面積で確率を表すために描かれる図をグラフをもつ関数が確率密度関数でした．(定義 4.5 参照)．したがって，確率密度関数のグラフの形状をきちんと把握しておくことはとても大切です．

標準正規分布の確率密度関数のグラフ描いたものが図 7.1 の (2) です．このグラフについて覚えておかなければならないことは以下の 3 点です．

(1) 原点を通る縦軸について左右対称で，$X = 0$ のとき最大値 $\frac{1}{\sqrt{2\pi}} \simeq 0.398$ を取る．
(2) 山形であり，$X = \pm 1$ で，上に凸と下に凸が切り替わる．
(3) 山の裾野部分は原点から離れると急速に高さが低くなり，$X = \pm 3$ でほぼ 0 となる．

数学では性質 (2) を，$X = \pm 1$ は**変曲点**と，また，性質 (3) の前半を，$f(X)$ が**急減少**だと表現します．

実は，標準正規分布は正規化済みの連続確率分布です．

定理 7.5. 標準正規分布の期待値・分散

確率変数 X は標準正規分布に従うとする．このとき，$E(X) = 0, V(X) = 1$ である．また，確率変数 X が原点を中心とした範囲の値を取る確率は，

範囲	確率
$-1 < X \leq 1$	0.683
$-2 < X \leq 2$	0.954
$-3 < X \leq 3$	0.997

のようになる．

解説. 標準正規分布の確率密度関数 $f(X)$ のグラフは左右対称なので，$Xf(X)$ のグラフは原点について対称です．したがって，その $[-\infty, \infty]$ での積分は，負の面積となる $[-\infty, 0]$ と正の面積となる $[0, \infty]$ が打ち消し合って 0 になります．分散が 1 になることは，微分積分学の進んだ知識を使わないと示せないことから本書では省略します．また，表で与えた確率変数 X の範囲と確率の対応は，次節で解説します．この定理で大切なことは，確率密度関数のグラフの特徴と期待値・分散の対応関係です．

まず，確率密度関数は，X が期待値と一致するとき最大値 $1/\sqrt{2\pi}$ を取ります．

次に，確率密度関数の変曲点は，期待値から分散の平方根だけ離れたところです．

最後に，期待値から分散の平方根の 3 倍離れた範囲の値を取る確率がほぼ 1 です．つまり，この範囲から外れた値となることはほとんどあり得ません．

なお，期待値が 0 で分散が 1 の分布なのですから，標準正規分布は**正規化済み**の分布であることは明らかでしょう．

標準正規分布に従う確率変数 X はもちろん連続確率変数です．第 4 講の第 4.1 節で，連続確率変数についてまず明らかにすべきは累積分布関数であることを注意しました．しかし，ここでは，累積分布関数ではなく，確率密度関数を最初に与えました．次の定理はこれがなぜかに答えるためのものです．

定理 7.6. 標準正規累積分布表

標準正規分布に従う確率変数 X の累積確率関数を初等関数で表すことは不可能である．

解説. この定理は高等学校までに学ぶ比較的やさしい関数だけを組み合わせて標準正規分布の累積確率関数を書き下すことが不可能だというものです．なお，この証明には，とても高度な数学の知識（リウビルの定理）を要しますので，本書ではとても取り扱えません．本書でこの定理を取り上げたのは，標準正規分布の場合，確率を求めようとしても，それを簡単な計算で求めることが不可能だということを理解してもらうためです．つまり，標準正規分布の場合，コンピュータを用いた近似計算か，あらかじめ用意されている数表を基にした値の決定のいずれかで確率を求めざるを得ません．

今は高度な情報機器が容易に手に入りますので，コンピュータを使うのが普通ですが，少し前までは数表で求めるのが普通でした．これは，

t	0.00	0.01	0.02	0.03	0.04	0.05	0.06	0.07	0.08	0.09
0.0	0.5000	0.5040	0.5080	0.5120	0.5160	0.5199	0.5239	0.5279	0.5319	0.5359
0.1	0.5398	0.5438	0.5478	0.5517	0.5557	0.5596	0.5636	0.5675	0.5714	0.5753
0.2	0.5793	0.5832	0.5871	<u>0.5910</u>	0.5948	0.5987	0.6026	0.6064	0.6103	0.6141
0.3	…									

のようなもので，例えば，標準正規分布に従う確率変数が 0.23 以下の値となる確率を求めたければ，3 行 4 列目の値 0.5910 がその近似値となります（下線部参照）．この表は標準正規累積分布表とよばれることが多いのですが，みての通り，表には 0 以上の場合の値しかありません．これは，負の値の場合に，その値以下となる確率を知りたければ，例えば -0.23 であれば，1 から 0.23 以下となる確率を差し引く，つまり，$1 - 0.5910 = 0.409$ のようにして簡単にその近似値を求められるからです．これは，確率密度関数の積分（面積）が確率を与えること，標準正規分布が 0 を中心とした左右対称形で

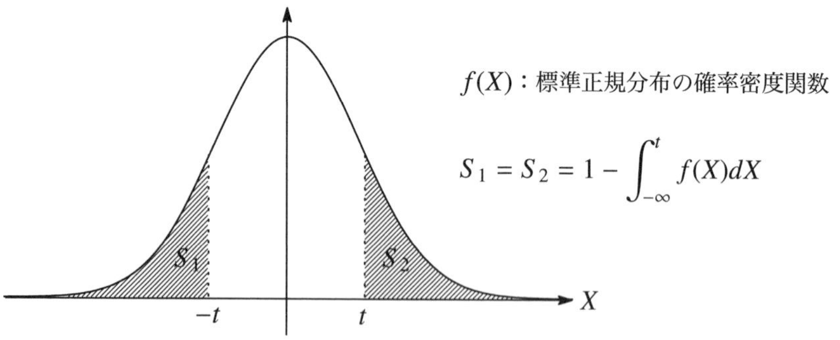

図 7.3 標準正規分布の負の値に対応する確率

あること，そして，図 7.3 より，ほとんど明らかだと思います．

なお，演習問題を解くときなどに利用できるよう，標準正規累積分布表の全体を付録の表 4.1 として与えておきます．また，標準正規分布の累積分布関数のグラフを図 7.5 の (2) に与えておきます．

例 57. 確率変数 X が標準正規分布に従うとし，$F_X(t)$ をその累積分布関数とします．付録表 4.1 より，

$$F_X(1) \simeq 0.8413, \qquad F_X(-1) = 1 - F_X(1) \simeq 1 - 0.8413 = 0.1587$$

なので，確率変数 X が $-1 < X \leq 1$ となる確率の近似値は $0.8413 - 0.1587 = 0.6826$ です．この値を四捨五入したものが定理 7.5 の表に示した値です．その他の場合も同様に求めることができます．

7.4 正規分布

標準正規分布は正規化済みの分布です．この観点にたつと，正規分布は以下のように定義できます．

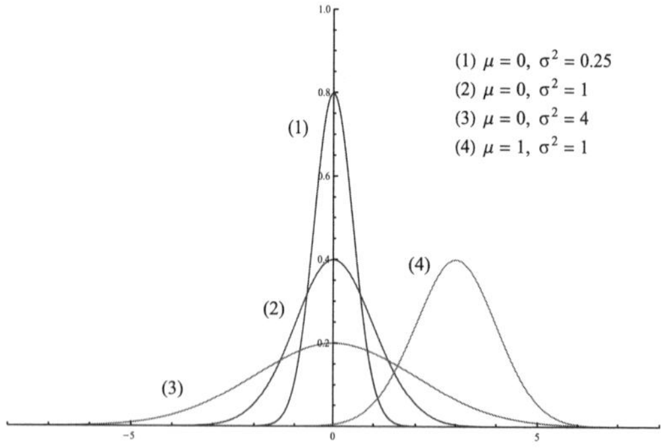

図 7.4 正規分布の確率密度関数（再掲）

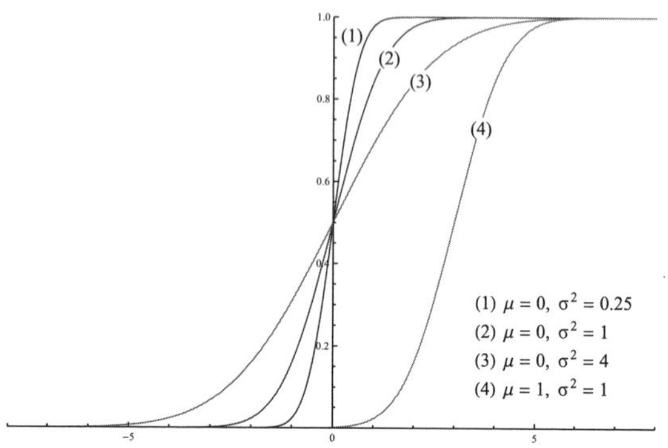

図 7.5 正規分布の累積分布関数

定義 7.7. 正規分布

正規化することで標準正規分布となる確率分布を**正規分布**とよぶ．本書は期待値が μ，分散が σ^2 となる正規分布を記号 $N(\mu, \sigma^2)$ で表す．

正規分布の確率密度関数は，正規化の逆を計算することで以下のような形になることが分かります．

定理 7.8. 正規分布の確率密度関数

定数 $\mu, \sigma > 0$ に対して，確率変数 X が $N(\mu, \sigma^2)$ に従うとき，その確率密度関数 $f(X)$ は

$$f(X) = \frac{1}{\sqrt{2\pi}\sigma} e^{-\frac{(X-\mu)^2}{2\sigma^2}}$$

となる．

解説．実際に逆算してみましょう．定義 7.1 より，$Z = (X - \mu)/\sigma$ が正規化のための確率変数の変換式ですので，X について解いた $X = \sigma Z + \mu$ が逆算のための変換式です．

標準正規分布の確率密度関数は $f(X) = \frac{1}{\sqrt{2\pi}} e^{-\frac{Z^2}{2}}$ ですが，$X = \sigma Z + \mu$ は，確率変数 Z を σ 倍し，μ 平行移動する変換なので，定理 5.11 より，その確率密度関数は，

$$h(X) = \frac{1}{\sigma} f\left(\frac{X - \mu}{\sigma}\right) = \frac{1}{\sqrt{2\pi}\sigma} e^{-\frac{(X-\mu)^2}{2\sigma^2}}$$

となり，確かに定理に与えた式が得られます．

また，実際に確率密度関数のグラフの概形を描いた図 7.6 より，以下が分かります．

(1) $X = \mu$ を通る縦軸について左右対称で，$X = \mu$ のとき最大値 $\frac{1}{\sqrt{2\pi}\sigma}$ を取る．
(2) 山形であり，$X = \mu \pm \sigma$ の位置に変曲点がある．
(3) 急減少関数であり，期待値から $\pm 3\sigma$ 離れたところでほぼ 0 になる．

確率密度関数の具体的な形よりも，これらの特徴を覚えておいてください．

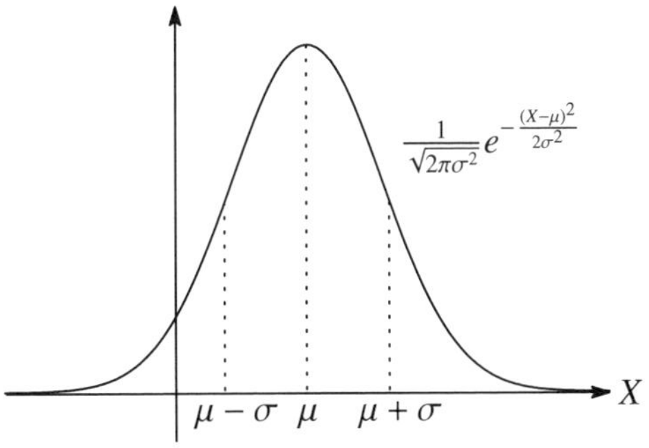

図 7.6　正規分布 $N(\mu, \sigma^2)$（再掲）

正規分布は確率分布のなかで最も重要なものですが，それがなぜかの答えの一つが次の定理です．

定理 7.9. 正規分布の再生性

分布 $N(\mu_X, \sigma_X^2)$ に従う確率変数を X，$N(\mu_Y, \sigma_Y^2)$ に従う確率変数を Y とする．また，a, b を定数，確率変数 X と Y は独立だとする．このとき，確率変数 $aX + b$ は正規分布 $N(a\mu_X + b, a^2\sigma_X^2)$ に従い，確率変数 $X + Y$ は，$N(\mu_X + \mu_Y, \sigma_X^2 + \sigma_Y^2)$ に従う．すなわち，正規分布の線形和[†]は正規分布となる．

[†] 変数の和とスカラー倍，平行移動を総称して**線形和**という．

解説. この定理の前半の証明（$aX + b$ の場合）は定理 7.8 と同様の手順で行えますが，後半（$X + Y$ の場合）の証明には，微分積分学の知識が必要となります．したがって，本書ではその詳細の解説は行いません．なお，X, Y が独立であることから，定理 6.5，6.7，6.8，6.9 を使って

$$E(aX + b) = aE(X) + b = a\mu_X + b, \quad V(aX + b) = a^2V(X) = a^2\sigma_X^2$$
$$E(X + Y) = E(X) + E(Y) = \mu_X + \mu_Y, \quad V(X + Y) = V(X) + V(Y) = \sigma_X^2 + \sigma_Y^2$$

はすぐに出てきます．

定理 7.6 で標準正規分布の累積分布関数の値を容易には計算できないことを解説しましたが，これは正規分布の場合も同様です．だからといって，期待値 μ と分散 σ^2 の値ごとに表を作るのは現実的ではありません．以下の定理は，正規分布の累積分布関数の値を，標準正規分布の累積確率分布の値から求めることができることを示すものです．

定理 7.10. 標準正規分布と正規分布の累積分布関数の関係

確率変数 X は標準正規分布 $N(0, 1)$ に従い，定数 μ と $\sigma > 0$ に対して，確率変数 Y は正規分布 $N(\mu, \sigma^2)$ に従うとする．それぞれの累積分布関数を $F_X(t), F_Y(t)$ とおくと，

$$F_Y(t) = F_X((t - \mu)/\sigma)$$

が成立する．

解説. 正規分布 $N(\mu, \sigma^2)$ の確率密度関数のグラフが，標準正規分布 $N(0, 1)$ のグラフを横方向に μ 平行移動させ，さらに高さを $1/\sigma$ 倍，横幅を σ 倍して得られることに注意してください．説明を簡単にするために，$\mu = 3, \sigma = 2$ としておきます．

まず，$N(3, 1)$ と $N(0, 1)$ で考えましょう．$N(3, 1)$ に対応するグラフは，$N(0, 1)$ に対応するグラフを横に 3 平行移動させただけのものなので，$N(3, 1)$ の $[-\infty, v + 3]$ での積分（面積）と $N(0, 1)$ の $[-\infty, v]$ での積分は同じだけの大きさがあります（図 7.7 参照）．

次に，$N(3, 4)$ と $N(3, 1)$ を比較します．$N(3, 4)$ に対応するグラフは $N(3, 1)$ に対応するグラフの高さを半分にして，さらに横幅を 2 倍にしたもの，つまり，面積を保ったまま，$N(3, 1)$ のグラフを上から半分に押しつぶした形のものです．最大値は $X = 3$ のときで，$X = 3$ と $3 - u$ の距離の点が押しつぶされることで，$X = 3$ から $2(3 - u)$ の距離のところに移動することから，$N(3, 4)$ の $[-\infty, t]$ での積分

（面積）が $N(3,1)$ の $[-\infty,u]$ での積分と同じ値となるのは $t=3-2(3-u)=2u-3$ のときです．これを u について解くと，$u=(t+3)/2$ が得られます．

上の 2 つの考察から，正規分布 $N(3,4)$ の $[-\infty,v]$ の積分と，標準正規分布 $N(0,1)$ の $[-\infty,t]$ の積分が同じ値をもつためには，

$$v=u-3=\frac{t+3}{2}-3=\frac{t-3}{2}=\frac{t-\mu}{\sigma}$$

とならなければなりません．

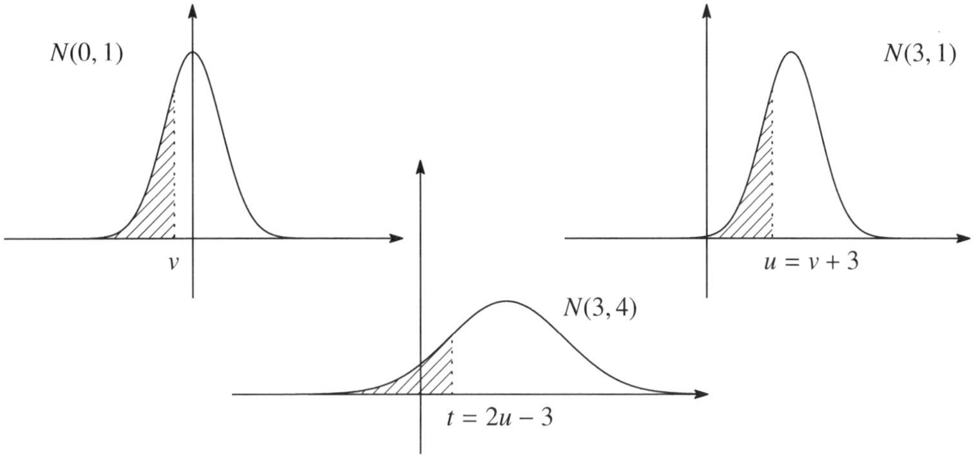

図 7.7　正規分布のスカラー倍・平行移動と面積

例 58. 確率変数 Y が正規分布 $N(3,4)$ に従うとき，$Y\leq 1$ となる確率は，定理 7.10 と付録表 4.1 より，標準正規分布の累積分布関数を $F_X(t)$ とおくと，

$$F_X((1-3)/2)=F_X(-0.5)=1-F_X(0.5)\simeq 1-0.6915=0.3085$$

となります．

演習問題

問 44. 確率変数 X_1, X_2, X_3 は，それぞれ分布 $B(1, 1/2), B(2, 1/2), B(3, 1/2)$ に従い，確率変数 Y は分布 $P(1/4)$ に従うとする．これらの確率変数を正規化せよ．また，その期待値と分散がそれぞれ 0 と 1 となることを確かめよ．

問 45. 例 38 で与えた確率変数 X と問 36 で与えた確率変数 Y, Z を正規化し，その確率密度関数と累積分布関数を求めよ．

問 46. 標準正規累積分布表（付録表 4.1）を用いて，分布 $N(0, 9)$ に従う確率変数 X が，以下の区間に含まれる確率を求めよ．また，分布 $N(2, 9)$ と $N(-1, 16)$ に従う場合についても考えよ．

(1) $-\infty < X \leq 1.5$　(2) $-\infty < X < 3$　(3) $3 < X < \infty$
(4) $-3 < X < 3$　(5) $-6 < X < \infty$　(6) $-9 < X < 9$
(7) $4 < X < 7$

問 47. 確率変数 X は，分布 $N(1, 1)$ に従い，確率変数 Y は，分布 $N(3, 4)$ に従うとする．以下のうち，正規分布になるものがどれかを答えよ．また，その期待値と分散を求めよ．

(1) $-X$　(2) $3X$　(3) $X + 1$
(4) $X + Y$　(5) $3X + 2Y$　(6) $3X + 5Y - 4$
(7) X^2　(8) $X^2 + Y^2$　(9) $\sqrt{X^2}$

問 48. 定義 7.3 を用いて，ネイピア数の近似値を計算せよ．

問 49. ネイピア数 e が，$2.5 < e < 3$ を満たすことを示せ．

問 50. $\left(1 + \frac{1}{n}\right)^n$ の近似値を $n = 10^k$ $(k = 0, 1, 2, 3, 4, 5, 6)$ について計算し，ネイピア数 e と比較せよ．

問 51. 分布 $N(3, 9)$ の確率密度関数 $f(X)$ のグラフの概形を描け．また，$\int_{-\infty}^{\infty} f(X)dX = 1$ となることを積分の近似計算で確かめよ．

問 52. 定理 7.8 で与えた正規分布の確率密度関数から，図 7.1 のグラフが現れることを確かめよ．また，積分の近似計算により，累積分布関数のグラフとして図 7.5 が現れることを確かめよ．

問 53. 定理 7.8 と積分の近似計算を用いて，標準正規分布の累積分布関数の値が付録表 4.1 で与えられることを確かめよ．

第 II 部

標本と分布

ほとんどの観測値は確率変数ですから，観測値の傾向，言い換えると，観測値の確率分布を明らかにしたいと考えるのは自然です．しかし，これは厳密には解くことができない問題です．なぜでしょうか．例としてサイコロを考えましょう．

普通に考えると，サイコロの各目の出る確率は一様で，対応する確率分布は一様分布（この場合は全ての目に確率 1/6 が対応する分布）でよさそうです．しかし，よく考えてみると，これはあくまで「理想的な」サイコロを想定した場合の話です．想定ですから，これは頭で想像しているだけのものであって，現実のサイコロが実際にそうなのかは「無限回」サイコロを投げて試してみなければ分かりません．もちろん，無限回サイコロを投げることなど出来ませんから，現実のサイコロの真の確率分布など求めようがない訳です．つまり，われわれが実際にできることは「できる限り試した上で，真の確率分布を推測する」ことだけなのです．

このように考えると，まず，概念としての確率変数（想定としての確率変数）と，現実の観測値としての確率変数を混同しないよう，対応する用語をきちんと準備しておくべきでしょう．また，概念としての確率変数と，現実の観測値としての確率変数がどのように対応するのかを明らかにしておかなければなりません．もちろん，この対応は「仮に試行が無限回出来たとするならば……」の形にならざるを得ないことも明らかです．

この想定と現実をつなぐ対応関係は一般に「極限定理」とよばれています．極限定理は，有限回の試行結果から，無限回の試行をしなければ本来分からないことを推測するものですから，確率分布そのものではなく，確率分布の特徴を表す値（本書だと期待値と分散）について記す形のものです．そして，無限回の試行を仮定し，それらの値から計算される値がどのように期待値や分散などの特徴値と結びつくのかについて記述しているのですから，その計算結果には無限の可能性があります．つまり，極限定理は基本的には連続的な確率分布を用いて記されます．なかでも，標準正規分布が主要な役割を果たすのです．

必然的に，第 II 部をきちんと理解するためには（これ以降も），確率変数の四則演算，期待値，分散に関する基本的な計算公式，そして正規化を当たり前のように使いこなせることが求められます．疑問に感じた場合は，なんどでも第 I 部を見直すことが理解の早道です．

第 8 講

母集団と標本

ここまで詳しく解説してきた確率変数という用語は汎用的ではあるのですが，利用方法が分かりにくいという欠点があります．この問題を解決する用語が母集団と標本です．

ポイント 8.1. 母集団・母平均・母分散

1. 興味（調査）の対象である数全体を**母集団**とよびます．母集団は確率変数の一種です．
2. 母集団の期待値が**母平均**です．母集団 X に対して，その母平均を記号 μ_X で表します．
3. 母集団の分散が**母分散**です．母集団 X に対して，その母分散を記号 σ_X^2 で表します．
4. 母平均と母分散から，母集団の概要がある程度わかりますが，それらの値だけで，母集団の特徴を完全に復元できる訳ではありません．より詳細に特徴をとらえるため，**歪度**や**尖度**などの値を付加的に計算することがあります．

ポイント 8.2. 標本

1. 母集団を調べるために，そこから無作為抽出される数値群が**標本**です．標本として取り出される数値の個数を標本の**長さ**，もしくは**サイズ**とよびます．
2. 標本は，それぞれの値が母集団と同じ確率分布をもつ**独立同分布確率変数列**です．本書は標本が母集団 X から取り出された独立同分布確率変数列であることを，英小文字を使い $x_1, x_2, \ldots, x_k$ のように表します．
3. 標本 $x_1, x_2, \ldots, x_k$ の算術平均値を**標本平均**とよび，記号 $\overline{x}$ で表します．
4. 標本 $x_1, x_2, \ldots, x_k$ に対して，その**標本分散** s_x^2 とは，
$$s_x^2 = \frac{(x_1 - \overline{x})^2 + (x_2 - \overline{x})^2 + \cdots + (x_k - \overline{x})^2}{k} = \frac{x_1^2 + x_2^2 + \cdots + x_k^2}{k} - \overline{x}^2$$
で計算される値です．また，**標準偏差** s_x は，標本分散 s_x^2 の平方根です．
5. 標本から計算される値を**統計量**とよび，特に標本の全体的な傾向を知る目的で計算するものを**要約統計量**とよびます．標本平均，標本分散（標準偏差）は要約統計量の最も代表的な値です．また，統計量は確率変数であることにも注意が必要です．

ポイント 8.3. 標本平均・標本分散の計算

本書は，標本平均・標本分散の実際の値の計算を，

標本	1	2	6	合計
確率	1/3	1/3	1/3	1
x・確率	1/3	2/3	2	3
偏差	−2	−1	3	
偏差^2	4	1	9	
偏差^2・確率	4/3	1/3	9/3	14/3

のような表を使って行うことを推奨しています．なお，計算の様子からすぐにわかる通り，標本平均・標本分散の値の導出は，確率変数が一様分布に従う場合の期待値・分散の導出と全く同じです．

ポイント 8.4. 標本平均と母平均，母分散

母集団 X の長さ k の標本に対し，標本平均 $\overline{x}$ の期待値 $E(\overline{x}) = \mu_X$，分散 $V(\overline{x}) = \sigma_X^2/k$ です．

8.1 母集団と母平均・母分散

定義 8.1. 母集団

興味（調査）の対象である数字全体を**母集団**とよぶ．

例 59. 六面体のサイコロを振って出てくる数字に興味があるのならば，母集団は $1, 2, 3, 4, 5, 6$ です．

例 60. 大学生の身長（単位 cm）に興味があるのならば，母集団は大学生の身長として現れる全ての数値の集まりです．ただし，ここでは，単に「大学生の身長」といっているだけで，どのような大学生なのかについては何もいっていません．つまり，この場合の母集団は「過去・現在・未来」の全ての大学生の身長という膨大な数値の集まりです．

定理 8.2. 母集団と確率変数

母集団は確率変数である．

解説. これは例 59 や 60 からほぼ明らかでしょう．確率変数のうち，興味のあるもののことを母集団とよぶ，と言い換えても構いません．

母集団は，興味のある，言い換えると，その詳細を知りたいと思っている確率変数です．確率変数の詳細は，その確率分布から完全に分かりますが，例 59 のような単純なものならばともかく，例 60 のような場合は，その詳細を完全に明らかにすることはどう考えても不可能です．

定理 8.2 の通り，母集団とは，興味はあるが，その詳細を調べつくすことができないものという意が込められた言葉です．調べつくすことはできないので調べない，では進歩がないので，せめて何らかの確度の高い情報を取り出せないか足掻かねばなりません．この目的で使われる代表的な値が，期待値と分散なのです．

定義 8.3. 母平均

母集団 X の期待値を**母平均**とよび，本書はこの値を記号 μ_X で記す．

定義 8.4. 母分散

母集団 X の分散を**母分散**とよび，本書はその平方根を記号 σ_X で記す．

解説. 本書はここまで，期待値・分散は単に確率変数から計算されるもの，という説明しかしてきませんでした．しかし，第 1 講の計算例や，第 7 講の正規分布における期待値・分散の解説から，期待値が分布の中心，分散が分布の広がり方に関係する値だろうと感じているのではないかと思います．

この点の正確な解説は第 9 講で行いますが，現時点でも，確率分布の形状が近ければ，期待値・分散の値もそれほど変わらないであろうこと容易に想像できるでしょう．逆にいうと，期待値・分散を調べることで，ある程度確度の高い確率分布の形状についての情報が得られるだろうとの予測ができます．

したがって，問題は以下の 2 つなのです．

(1) 期待値・分散の確度の高い予測はできるのか．

(2) 期待値・分散からどの程度元の確率分布の形状が復元できるのか．

本書は以降，特に論点 (1) に焦点をあてることとし，論点 (2) については，次節でその概略のみを解説するに止めたいと思います．

例 61. 例 59 で取り上げた母集団に対する母平均と母分散は，

目	1	2	3	4	5	6	合計
確率	1/6	1/6	1/6	1/6	1/6	1/6	1
目・確率	1/6	2/6	3/6	4/6	5/6	6/6	7/2
偏差	−5/2	−3/2	−1/2	1/2	3/2	5/2	
偏差^2	25/4	9/4	1/4	1/4	9/4	25/4	
偏差^2・確率	25/24	9/24	1/24	1/24	9/24	25/24	35/12

より，それぞれ 7/2 と 35/12 です．

8.2 モーメントと歪度・尖度

前節で，期待値・分散からどの程度元の確率分布を復元できるのかが問題であることを指摘しました．結論からいうと，期待値・分散だけでは，完全に元の確率分布を復元することはできません．

では，どの程度の情報があれば良いのでしょうか．その説明のために**モーメント**について解説しましょう．

定義 8.5. モーメント

確率変数 X と定数 a に対して，確率変数 $(X-a)^n$ の期待値，つまり，$E((X-a)^n)$ を a に関する n 次の**モーメント**とよぶ．特に $a=0$ のとき，これを m_n と記すことが多い．

解説. 期待値は，$E(X)$ のように書かれることから，1 次のモーメントです．したがって，記号 m_1 で表すこともあります．また，分散は，$E\left((X-E(X))^2\right)$ なので，期待値 $E(X)$ に関する 2 次のモーメントです．さらに，定理 6.4 より，

$$E\left((X-E(X))^2\right) = E(X^2) - E(X)^2 = m_2 - m_1^2$$

のように表せることが分かります．

例 62. 定理 7.5 で標準正規分布 X の期待値と分散がそれぞれ 0 と 1 であることを解説しました．つまり，$m_1 = 0,\ m_2 = E\left((X-E(X))^2\right) + m_1^2 = 1 + 0^2 = 1$ です．ここから，かなり技巧的ではありますが，$m_3, m_4, \ldots$ を次のように求めることができます．

まず，X_1 と X_2 は標準正規分布に従う独立な確率変数だとします．このとき，定理 7.9 より，$Z = \frac{X_1+X_2}{\sqrt{2}}$ はまた標準正規分布に従う確率変数です．したがって，定理 6.5 と 6.6 より，

$$\begin{aligned} m_3 = E(Z^3) &= E\left(\frac{X_1^3 + 3X_1^2X_2 + 3X_1X_2^2 + X_2^3}{2\sqrt{2}}\right) \\ &= \frac{1}{2\sqrt{2}}\left(E(X_1^3) + 3E(X_1^2)E(X_2) + 3E(X_1)E(X_2^2) + E(X_2^3)\right) \\ &= \frac{1}{2\sqrt{2}}(m_3 + 3m_2m_1 + 3m_1m_2 + m_3) = \frac{m_3}{\sqrt{2}} \end{aligned}$$

であり，$m_3 = 0$ です．$m_4, m_5, \ldots$ も上と同様に $E(Z^4), E(Z^5), \ldots$ を計算することで，

$$m_n = \begin{cases} 0 & (n\text{: 奇数}) \\ 1\cdot 3\cdot 5\cdots(n-1) & (n\text{: 偶数}) \end{cases}$$

となることが分かります．

期待値・分散はモーメントの一種です．特に分散は期待値に関するモーメントですが，分散に限らず，このようなモーメントには特別な名前が付けられています．

定義 8.6. 中心モーメントと歪度・尖度

確率変数 X に対し，$E((X-\mu_X)^n)$ を n 次の**中心モーメント**とよび，記号 μ_n で表す．また，μ_3/σ_X^3 を**歪度**，μ_4/σ_X^4 を**尖度**とよぶ[†]．

[†] 正規分布の尖度が 0 となるよう，尖度の定義を μ_4/σ_X^4-3 とすることもある．

解説. 分散は 2 次の中心モーメントです．なお，$E(X-\mu_X)=E(X)-\mu_X=\mu_X-\mu_X=0$ なので，1 次の中心モーメントは必ず 0 です．

母平均は分布の中心，母分散が分布の広がり方に関係する値であることを定義 8.3 でふれました．歪度は，その呼称通り，期待値を中心とした縦軸に対して，確率分布の形状がどの程度歪んでいるのかを表しています．また，尖度は，同じ軸について尖っているとき，もしくは裾が重くなるとき，大きな値となります．

例 63. 正規分布 $N(\mu,\sigma^2)$ の中心モーメントは，

$$\mu_n=\begin{cases}0 & (n\text{：奇数})\\ 1\cdot 3\cdot 5\cdots(n-1)\sigma^n & (n\text{：偶数})\end{cases}$$

です．これは，標準正規分布に従う変数 Z と正規分布 $N(\mu,\sigma^2)$ に従う変数 X が，$Z=\frac{X-\mu}{\sigma}$ より，

$$m_n=E(Z^n)=E\left(\left(\frac{X-\mu}{\sigma}\right)^n\right)=\frac{E((X-\mu)^n)}{\sigma^n}=\frac{\mu_n}{\sigma^n}$$

を満たすこと，および例 62 から分かります．したがって，正規分布の歪度は 0 であり，尖度は 3 です．正規分布のグラフは期待値を中心に左右対称ですから，歪度 0 は当然の結果です．

例 64. 定義 1.15 で与えたポアソン分布の期待値，分散，歪度，尖度は以下の通りです．

λ	期待値	分散	歪度	尖度
λ	λ	λ	$1/\sqrt{\lambda}$	$1/\lambda+3$
1	1	1	1	4
5	5	5	0.447	3.2
10	10	10	0.316	3.1
20	20	20	0.223	3.05

また，図 8.1 は $\lambda=1,5,10,20$ のポアソン分布を折れ線グラフで表したものです．λ が大きくなると，歪度は正の値から 0 にだんだん近付きますが，このとき，グラフは，左に歪んだ形から，左右対称な形に近づいています．なお，歪度が負の値の場合は，グラフは逆向きに歪みます．

尖度も λ が大きくなるに従い小さな値になります．これは，λ が大きくなるに従いグラフがなだらかになる様子を反映しているとみることができます．

さて，例 63 をみると，正規分布の歪度は 0，尖度は 3 です．λ が大きくなるに従い，ポアソン分布

の歪度，尖度は正規分布の歪度，尖度に近づいていますが，これは偶然ではありません．λ が大きくなると，ポアソン分布は正規分布に近くなることを実際に証明することができます．

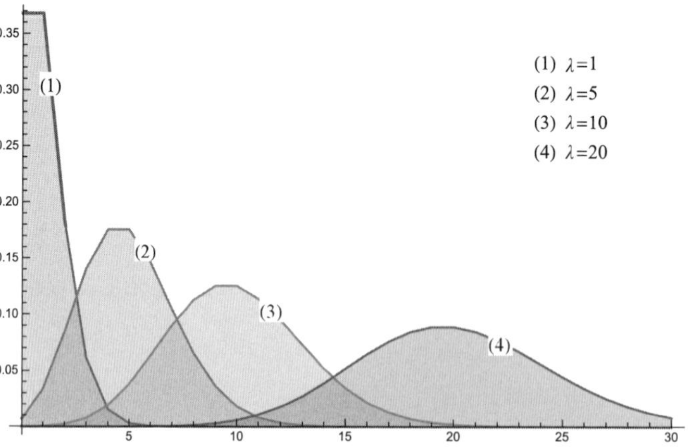

図 8.1　ポアソン分布

分布がどの程度歪んでいるのかや，どの程度尖っているのかを調べるため，期待値と分散以外に，歪度や尖度といった値を参照します．つまり，期待値と分散だけでは，元の確率分布を完全に復元出来ません．では，どの程度の情報があれば完全に元の分布を復元できるのでしょうか．以下の定理がその答えです．

定理 8.7. モーメントと分布

確率変数 X, Y と自然数 n に対して，$E(X^n), E(Y^n)$ は全て有限な値とする．このとき，確率変数 X と Y に対応する確率分布が一致する必要十分条件は，全ての n に対して $E(X^n) = E(Y^n)$ となることである．

解説. この定理の証明は数学の進んだ知識を要するため本書では省略しますが，分布が同じならば，そこから計算されるモーメントも一致することは明らかです．したがって，この定理の主張の本質は，この逆，つまり，モーメントが全て一致すれば分布が一致することにあります．

また，$E(X^n)$ が全て有限ならば，中心モーメントも全て有限で期待値と中心モーメントの値から，$E(X^n)$ を計算することができることを示すのは難しくはありませんが，これにより，期待値と中心モーメントが全て一致していることが分布が一致することの必要十分条件であることを導くことができることを注意しておきます．

8.3 標本と統計量

母集団についてなにも調べずにその予測などできるはずがありません．そして，調べるには，母集団から試しにいくらかの値を取りだしてみるしかないのですが，この値を統計学では次のようによびます．

定義 8.8. 標本

母集団から無作為抽出される数値群を**標本**とよぶ．本書は標本を $x_1, x_2, \ldots, x_k$ のように添え字付きの小文字で表す．また，標本数 k を標本の**長さ**，もしくは**サイズ**とよぶ．

解説. 標本は無作為抽出されなければなりません．無作為に選ばれるのですから，選ばれる数値は，たまたま，言い換えると偶然に得られた値であり，次回の試行で同じ値が得られる保証はありません．標本として選ばれる値は確率的に変化し得る値，つまり，確率変数です．だから，標本を x_i の様に記号で表すのです．大文字で記さないのは母集団と区別するためです．

また，標本は母集団から無作為抽出されます．値 x_2 は値 x_1 と無関係に，値 x_3 は，値 x_1, x_2 と無関係に選ばなければなりません．したがって，$x_1, x_2, \ldots, x_k$ は互いに独立な確率変数です．

最後に，標本 x_i の確率分布は母集団の確率分布と一致します．これは，標本が母集団から無作為抽出されることから明らかです．

上の説明をまとめたものが次の定理です．

定理 8.9. 確率変数と標本

標本とは，母集団 X から取り出された独立同分布確率変数列† $x_1, x_2, \ldots, x_k$ のことであり，その確率分布は，母集団のものと一致する．

† これは，i. i. d. (independent and identically distributed) と略記されることが多い．

例 65. 例 59 で与えた母集団の標本は，適当にサイコロを振って得られる $x_1 = 1, x_2 = 2, x_3 = 6$ のような数列です．この場合，標本の長さ（サイズ）が 3 であることも明らかでしょう．

標本の一つひとつの数字は偶然得られた数字でしかありませんので，その数字一つひとつをもって，母集団について何らかの予測をするのは無理があります．予測のためには，取りだされた数字全体の傾向を測らなければならないでしょう．このような値を統計学では次のようによびます．

定義 8.10. 統計量

標本から計算される値を**統計量**とよぶ．とくに，標本の全体的な傾向を知る目的で計算されるものを**要約統計量**とよぶ．

要約統計量のうち，もっともよく参照されるものが標本平均と標本分散（標準偏差）です．

定義 8.11. 標本平均

標本 $x_1, x_2, \ldots, x_k$ の算術平均値を**標本平均**とよび，記号 $\overline{x}$ で表すことが多い．すなわち，

$$\overline{x} = \frac{x_1 + x_2 + \cdots + x_k}{k}$$

である．

定義 8.12. 標本分散

標本 $x_1, x_2, \ldots, x_k$ の分散とは，

$$s_x^2 = \frac{(x_1 - \overline{x})^2 + (x_2 - \overline{x})^2 + \cdots + (x_k - \overline{x})^2}{k} = \frac{x_1^2 + \cdots + x_k^2}{k} - \overline{x}^2$$

で定義される値であり，これを記号 s_x^2 で表すことが多い．また，その平方根 s_x は**標準偏差**とよばれる．

例 66. 例 65 の標本に対し，その標本平均 $\overline{x}$ と標本分散 s_x^2 は，

$$\overline{x} = \frac{1+2+6}{3} = 3, \quad s_x^2 = \frac{(1-3)^2 + (2-3)^2 + (6-3)^2}{3} = \frac{14}{3} \simeq 4.66$$

です．標本平均と標本分散の計算は，値 $x_1, x_2, \ldots, x_k$ が全て同じ確率 $1/k$ で現れると仮定し，期待値と分散を計算したものと同じです．つまり，

標本	1	2	6	合計
確率	1/3	1/3	1/3	1
標本 · 確率	1/3	2/3	2	3
偏差	−2	−1	3	
偏差^2	4	1	9	
偏差^2 · 確率	4/3	1/3	9/3	14/3

のように計算できます．合計欄の 2 段目が標本平均，最下段が標本分散です．

統計量について次に注意する必要があります．

定理 8.13

統計量は確率変数である．

解説. 統計量は確率変数から計算される値なので，それが確率変数であることは明らかです．例えば，サイコロを 2 回振った場合，その標本平均 $\overline{x}$ は，$\overline{x} = (x_1 + x_2)/2$ であり，さらに，確率変数 x_1, x_2 は同じ一様分布に従うのですから，標本平均 $\overline{x}$ の確率分布は，

$\overline{x}$	1	1.5	2	2.5	3	3.5	4	4.5	5	5.5	6
$F(\overline{x})$	1/36	1/18	1/12	1/9	5/36	1/2	5/36	1/9	1/12	1/18	1/36

です．標本分散は $x_1, x_2, \overline{x}$ の和，差，積とスカラー倍から得られますので，かなり面倒ではありますが，その確率分布を計算で求めることができます．

統計量は確率変数なのですから，記号で書くべきです．つまり，例 66 の $\overline{x} = 3, s_x^2 = 14/3$ から，記号 $\overline{x}$ や s_x^2 を省略すべきではありません．これら 3 や 14/3 はたまたま得られた値なのです．

標本平均と標本分散は統計量ですから，確率変数です．確率変数ならば，その期待値と分散を求めてお

くべきですが，標本平均の期待値と分散は以下の通りです．

定理 8.14. 標本平均と母平均，母分散

母集団 X の長さ k の標本の標本平均 $\overline{x}$ について，

$$E(\overline{x}) = \mu_X, \qquad V(\overline{x}) = \frac{\sigma_X^2}{k}$$

が成立する．

解説. 標本は母集団と同じ分布の独立な確率変数の列ですから，定理 6.6，定理 6.7 と定理 6.8，定理 6.9 が使え，

$$E(\overline{x}) = E\left(\frac{x_1 + \cdots + x_k}{k}\right) = \frac{E(x_1 + \cdots + x_k)}{k} = \frac{E(x_1) + \cdots + E(x_k)}{k} = \frac{k\mu_X}{k} = \mu_X,$$
$$V(\overline{x}) = V\left(\frac{x_1 + \cdots + x_k}{k}\right) = \frac{V(x_1 + \cdots + x_k)}{k^2} = \frac{V(x_1) + \cdots + V(x_k)}{k^2} = \frac{k\sigma_X^2}{k^2} = \frac{\sigma_X^2}{k}$$

のように計算できます．

標本分散の期待値と分散は，標本平均と同様の定理を使って，

$$E(s_x^2) = E\left(\frac{x_1^2 + \cdots + x_k^2}{k} - \overline{x}^2\right) = \frac{E(x_1^2) + \cdots + E(x_k^2)}{k} - E(\overline{x}^2) = E(x_1^2) - E(\overline{x}^2),$$
$$V(s_x^2) = V\left(\frac{x_1^2 + \cdots + x_k^2}{k} - \overline{x}^2\right) = \frac{V(x_1^2) + \cdots + V(x_k^2)}{k^2} - V(\overline{x}^2) = \frac{V(x_1^2)}{k} - V(\overline{x}^2)$$

までは計算できますが，$E(x_1^2), E(\overline{x}^2), V(x_1^2), V(\overline{x}^2)$ の計算はかなり大変です．なお，定理 10.1 で，別の方法を使って，

$$E(s_x^2) = \frac{k-1}{k}\sigma_X^2$$

となることを示しますが，標本分散の分散 $V(s_x^2)$ については，いたずらに複雑になることを避けるため，本書はその一般的な公式を取り扱いません．

演習問題

問 54. 以下に興味があるとして，それぞれの母集団がどのような数の集合なのかを答えよ．また，想定している分布と，その分布に母集団が本当にしたがっていた場合の母平均，母分散を求めよ．

(1) 確率 2/5 で裏が出るように精密に作られた硬貨の表裏の実際の出方
(2) 精密に作られた市販のサイコロ（六面体）の出る目
(3) 大阪駅のある改札を今から通過する人の性別が女性か否か．
(4) アンケート「あなたはサッカーが好きですか（はい／いいえ）」に「はい」と答える人の数

問 55. ベルヌーイ分布と分布 $B(3, 1/2)$ の原点まわりのモーメント m_n と歪度，尖度を求めよ．

問 56. 分布 $B(n, p)$ の歪度が $(1-2p)/\sqrt{npq}$ $(q = 1-p)$, 尖度が $(1-6pq)/(npq)$ であることを示せ．

問 57. 赤玉と白玉が複数入った箱を十分かき混ぜ，目隠しをしたうえで 1 個ずつ取り出し，白が出れば 0，赤が出れば 1 と記録簿に順に記録し，数列 $0, 1, 0, 0, 1$ が得られたとする．この数列が標本といえるか否かを理由と共に答えよ．また，標本ならば，その標本平均と標本分散の値を答えよ．

問 58. 確率 2/5 で表が出るよう精密に作られた硬貨を投げると，結果は，裏・裏・表・表・表だった．対応する標本の長さ，標本平均，標本分散を答えよ．また，標本平均，標本分散の期待値を計算せよ．

問 59. 問 24 で与えたくじに興味があるとして，考えるべき母集団を答えよ．また，このくじを 10 回引き，以下の表で与える結果が得られたとする．

回数	1	2	3	4	5	6	7	8	9	10
当り（円）	0	0	10	0	0	100	0	0	0	10

対応する標本の長さ，標本平均，標本分散と標本平均と標本分散の期待値と分散を求めよ．

問 60. 母集団 X の標本 $x_1, x_2, \ldots, x_k$ に対して，以下の値が統計量か否かをその理由と共に答えよ．

(1) μ_X (2) σ_X^2 (3) $x_1 - \overline{x}$ (4) $\dfrac{ks_x^2}{k-1}$ (5) $(x_1 - \mu_X)^2 + \cdots + (x_k - \mu_X)^2$ (6) 最大値

問 61. 標本平均，標本分散，不偏分散を求めるために，表計算ソフトに用意されている関数について調べよ．また，それらの関数を用いた標本平均，標本分散の計算結果と，定義 8.11 と定義 8.12 に従い計算したこれらの値が等しくなることを，問 59 に与えた標本を用いて確かめよ．

問 62. $0, 1, 2, 3$ のいずれかの数から成る長さ 100 の一様分布に従う一様乱数列を生成せよ（付録 1 参照）．

問 63. 標準正規分布と分布 $N(3, 4)$ に従う長さ 100 の疑似乱数列をそれぞれ生成せよ．（付録 1 参照）．

第 9 講

平均と分布

第 9 講は，期待値の意味と，その推測可能性の根拠となる大数の法則と中心極限定理を解説します．

ポイント 9.1. 標本平均の不偏性と分散

母集団 X の長さ k の標本に対して，その標本平均 $\bar{x}$ の期待値は μ_X，分散は σ_X^2/k です．

ポイント 9.2. 大数の法則

十分な長さの標本[†]を取れば，その算術平均の値は，ほぼ確実に母平均に近い値になります．言い換えると，期待値とは，十分な長さの標本の算術平均値として期待される値のことです．標本のこの性質は**大数の法則**とよばれています．ただし，普通，十分な長さの標本を用意するのはほとんど不可能ですので，この定理を使った精度の高い母平均の予測は，現実的とはいえません．

[†] 母集団の分布により異なるが，一般に数万から数百万が必要．

ポイント 9.3. 分散と大数の法則

十分な長さの標本（その長さを k とおく）を取れば，確率変数 $(x_1 - \mu_X)^2, (x_2 - \mu_X)^2, \ldots, (x_k - \mu_X)^2$ の算術平均の値は，ほぼ確実に母分散に近い値になります．標本分散の値が母分散に近い値になる訳ではないことに注意が必要です．

ポイント 9.4. 中心極限定理

母集団 X からある程度の長さ[†]の標本（その長さを l とおく）を取れば，多くの場合，その標本平均は，ほぼ正規分布 $N(\mu_X, \sigma_X^2/l)$ を満たすと考えてよいことが分かっています．標本平均のこの性質は**中心極限定理**とよばれています．これは，標本和 $x_1 + x_2 + \cdots + x_l$ が，ほぼ正規分布 $N(l\mu_X, l\sigma_X^2)$ を満たすと考えてよい，と言い換えることもできます．母平均について知りたければ，多くの場合，正規分布を調べればよいことを保証してくれるのが中心極限定理です．

[†] 母集団の分布により異なるが，一般に数十から数百．

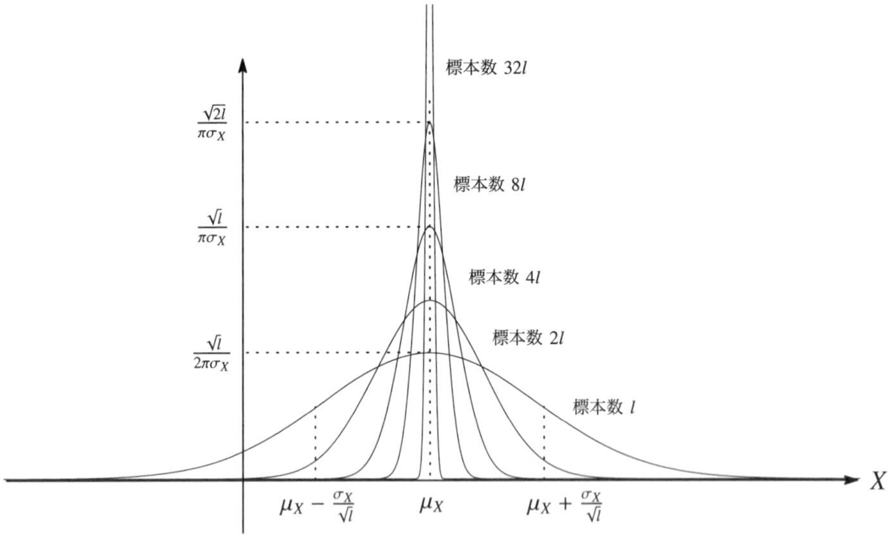

図 9.1 大数の法則と中心極限定理

ポイント 9.5. 大数の法則と中心極限定理

大数の法則と中心極限定理の間には，図 9.1 に示す通りの関係があります．つまり，大数の法則は，標本の長さが極めて大きなときの中心極限定理に相当します．

ポイント 9.6. 母集団の分布

母集団の従う分布として正規分布を仮定することは比較的自然です．統計学の古典的理論はこの考え方を基に構成されています．本書でも，以下，この仮定を基にして，解説が行われます．

9.1 大数の法則と期待値・分散の意味

期待値とは何かの答えを教えてくれる定理が以下の法則です．

定理 9.1. 大数の法則

母集団 X に対して，標本平均 $\bar{x}$ は，十分な長さの標本を選ぶことで，ほぼ確実に母平均 μ_X とみなしてよい値となる†．

† この定理は正確には大数の弱法則とよばれる定理です．

実際に証明してみましょう．まずは，マルコフの不等式から始めます．

定理 9.2. マルコフの不等式

確率変数 X と定数 $a > 0$ に対して，$|X| \geq a$ となる確率は $E(|X|)/a$ 以下である．ただし，$|X|$ は X の絶対値である．

解説. 確率変数 X が連続の場合のみ示しますが，離散の場合も同様に示すことができます．

絶対値の定義から，$|X| \geq a$ となるのは，$X \leq -a$ もしくは $X \geq a$ の場合です．したがって，$|X| \geq a$ となる確率は，X の確率密度関数 $f(X)$ を使って

$$\int_{-\infty}^{-a} f(X)dX + \int_{a}^{\infty} f(X)dX$$

と表せることは確率密度関数の定義 4.5 から明らかです．他方，期待値の定義 6.2 より，

$$\begin{aligned} E(|X|) = \int_{-\infty}^{\infty} |X|f(X)dX &\geq \int_{-\infty}^{-a} |X|f(X)dX + \int_{a}^{\infty} |X|f(X)dX \\ &\geq \int_{-\infty}^{-a} af(X)dX + \int_{a}^{\infty} af(X)dX = a\left(\int_{-\infty}^{-a} f(X)dX + \int_{a}^{\infty} f(X)dX\right) \end{aligned}$$

となり，両辺を a で割ることで定理が得られます．

定理 9.3. チェビチェフの不等式

確率変数 X と定数 $a > 0$ に対して，$|X - \mu_X| \geq a$ となる確率は $V(X)/a^2 = E((X - \mu_X)^2)/a^2$ 以下である．

解説. マルコフの不等式の a を a^2 に，X を $(X - \mu_X)^2$ に置き換えるだけです．ただし，$|X - \mu_X| \geq a$ となる確率が $(X - \mu_X)^2 \geq a^2$ となる確率と同じであることに注意する必要があります．

定理 9.4. 標本平均の不偏性

標本平均の期待値は母平均と等しい．

定理 9.5. 標本平均の分散

母集団 X から長さ k の標本を取る．このとき，標本平均の期待値は μ_X，分散は σ_X^2/k である．

解説. 第 8 講の定理 8.14 で既に示しているのですが，大切な定理なので，もう一度示しましょう．

標本は独立同分布確率変数列であり，その確率分布は母集団と同じです．したがって，母集団 X に対して，定理 6.8，6.5 より，

$$E(\overline{x}) = E\left(\frac{x_1 + x_2 + \cdots + x_k}{k}\right) = \frac{1}{k}(E(x_1) + \cdots + E(x_k)) = \frac{1}{k}(\underbrace{\mu_X + \cdots + \mu_X}_{k}) = \mu_X$$

となり，確かに標本平均の期待値は母平均と一致します．分散についても，定理 6.9，6.7 より，

$$V(\overline{x}) = V\left(\frac{x_1 + x_2 + \cdots + x_k}{k}\right) = \frac{1}{k^2}(V(x_1) + \cdots + V(x_k)) = \frac{1}{k^2}(\underbrace{\sigma_X^2 + \cdots + \sigma_X^2}_{k}) = \frac{\sigma_X^2}{k}$$

となります．

これらをまとめて大数の法則は次のように示せます.

解説（大数の法則の証明）. $\epsilon > 0$ をとても小さな値だとしておきます.

母集団 X から長さ k の標本を取ったとき，定理 9.3，9.4，9.5 より，$|\overline{x} - \mu_X| \geq \epsilon$ となる確率は，

$$\frac{E((\overline{x} - \mu_X)^2)}{\epsilon^2} = \frac{V(\overline{x})}{\epsilon^2} = \frac{1}{k} \cdot \frac{\sigma_X^2}{\epsilon^2} \tag{9.1}$$

以下であり，k を十分大きく取れば 0 に近くなります．つまり，$|\overline{x} - \mu_X| < \epsilon$ となる確率はほぼ 1 になることが示せました．ϵ はとても小さな値だとしていますので，これは標本平均が k を十分に大きく取ることでほぼ μ_X となることを意味しています．

解説（大数の法則の解説）. 母平均は「平均」とはありますが，その定義は母集団の期待値です（定義 8.3）．大数の法則によると，期待値とは，十分な長さの標本をとることで，標本平均がそうなるであろうことが確実視される（期待できる）値です．つまり，母集団の期待値（母平均）は標本平均で推測できます．ただし，十分な長さの標本を取ることができるのならばです．

では，十分な長さとはどれだけでしょうか．式 (9.1) がそれを知るのに助けになります．

分散が 10000 以下となることが確実だとしましょう．たとえば，満点 100 点の試験ならばこれは確実に期待できます．母平均から 0.5 未満の誤差しか許さない値を 99% の精度で見積もるのに十分な k の大きさは，式 (9.1) の $\sigma_X^2 = 10000, \epsilon = 0.5$ として，

$$\frac{1}{k} \cdot \frac{10000}{0.5^2} = \frac{1}{k} \times 40000 < 0.01$$

を k について解けば分かります．結果は $k > 4000000$ で，あまりに大きすぎます．精度を 90%，母平均からの誤差を 1 まで許しても $k > 10000$ です．現実には，これだけの大きさの標本を取ることは滅多にできません．つまり，大数の法則だけで高い精度の予測を行うのは現実的には難しいのです．

例 67. 0 から 9 の値が等確率で現れる試行を繰り返しましょう．以下は試しに生成した疑似一様乱数列（標本）です．1 回目の試行では 0，2 回目は 3，10 回目は 5 が乱数として出力されています．

$$0, 3, 9, 7, 6, 8, 1, 7, 8, 5, \ldots$$

この乱数列の 1 回目，2 回目…，10 回目の試行に対応する標本平均は

$$0, \quad \frac{0+3}{2} = 1.5, \quad \frac{0+3+9}{3} = 4, \quad \ldots \quad , \frac{0+3+\cdots+5}{10} = 5.4, \quad \ldots$$

なので，母平均 4.5 とはかなりずれがあります．このずれが，試行回数を十分に増やすことでなくなるということが大数の法則の主張です．

図 9.2 は，1000 回試行し，その k 回目までの標本平均がどのように変化するのかを 3 回シュミレーションした結果です．300 試行あたりまでは，標本平均にそれなりに差がありますが，それを超えると，大数の法則の主張通り，母平均 4.5 とほぼ変わらない値がずっと続くことがみて取れます．

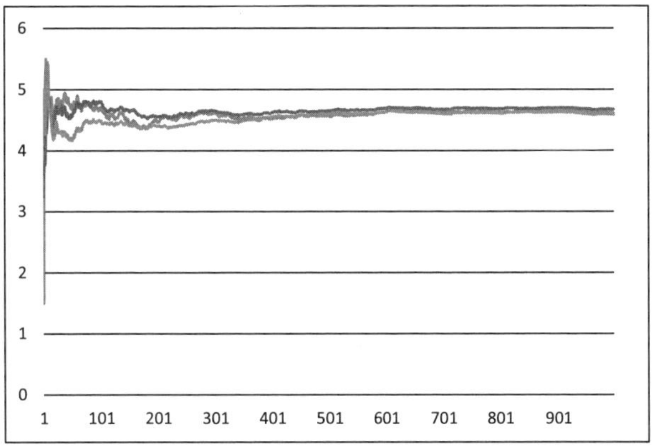

図 9.2　大数の法則

大数の法則から分散の意味も分かります．

定理 9.6. 分散と大数の法則

母集団 X に対して，十分な長さの標本 $x_1, x_2, \ldots, x_k$ を取る．このとき，$(x_1 - \mu_X)^2, (x_2 - \mu_X)^2, \ldots, (x_k - \mu_X)^2$ の算術平均は，ほぼ確実に母分散 σ_X^2 に近い値となる．

解説. 分散の定義（定義 6.3）より，分散は「偏差の 2 乗」の期待値です．したがって，大数の法則より，偏差の 2 乗という標本を十分な長さ取ることができれば，その標本平均（算術平均）は分散にほぼ等しい値となります．つまり，母分散とは，母集団の値のバラツキ方の2乗平均とみなすべき値です．これが母分散を σ_X^2 のように書く理由です．つまり，値 σ_X で，母集団の値の母平均からの平均的なバラツキを表そうとしているのです．

ただし，この定理は k が十分な大きさなら，標本分散 s_x^2 が母分散 σ_X^2 とほぼ等しい，と主張しているのではないことに注意してください．標本分散は，$(x_1 - \overline{x})^2, (x_2 - \overline{x})^2, \ldots, (x_k - \overline{x})^2$ の算術平均だからです．実は，標本分散 s_x^2 の値は母分散 σ_X^2 の値よりも小さくなる可能性の方が高いのですが，この点については第 10 講で詳しく解説します．

9.2　中心極限定理

大数の法則により，膨大な量の標本を用意出来れば母平均の精密な予測が可能なことが分かりました．しかし，現実にはそれほどたくさんの標本は用意できないので，さらに工夫をしなければなりません．母平均の精密な予測が難しいのは，標本平均が確率変数だからです．したがって，標本平均の分布について詳しく調べれば，精密な予測の助けになる可能性が高いと考えられます．この標本平均が満たす分布について，驚くべき以下の定理が成立します．

定理 9.7. 中心極限定理

期待値と分散が有限な母集団 X からある程度の長さ l の標本を取る．このとき，その標本平均 $\overline{x}$ の累積分布関数 $F_{\overline{x}}(t)$ は，ほぼ，正規分布 $N(\mu_X, \sigma_X^2/l)$ の累積分布関数と一致する．すなわち，

$$F_{\overline{x}}(t) \simeq \frac{1}{\sqrt{2\pi\frac{\sigma_X^2}{l}}}\int_{-\infty}^{t} e^{-l\frac{(\overline{x}-\mu_X)^2}{2\sigma_X^2}}\,d\overline{x}$$

が成立する．

次の 2 つの定理は定理 9.7 の書き換えに過ぎませんが，比較的よく利用されます．

定理 9.8. 和に関する中心極限定理

期待値と分散が有限な母集団 X からある程度の長さ l の標本を取る．このとき，その標本和 w の累積分布関数 $F_w(t)$ は，ほぼ，正規分布 $N(l\mu, l\sigma_X^2)$ の累積分布関数と一致する．

解説. 正規分布の再生性(定理 7.9)より，正規分布のスカラー倍は正規分布です．$w = x_1+x_2+\cdots+x_l = l\cdot\overline{x}$ ですから，ある程度の長さの標本の場合，$\overline{x}$ の従う確率分布が正規分布とみなせるのなら，w が従う分布も正規分布だとみなせます．もちろん逆も正しいので，この定理は定理 9.7 の書き換えです．

定理 9.9. 正規化された中心極限定理

期待値と分散が有限な母集団 X からある程度の長さの標本を取る．このとき，その標本平均を正規化した確率変数 z の累積分布関数 $F_z(t)$ は，ほぼ，標準正規分布 $N(0,1)$ の累積分布関数と一致する．

解説. 正規化の定義（定義 7.1）より，$z = \frac{\overline{x}-\mu_X}{\sqrt{\sigma_X^2/l}}$ ですので，正規分布の再生性（定理 7.9）より定理 9.8 と同様にこの定理も定理 9.7 の書き換えです．

中心極限定理の解説. 定理 9.7 は，標本数さえ十分なら，標本平均の従う確率分布を正規分布と考えて構わないという定理です．前提となる条件は，単に，期待値と分散があることだけで，その条件さえ満たせば，どんな分布に従う母集団に対しても成り立つという驚くべき定理なのです．

ほぼどんな母集団でもよいという一般性の高い定理ですので，その証明は高度な数学の知識を必要とします．『中心極限定理』について一冊本が著されるくらいなので，本書でその証明を追いかけることはしません．ただし，次の 2 つは知っておかなければなりません．

まず，中心極限定理は，比較的標本数が少なくても成り立ちます．最低限必要な標本数 k は一般に 25 から 100 位だといわれています．幅があるのは，最低限必要な標本数が母集団の分布の形状の影響を強く受けるからです．

次に，中心極限定理は，大数の法則を（完全にではありませんが）含んでいます．

中心極限定理によると，標本数 l がある程度あれば，標本平均 $\overline{x}$ の分布は $N(\mu_X, \sigma_X^2/l)$ だとみなせます．分散は σ_X^2/l なので，l が増えるに従い分散は 0 に近くなります．定理 7.8 の解説で，正規分布の

場合，期待値から分散の平方根の 3 倍だけ離れるとほぼ 0 になることを注意しました．l が増えると，分散は 0 に近くなるのですから，当然，その平方根の 3 倍も 0 に近付きます．つまり，l が増えると，正規分布の確率密度関数の形状は，期待値の所で尖った，期待値から少し離れるだけで高さがほぼ 0 になる左右対称な山形となり，結局，期待値近辺以外を取る確率は 0 と見積もるべきことが分かります．これは大数の法則の主張そのままの結果です．大数の法則は，標本数が非常に多い場合の中心極限定理だとみなせるのです．

いずれにせよ，単に言葉で説明しただけでは実感し難いと思いますので，以下 2 つの例で中心極限定理を俯瞰してみましょう． □

例 68. 例 2 で与えたベルヌーイ分布は，以下のような分布でした．

X	0	1	合計
確率	$1-p$	p	1

ベルヌーイ分布は，「はい」か「いいえ」で尋ねるようなことに対応する母集団の分布としてよく現れます．たとえば，サッカーが好きか否か，のような質問にたいして，「はい」を「0」，「いいえ」を「1」に対応させればよいのです．

この母集団から，標本 $x_1, x_2, \ldots, x_l$ を取り，その和 $w_l = x_1 + \cdots + x_l$ を考えてみます．この場合，確率変数 w_l は，l 人に尋ねて，何人が「いいえ」と答えたのかを表しています．このような分布は二項分布とよばれ，その確率関数 $F(w_l)$ は，$p = 1/3$ のとき，

$$F(w_l) = {}_lC_{w_l} \left(\frac{1}{3}\right)^{w_l} \left(\frac{2}{3}\right)^{l-w_l}$$

でした（定義 2.11，定理 2.12 参照）．この結果を利用しても構いませんし，地道に確率変数の和を計算しても構いませんが（ここでは後者で求めてみます），順番に $w_2 = x_1 + x_2, w_3 = x_1 + x_2 + x_3, \ldots, w_l = x_1 + x_2 + \cdots + x_l$ の確率関数と累積分布関数を求めていきましょう．

確率変数 (x_1, x_2) と $w_2 = x_1 + x_2$ の同時分布と確率関数，累積分布関数は，

$x_2 \backslash x_1$	0	1
0	4/9	2/9
1	2/9	1/9

w_2	0	1	2
$F(w_2)$	4/9	4/9	1/9
$F_{w_2}(t)$	4/9	8/9	1

です．したがって，(w_2, x_3) と和 $w_3 = w_2 + x_3 = x_1 + x_2 + x_3$ の同時分布と確率関数，累積分布関数は，

$x_3 \backslash w_2$	0	1	2
0	8/27	8/27	2/27
1	4/27	4/27	1/27

w_3	0	1	2	3
$F(w_3)$	8/27	12/27	6/27	1/27
$F_{w_3}(t)$	8/27	20/27	26/27	1

となります．これ以上の具体的な計算は示しませんが，この作業を 6, 15, 24, 99 回行って，その累積分布関数のグラフを描いたものと，正規分布 $N(2, 4/3), N(5, 10/3), N(8, 16/3), N(99, 22)$ のグラフを比較したものを図 9.3 から図 9.6 に示します．図より，定理 9.8 の主張通り，標本数 l が大きくなるに従い，二項分布と正規分布が似た形のグラフになっていることがみて取れます．

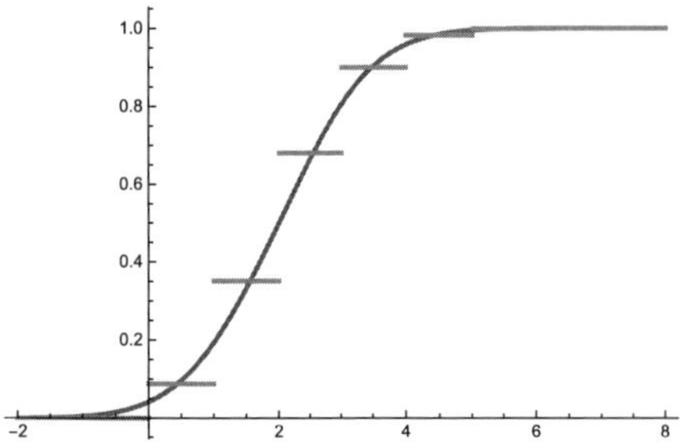

図 9.3　$B(6, 1/3)$ と $N(2, 4/3)$

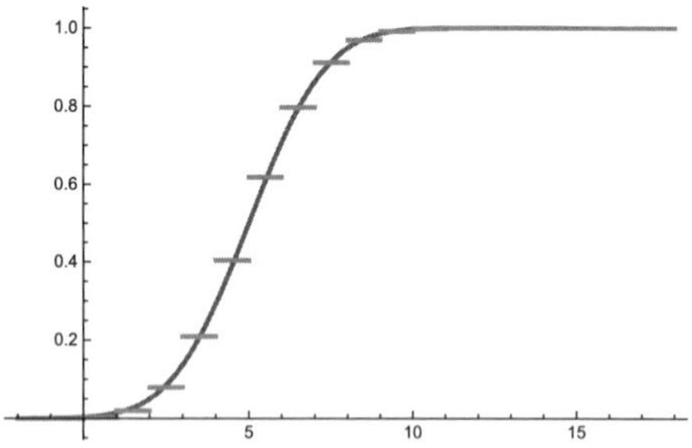

図 9.4　$B(15, 1/3)$ と $N(5, 10/3)$

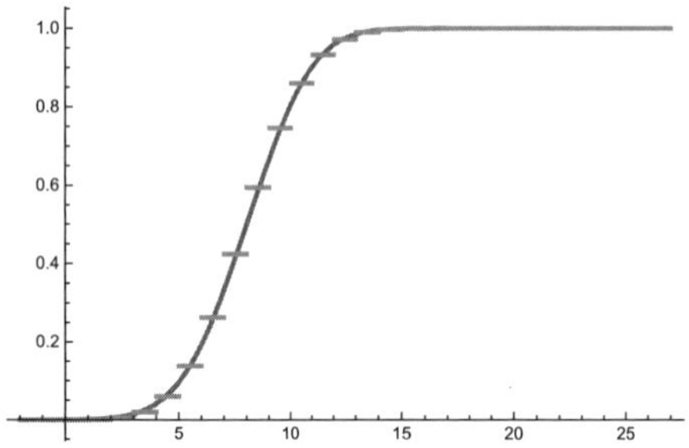

図 9.5　$B(24, 1/3)$ と $N(8, 16/3)$

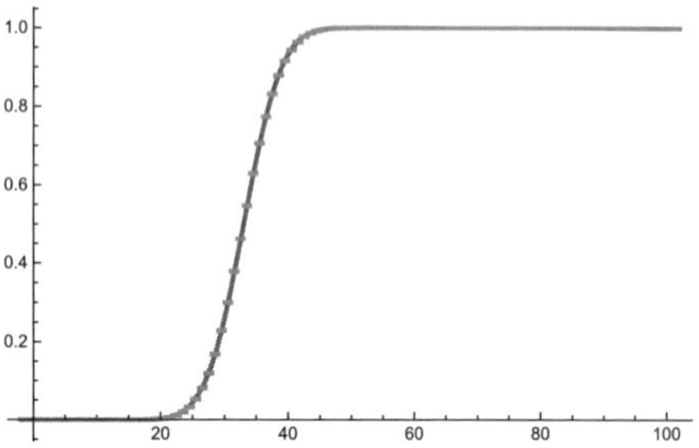

図 9.6　$B(99, 1/3)$ と $N(33, 22)$

例 69. 次は，偏りのないサイコロを振って出た目に興味があるとしましょう．これは母集団 X として，$1, 2, 3, 4, 5, 6$ で，どの目が出る確率も $1/6$ の一様分布を考えているということです．このとき，母平均 $\mu_X = 7/2$，母分散 $\sigma_X^2 = 35/12$ です．

この母集団から長さ $l = 1, 2, 5, 10$ の標本を取り出し，その累積分布関数のグラフを例 68 と同様に計算し，正規分布のものと比較してみましょう．結果を図 9.7 から図 9.10 に示します．

標本数 k が大きくなると，標本平均の分布が，ほぼ正規分布 $N(\mu_X, \sigma_X^2/l)$ とみなせることがみて取れるだけでなく，例 68 よりも，かなり小さな l でよりよい近似となっていることが分かります．

中心極限定理より，標本数がある程度あれば，その平均が従う分布は正規分布だと考えてよいことが分

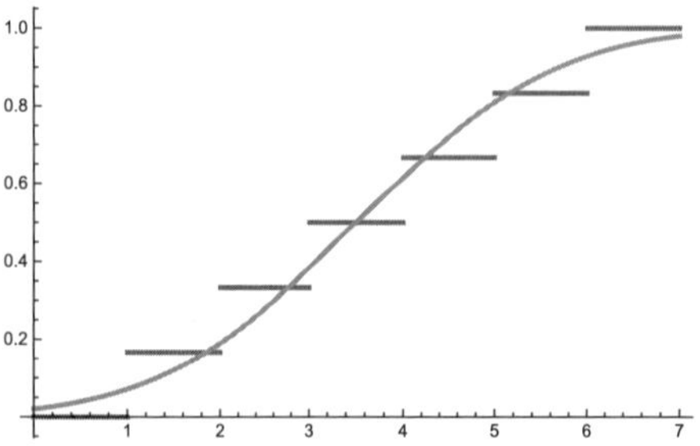

図 9.7　標本平均の分布 ($l = 1$)

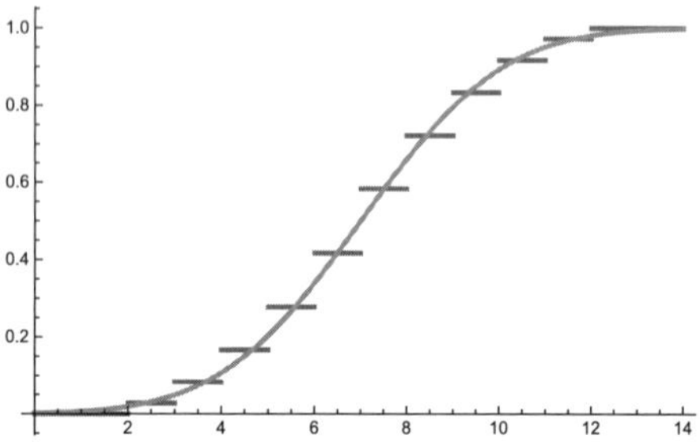

図 9.8　標本平均の分布 ($l = 2$)

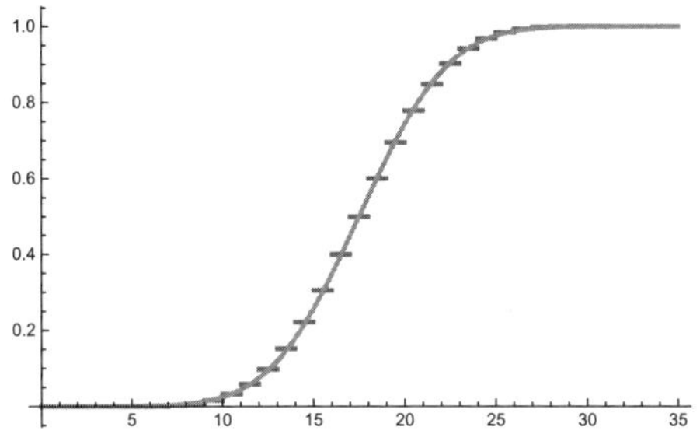

図 9.9　標本平均の分布 ($l = 5$)

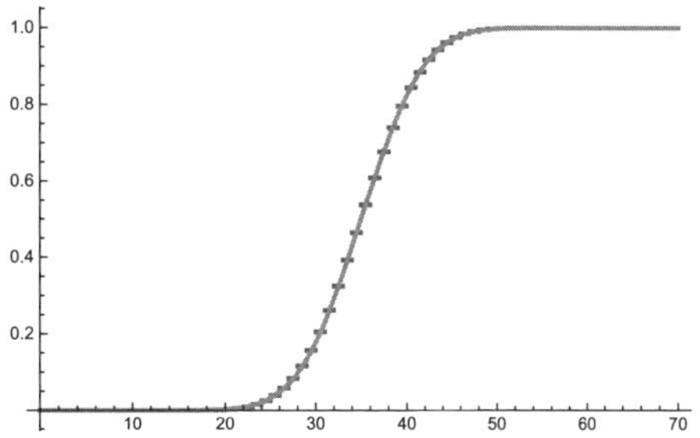

図 9.10　標本平均の分布 ($l = 10$)

かったのですが，この定理の見方を少し変えることで次の定理が得られます．

定理 9.10. 母集団の分布

母集団の従う分布として正規分布を仮定することは比較的自然である．

解説．この定理は，母集団の分布が必ず正規分布となることを主張している訳ではないことに注意してください．実際に正規分布になるのは，以下の考え方にあてはまる母集団だけです．

まず，正規分布の再生性を思い起こしましょう（定理 7.9 参照）．これは，定数 a, b と正規分布に従う確率変数 X, Y に対して，和 $X + Y$ も $aX + b$ も正規分布に従うという性質でした．

中心極限定理より，同じ確率分布に従う確率変数 $x_1, x_2, \ldots, x_l$ の和 $x_1 + x_2 + \cdots + x_l$ はほぼ正規分布に従い，再生性より，それに定数 a を加えた $a + x_1 + \cdots + x_l$ もほぼ正規分布に従います．たとえば身長を考えましょう．少なくとも母親のお腹にいる初期の段階では，ほぼ同一の値です．これが定数 a に相当します．その後，短い時間ごとにおきる身長の増減の可能性は，母親のお腹の中の環境に大きな差は無いと考えられますから，同様の確率分布に従うと考えても不自然ではありません．これが同様の確率分布に従う確率変数の列 $x_1, x_2, \ldots$ に相当します．したがって，$x = a + x_1 + x_2 + \cdots$ はほぼ正規分布に従うと考えることができます．つまり，新生児の身長は正規分布になると予測することに不自然さはありません．

その後も，同じ年齢の者は，似たような環境に置かれることが多いので，その短時間当たりの影響の和 y は上と同じ理屈で正規分布に従い，正規分布同士の和 $a + x + y$ も正規分布に従います．したがって，どの年齢でも身長は正規分布に従うと予測することに不自然さはありません．

このような考え方は，他の観測値についても同様に行えます．だから，特に理由が無い限り実験等で得られる値は正規分布すると考えても不自然ではありません．この考え方に基き，古典的，かつ標準的な統計理論は作られています．

ただし，現実には，正規分布しない母集団が多いことは覚えておくべきです．実際，ここで取り上げた身長についても，ある年齢層について正規分布しないという調査結果があります．上の身長についての推論にはいろいろな仮定が置かれています．「母親のお腹の中の環境に大きな差は無い」や「同じ年齢の者は似たような環境に置かれる」などです．さらに，確率変数 $x_1, x_2, \ldots$ は独立でなければなりません．前の値の影響を後の値が受ける恐れが高いことも実際によくあることです．したがって，独立性の仮定をおくことが不自然である場合も多いのです．

演習問題

問 64. 硬貨を投げ，表が出たら前に一歩，裏が出たら後ろに一歩移動することとし，元の位置から何歩離れたのかを X で表す．硬貨を十分な回数投げたとして，X として期待される値を答えよ．[*1]

問 65. 硬貨を表が出るまで投げ続け，表が出たとき賞金をもらえるゲームがあったとする．ただし，ゲームの参加費は非常に高額であり，n 回目に表が出た場合の賞金額が 2^{n-1} である．このゲームに参加すべきか否かを期待値の観点から論じよ．[*2]

問 66. 確率変数 X は，分布 $B(n, 1/2)$ に従うとして，$n = 1, 3, 10$ に対応する X の確率分布表を作成せよ．また，それらの値と，正規分布 $N(n/2, n/4)$ の確率密度関数の近似値を比較せよ．

問 67. ある特徴をもつ学生の身長に関心があり，その特徴を満たす学生 10 人を無作為に選び出し，実際に身長（単位 cm）を計測した結果，その標本平均と標本分散の値として 170 と 25 が得られた．以下の問に答えよ．

(1) 170 は，ある特徴をもつ学生の身長の期待値に近いと考えてよいか考察せよ．
(2) 何らかの事情で，この 10 人のデータしか使えないとする．学生の身長が従う確率分布として，最も適切なものを答えよ．

問 68. 例 67 で与えた確率分布に従う長さ 1000 の擬似乱数列を 3 つ作り，その n 回目までの平均値を折れ線グラフで表すことで，図 9.2 と同様の結果が得られることを確かめよ．

問 69. 成功確率が 4/5 のベルヌーイ分布と分布 $P(5)$ に従う長さ 1000 の疑似乱数列をそれぞれ 3 つ作り（定理 2.14 参照），その n 回目までの平均値を折れ線グラフで表すことで，大数の法則が成立していることを確かめよ．

問 70. 以下を実行し，中心極限定理を数値的に確かめよ．

(1) 長さ 100 の 0, 1 を値としてもつ擬似一様乱数列を 10000 個作成せよ．
(2) 乱数列の値の和を求めよ．
(3) 上で求めた和の相対度数分布表を作成せよ．
(4) 相対度数分布表の値を 100 倍せよ．また，このようにして得られた表が正規分布の確率密度関数に相当する．これがなぜかを説明せよ．
(5) 上で作成した相対度数分布表の折れ線グラフと分布 $N(50, 25)$ がほぼ一致することを確かめよ．

[*1] この問題は一般に**乱歩**とよばれています．
[*2] この問題は一般に**サンクトペテルブルクのパラドックス**とよばれています．

第 10 講

分散と分布

第 10 講は母分散の推測について解説したいと思います．本講以降は，母集団が正規分布すると仮定し議論することが増える（定理 9.10 参照）ことに注意してください．

ポイント 10.1. 不偏分散

標本分散は母分散よりも小さな値になる可能性が高いことから，母分散の最適な推定値とはいえません．このため，母分散と一致する可能性が最も高くなるよう標本分散を再調整しますが，この値を**不偏分散**とよびます．数学的には，母集団 X の長さ k の標本に対して，不偏分散 u_x^2 を

$$u_x^2 = \frac{k}{k-1} s_x^2$$

と定義します．

ポイント 10.2. χ^2 分布

標準正規分布に従う確率変数列 $X_1, X_2, \ldots, X_k$ に対して，確率変数

$$Y = X_1^2 + X_2^2 + \cdots + X_k^2 \geq 0$$

が従う分布が，自由度 k の χ^2 **分布**です．χ^2 分布の確率密度関数と累積分布関数は，それぞれ図 10.1 と図 10.2 のような，自由度 k ごとに異なる形状のグラフをもちます．また，正規分布と同様に，その累積分布関数の値を求めるには，χ^2 **分布表**（表 4.2 と 4.3 を参照）などに頼らざるを得ません．

ポイント 10.3. 不偏分散と χ^2 分布

χ^2 分布は，母分散を推定する際，基本となる分布です．これは，正規分布に従う母集団 X から取り出した標本 $x_1, x_2, \ldots, x_l$ に対して，確率変数

$$w = \frac{l \cdot s_x^2}{\sigma_X^2} = \frac{(l-1) \cdot u_x^2}{\sigma_X^2} = \left(\frac{x_1 - \overline{x}}{\sigma_X}\right)^2 + \left(\frac{x_2 - \overline{x}}{\sigma_X}\right)^2 + \cdots + \left(\frac{x_l - \overline{x}}{\sigma_X}\right)^2$$

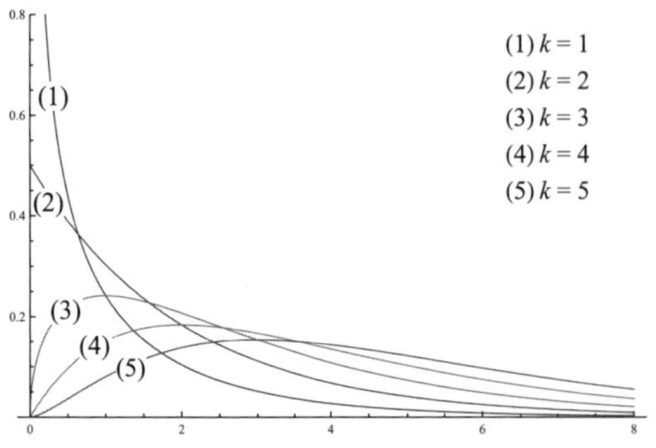

図 10.1 χ^2 分布の確率密度関数

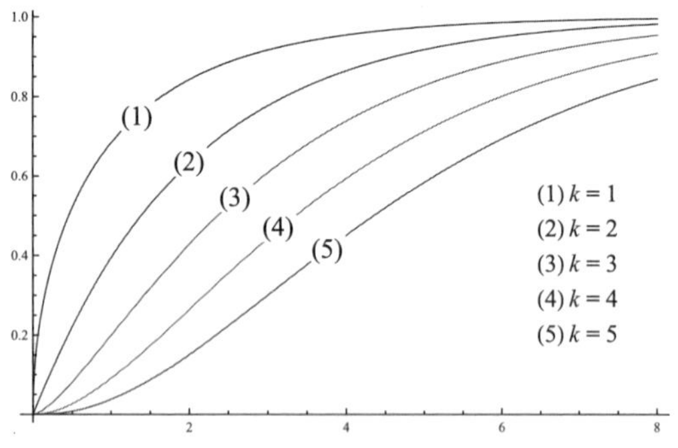

図 10.2 χ^2 分布の累積分布関数

が自由度 $l-1$ の χ^2 分布に従うことによります．このままではわかりにくいでしょうから，どのようにこの式が導かれるのかを追いかけましょう．いたずらに複雑になることを避けるため，標本の長さ $k=3$ としておきます．

母分散と一致する可能性が最も高くなるよう標本分散を調整したものが不偏分散でした．つまり，$\sigma_X^2 \simeq u_x^2$（記号 $\simeq$ は「近辺の値」の意味）です．両辺に $2/\sigma_X^2$ を掛けて，

$$2 \simeq \frac{(3-1)u_x^2}{\sigma_X^2} = \frac{(x_1-\overline{x})^2+(x_2-\overline{x})^2+(x_3-\overline{x})^2}{\sigma_X^2}$$

です．ここで，多少面倒な式変形ですが，右辺の分子は

$$\begin{aligned}(x_1-\overline{x})^2+(x_2-\overline{x})^2+(x_3-\overline{x})^2 &= (x_1-\mu_X+\mu_X-\overline{x})^2+(x_2-\mu_X+\mu_X-\overline{x})^2+(x_3-\mu_X+\mu_X-\overline{x})^2\\ &= (x_1-\mu_X)^2+(x_2-\mu_X)^2+(x_3-\mu_X)^2+2(x_1+x_2+x_3-3\mu_X)(\mu_X-\overline{x})+3(\mu_X-\overline{x})^2\\ &= (x_1-\mu_X)^2+(x_2-\mu_X)^2+(x_3-\mu_X)^2-3(\mu_X-\overline{x})^2\end{aligned}$$

と書き換えることができます．したがって，

$$2 \simeq \frac{(3-1)u_x^2}{\sigma_X^2} = \left(\frac{x_1-\mu_X}{\sigma_X}\right)^2+\left(\frac{x_2-\mu_X}{\sigma_X}\right)^2+\left(\frac{x_3-\mu_X}{\sigma_X}\right)^2-\left(\frac{\overline{x}-\mu_X}{\sigma_X/\sqrt{3}}\right)^2 \tag{10.1}$$

です．標本の期待値は μ_X，分散は σ_X^2 であり，標本平均 $\overline{x}$ の期待値は μ_X，分散は $\sigma_X^2/3$ です．つまり，式 (10.1) の右辺の 2 乗の括弧内は，それぞれ，$x_1, x_2, x_3, \overline{x}$ の正規化になっています．よって，

$$\begin{aligned}2 \simeq \frac{(3-1)u_x^2}{\sigma_X^2} &= \left(\text{標準正規分布}\right)^2+\left(\text{標準正規分布}\right)^2+\left(\text{標準正規分布}\right)^2-\left(\text{標準正規分布}\right)^2\\ &= \left(\text{標準正規分布}\right)^2+\left(\text{標準正規分布}\right)^2 = \text{自由度 2 の } \chi^2 \text{ 分布}\end{aligned}$$

となり，結論が得られました．この議論から，自由度 k の χ^2 分布の期待値が k となることも容易に想像できるでしょう．また，式 (10.1) の右辺をみると，標本平均 $\overline{x}$ を正規化した値が引かれています．これにより，左辺の $(3-1)u_x^2/\sigma_X^2(=w)$ から，$\overline{x}$ の影響が除去されるので，確率変数 w は $\overline{x}$ と独立です．確率変数 w のこの性質も後で重要な役割を果たします．

10.1 不偏分散

母分散の推定について，まず思い出さなければならないのは第 9 講の定理 9.6 です．この定理は，標本数 k が十分ならば，標本 $x_1, x_2, \ldots, x_k$ に対して，

$$\sigma_X^2 \simeq \frac{(x_1 - \mu_X)^2 + \cdots + (x_k - \mu_X)^2}{k} \tag{10.2}$$

を主張していますが，残念なことに，式中に母平均 μ_X が含まれていますので，これは統計量ではありません．もちろん，統計量にするには，母平均 μ_X を標本平均 $\overline{x}$ に置き換えるのが自然なのですが，実はこれだけでは上手くいかないことが次の定理から分かります．

定理 10.1. 標本分散の期待値

母集団 X の長さ k の標本に対して，標本分散 s_x^2 は，

$$E(s_x^2) = \frac{k-1}{k}\sigma_X^2 < \sigma_X^2$$

を満たす．すなわち，標本分散の期待値は，母分散 σ_X^2 より小さな値となる．

解説. 母集団 X から標本 $x_1, x_2, \ldots, x_k$ を取り出します．標本は独立同分布（定理 8.9）ですから，$V(x_1) = \cdots = V(x_k) = \sigma_X^2$ です．分散は，偏差の 2 乗の期待値（定義 6.3）なので，これは，

$$E\left((x_1 - \mu_X)^2\right) = \cdots = E\left((x_k - \mu_X)^2\right) = \sigma_X^2 \tag{10.3}$$

と同じことです．また，定理 9.5 より，

$$E\left((\overline{x} - \mu_X)^2\right) = V(\overline{x}) = \sigma_X^2/k \tag{10.4}$$

が分かっています．ここで，式 (10.2) の母平均 μ_X を t に置き換えて得られる 2 次関数

$$f(t) = \frac{(x_1 - t)^2 + \cdots + (x_k - t)^2}{k}$$

の最小値を計算してみましょう．定義 8.12 に注意すると，

$$f(t) = \frac{(x_1 - t)^2 + \cdots + (x_k - t)^2}{k} = t^2 - 2\overline{x}t + \frac{x_1^2 + \cdots + x_k^2}{k} = (t - \overline{x})^2 + s_x^2 \tag{10.5}$$

ですから，関数 $f(t)$ は $t = \overline{x}$ のとき最小となり，その値は標本分散 s_x^2 です．

次に，この式に母分散 μ_X を代入し，その期待値を計算してみましょう．

$$f(\mu_X) = \frac{(x_1 - \mu_X)^2 + \cdots + (x_k - \mu_X)^2}{k} = (\mu_X - \overline{x})^2 + s_x^2 \tag{10.6}$$

ですから，中央の式を用いて期待値を計算したものは，定理 6.5，6.8 と式 (10.3) より，

$$E\left(f(\mu_X)\right) = \frac{E\left((x_1 - \mu_X)^2\right) + \cdots + E\left((x_k - \mu_X)^2\right)}{k} = \frac{\sigma_X^2 + \cdots + \sigma_X^2}{k} = \sigma_X^2$$

であり，右辺の式を用いて期待値を計算したものは，定理 6.8 と式 (10.4) より，

$$E\left(f(\mu_X)\right) = E\left((\mu_X - \overline{x})^2 + s_x^2\right) = E\left((\mu_X - \overline{x})^2\right) + E(s_x^2) = \sigma_X^2/k + E(s_x^2)$$

です．したがって，

$$\sigma_X^2 = \sigma_X^2/k + E(s_x^2)$$

となり，この式を $E(s_x^2)$ について解くことで定理の式が得られます．

標本分散 s_X^2 を考えたのは，母分散 σ_X^2 を見積もるためです．しかし，その期待値は母分散 σ_X^2 より小さくなります．標本分散は母分散 σ_X^2 よりも小さな値となる可能性が高いのです．母分散はバラツキの大きさを表す値なので，これを小さめに見積もるのは望ましいとはいえず，せめて同程度の値が現れるよう調整する必要があります．このように考えると，次のように定義することが自然なことが分かります．

定義 10.2. 不偏分散

母集団 X の長さ k の標本に対して，$\frac{k}{k-1}s_x^2$ を**不偏分散**とよぶ．また，その平方根を u_x で表す．

定理 10.3. 不偏分散の期待値

不偏分散の期待値は母分散に等しい．すなわち，$E(u_x^2) = \sigma_X^2$ である．†

† このような性質をもつ統計量を**不偏推定量**とよぶ．したがって，標本平均は母平均の不偏推定量である．

例 70. サイコロを 3 回投げ，その結果，標本 $x_1 = 1, x_2 = 2, x_3 = 6$ が得られたとしましょう．標本分散は例 66 より $s_x^2 = 14/3$ でした．したがって，不偏分散 u_x^2 は，

$$u_x^2 = \frac{3}{3-1} \times \frac{14}{3} = 7$$

となります．

不偏分散ならば，平均的には母分散と等しいとみなせます．しかし，まだ問題が残っています．標本数 k が大きくなれば，不偏分散は確実に母分散に近い値になってくれるのでしょうか．

これは当たり前のことではありません．不偏分散は，

$$u_x^2 = \frac{k}{k-1}s_x^2 = \frac{k}{k-1}\left\{\frac{(x_1-\overline{x})^2 + \cdots + (x_k-\overline{x})^2}{k}\right\}$$

がその定義です．値 $\frac{k}{k-1}$ は k が大きくなればほぼ 1 なので，不偏分散の値は，ほぼ $(x_1-\overline{x})^2, \ldots, (x_k-\overline{x})^2$ の算術平均です．したがって，「大数の法則より……」と話を続けたくなりますが，これは不可能です．大数の法則は独立な標本でなければ使えませんが，標本 $(x_1-\overline{x})^2, \ldots, (x_k-\overline{x})^2$ は明らかに独立ではありません．独立ではない標本の算術平均が期待値と一致するかどうかは，前に得られた値によって後の値が影響を受けるのですから，明らかなことではありません．しかし，不偏分散についてはこれがかなり緩い条件で成立することを示せます．

定理 10.4. 一致推定量としての不偏分散（標本分散）

母集団 X について，その原点に関する 4 次までのモーメント m_1, m_2, m_3, m_4 が有限になるとする．このとき，十分な長さの標本を選ぶことで，その不偏分散 u_x^2（標本分散 s_x^2）はほぼ確実に母分散 σ_X^2 とみなしてよい値となる．[†]

[†] このような性質をもつ統計量を**一致推定量**とよぶ．したがって，標本平均は母平均の一致推定量でもある．

解説. まず，十分に大きな標本 $x_1, x_2, \ldots, x_k$ を取ることで，不偏分散 u_x^2 の分散 $V(u_x^2)$ がほぼ 0 となることを示します．なお，いたずらに議論を複雑にしないよう，$m_1 = \mu_X = 0$ だとしておきます．このとき，$\sigma_X^2 = m_2 - m_1^2 = m_2$ であることに注意してください（定義 8.5 参照）．

定理 6.4 と定理 10.3 より，

$$V(u_x^2) = E(u_x^4) - E(u_x^2)^2 = E(u_x^4) - \sigma_X^4 = E(u_x^4) - m_2^2$$

です．定義より，u_x^4 は

$$\begin{aligned} u_x^4 &= \left(\frac{k}{k-1} s_x^2\right)^2 = \left(\frac{k(x_1^2 + \cdots + x_k^2) - (x_1 + \cdots + x_k)^2}{k(k-1)}\right)^2 \\ &= \frac{k^2(x_1^2 + \cdots + x_k^2)^2 - 2k(x_1^2 + \cdots + x_k^2)(x_1 + \cdots + x_k)^2 + (x_1 + \cdots + x_k)^4}{k^2(k-1)^2} \end{aligned}$$

です．ここで，$E(x_1^4) = \cdots = E(x_k^4) = m_4, E(x_1^2) = \cdots = E(x_k^2) = m_2$ と定理 6.5，6.6 より，

$$\begin{aligned} E\left((x_1^2 + \cdots + x_k^2)^2\right) = E\Big(&x_1^4 + x_1^2x_2^2 + \cdots + x_1^2x_k^2 \\ &+ x_2^2x_1^2 + x_2^4 + \cdots + x_2^2x_k^2 \\ &+ \cdots + x_k^2x_1^2 + x_k^2x_2^2 + \cdots + x_k^4\Big) = km_4 + k(k-1)m_2^2 \end{aligned}$$

です．さらに，$E(x_1) = \cdots = E(x_k) = m_1 = 0$ に注意して，同様の計算を行うことで，

$$\begin{aligned} E\left((x_1^2 + \cdots + x_k^2)(x_1 + \cdots + x_k)^2\right) &= km_4 + k(k-1)m_2^2 \\ E\left((x_1 + \cdots + x_k)^4\right) &= km_4 + 3k(k-1)m_2^2 \end{aligned}$$

ですので，これらを用いることで，

$$V(u_x^2) = E(u_x^4) - m_2^2 = \frac{m_4}{k} - \frac{(k-3)m_2^2}{k(k-1)} < \frac{m_4}{k}$$

となることが分かります．$\epsilon > 0$ をとても小さな値だとしておくと，チェビチェフの不等式（定理 9.3）より，$|u_x^2 - \sigma_X^2| \geq \epsilon$ となる確率は $V(u_x^2)/\epsilon^2$ 以下ですが，$V(u_x^2)/\epsilon^2 < m_4/(k\epsilon^2)$ なので，これは k を十分に大きく取れば 0 に近くなります．つまり，$|u_x^2 - \sigma_X^2| < \epsilon$ となる確率はほぼ 1 となります．

ϵ はとても小さな値だとしていますので，これは不偏分散 u_x^2 が k を十分に大きく取ることでほぼ σ_X^2 となることを意味しています．なお，$s_x^2 = (k-1)/k \cdot u_x^2$ であり，k が大きくなると，$(k-1)/k$ は 1 に近くなることから，k が十分大きければ，標本分散 s_x^2 が母分散 σ_X^2 に近くなることも分かります．

ここまでをまとめて，次が分かりました．

定理 10.5. 不偏分散と母分散の関係

不偏分散 u_x^2 は，母分散 σ_X^2 の推測値として適切な値であり，標本数が十分大きければ，両者はほぼ等しい値だと考えることができる．

10.2 χ^2 分布

不偏分散が母分散の適切な推定量であることが分かりましたので，次はその確率分布を調べたいのですが，これは容易なことではありません．不偏分散が，独立とはいえない確率変数の和を使って定められているからです．ただし，母集団が正規分布に従う場合だけは，この困難を上手く避けることができます．以下で与える χ^2 分布は，この考え方を基に定められた分布です．

定義 10.6. χ^2 分布

標準正規分布に従う独立な確率変数 $X_1, X_2, \ldots, X_k$ に対して，$Y = X_1^2 + X_2^2 + \cdots + X_k^2 \geq 0$ が従う確率分布を，**自由度 k の χ^2 分布**とよぶ．

解説. 定理 9.6 より，正規化済みの母集団 X に対して，十分な長さの標本 $x_1, x_2, \ldots, x_k$ を取れば $\frac{(x_1-\mu_X)^2+\cdots+(x_k-\mu_X)^2}{k} = \frac{x_1^2+\cdots+x_k^2}{k}$ はほぼ母分散 $\sigma_X^2 = 1$ に等しくなります．しかし，標本数があまり多くない場合は，母分散 1 以外の値がでてくる可能性が高まります．したがって，どの程度母分散 1 以外の値が表れるのかを調べるために，その確率分布を明らかにするのは自然な発想であり，ゆえに，その k 倍の確率分布 $x_1^2 + \cdots + x_k^2$ に着目するのです．

χ^2 分布の定義から，以下の性質が成り立つことはほぼ明らかでしょう．

定理 10.7. χ^2 分布の再生性

確率変数 Y_1, Y_2 がそれぞれ自由度 k_1, k_2 の χ^2 分布に従うとき，確率変数 $Y_1 + Y_2$ は自由度 $k_1 + k_2$ の χ^2 分布に従う．

定理 10.8. 任意の正規分布と χ^2 分布

正規分布 $N(\mu, \sigma^2)$ に従う独立な確率変数 $X_1, X_2, \ldots, X_k$ に対して，

$$Y = \left(\frac{X_1 - \mu}{\sigma}\right)^2 + \left(\frac{X_2 - \mu}{\sigma}\right)^2 + \cdots + \left(\frac{X_k - \mu}{\sigma}\right)^2$$

は自由度 k の χ^2 分布に従う．

χ^2 分布の確率密度関数の具体形は以下の通りです．

定理 10.9. χ^2 分布の確率密度関数

χ^2 分布の確率密度関数は，

$$f(X) = \frac{(1/2)^{k/2}}{G(k)} X^{k/2-1} e^{-X/2}$$

である．ただし，

$$G(k) = \begin{cases} \sqrt{\pi} & (k=1) \\ (k/2)\times(k-2)/2\times\cdots\times 2\times 1 & (k \text{ が偶数}) \\ (k-2)/2\times(k-4)/2\times\cdots\times(1/2)\times\sqrt{\pi} & (k \text{ が 3 以上の奇数}) \end{cases}$$

と定める．†

† 値 $G(k)$ は，普通，Γ 関数とよばれる関数を導入し，その $k/2$ での値として与えることが多い．

解説. 定理 5.12 と定義 7.4 より，標準正規分布に従う確率変数 X の平方 Z の確率密度関数 $h(Z)$ は，

$$h(Z) = \frac{f\left(\sqrt{Z}\right) + f\left(-\sqrt{Z}\right)}{2\sqrt{Z}} = \frac{1}{2\sqrt{Z}}\left(\frac{1}{\sqrt{2\pi}}e^{-\frac{(-\sqrt{Z})^2}{2}} + \frac{1}{\sqrt{2\pi}}e^{-\frac{(\sqrt{Z})^2}{2}}\right) = \frac{1}{\sqrt{2\pi}}Z^{-1/2}e^{-Z/2}$$

となりますが，これは確かに定理の確率密度関数の式の X を Z に置き換え，$k=1$ としたものに一致します．したがって，$k=1$ の場合は証明できました．一般の k の場合は，煩雑なため，本書では証明を行いません．

確率密度関数は確率を面積として表すためのものですから，そのグラフの形状を把握しておくことが重要です．定理の確率密度関数の式を基に，実際にそれを描いたものが図 10.3 です．この図から，χ^2 分布のグラフは，$k=1,2$ と $k \geq 3$ で大きくその形が変わること，$k \geq 3$ のとき，χ^2 分布のグラフは，左側に歪んだ山形となることがみて取れます．

また，図 10.4 に χ^2 分布の累積分布関数のグラフの形状を与えますが，正規分布の場合と同様，χ^2 分布の場合も，累積分布関数の値を簡単に求めることはできません．したがって，χ^2 分布の場合も，コンピュータを用いた近似計算か，あらかじめ用意されている付録の表 4.2 や 4.3 のような数表を基に，その確率を求めなければなりません．

一般に期待値・分散は，確率密度関数から求めるのですが，χ^2 分布の場合は，これらの値を正規分布の性質を上手く使って求めることができます．

定理 10.10. χ^2 分布の期待値・分散

自由度 k の χ^2 分布の期待値は k，分散は $2k$，歪度は $2\sqrt{2/k}$，尖度は $3+12/k$ である．

解説. 確率変数 X は標準正規分布に従うとします．例 62 より，その原点についての 1 次から 4 次のモーメントは，$m_1 = 0, m_2 = 1, m_3 = 0, m_4 = 3$ を満たします（$E(X^k) = m_k$ に注意してください）．

χ^2 分布に従う確率変数 Y は，標準正規分布に従う独立な確率変数 $X_1, X_2, \ldots, X_k$ を用いて，$Y =$

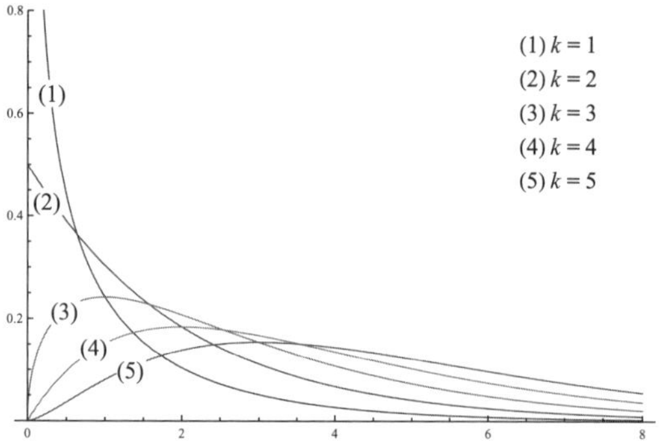

図 10.3 χ^2 分布の確率密度関数（再掲）

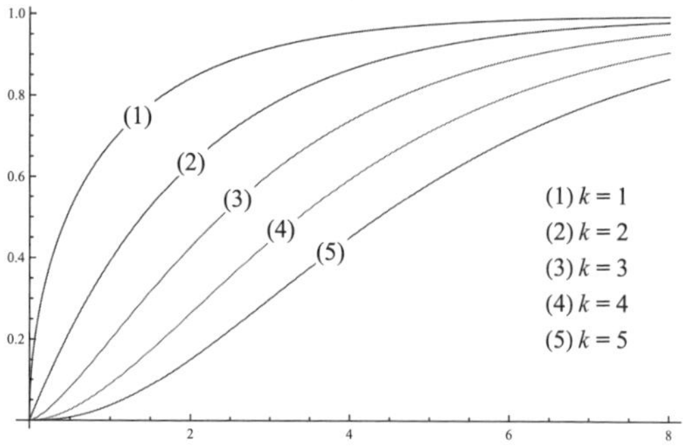

図 10.4 χ^2 分布の累積分布関数（再掲）

$X_1^2 + \cdots + X_k^2$ と書けることから，その期待値と分散は

$$E(Y) = E(X_1^2) + \cdots + E(X_k^2) = 1 + \cdots + 1 = k,$$
$$V(Y) = V(X_1^2) + \cdots + V(X_k^2) = \left\{E(X_1^4) - E(X_1^2)^2\right\} + \cdots + \left\{E(X_k^4) - E(X_k^2)^2\right\} = 2 + \cdots + 2 = 2k$$

です．歪度・尖度も同様に求めることが可能です．

ここで，χ^2 分布の歪度と尖度に着目します．自由度 k を大きくすると，歪度は 0，尖度は 3 に近付きますが，これらは，正規分布の歪度と尖度と同一の値です．また，図 10.1 でも，k が大きくなるに従い確率密度関数のグラフは正規分布のものに近付いているようにみえますが，これは偶然ではありません．

定理 10.11. χ^2 分布と正規分布

十分大きな k について，自由度 k の χ^2 分布はほぼ正規分布 $N(k, 2k)$ とみなすことができる．

解説. これは中心極限定理（定理 9.8）の直接の結果です．$X_1, X_2, \ldots, X_k$ が独立ならば，当然，$X_1^2, X_2^2, \ldots, X_k^2$ も独立です．したがって，その和について中心極限定理を適用できます．

10.3 標本平均と χ^2 分布

ここからは，重要な統計量と χ^2 分布の関係を与えます．まず取り上げるのは算術平均との関係です．

定理 10.12. χ^2 分布と標本平均

正規分布 $N(\mu, \sigma^2)$ に従う母集団 X の長さ k の標本とその標本平均値 $\overline{x}$ に対し，

$$v = \frac{(\overline{x} - \mu)^2}{\sigma^2/k} = k \cdot \left(\frac{\overline{x} - \mu}{\sigma}\right)^2$$

が従う確率分布は，自由度 1 の χ^2 分布である．

解説. 正規分布の再生性（定理 7.9）より，標本 $x_1, x_2, \ldots, x_k$ が正規分布ならば，$\overline{x} = (x_1 + \cdots + x_k)/k$ も正規分布です．定理 9.4 と定理 9.5 より，$E(\overline{x}) = \mu_X, V(\overline{x}) = \sigma_X^2/k$ なので，標本平均 $\overline{x}$ の正規化

$$(\overline{x} - \mu_X)\Big/\sqrt{\sigma_X^2/k}$$

は標準正規分布に従うことから，その平方が自由度 1 の χ^2 分布であることは明らかです．

標本平均 $\overline{x}$ は，母集団 X が正規分布でなくても，標本の長さがある程度大きければ正規分布とみなせます（定理 9.7）．したがって，定理 10.12 は母集団の分布によらない，次の定理に書き直せます．

定理 10.13. v **の頑健性**

期待値と分散が有限な母集団 X から十分な長さの標本 k を取ることで，

$$v = \frac{(\overline{x} - \mu_X)^2}{\sigma_X^2/k} = k \cdot \left(\frac{\overline{x} - \mu_X}{\sigma_X}\right)^2$$

が従う確率分布は，自由度 1 の χ^2 分布とみなせる．

10.4 標本分散・不偏分散と χ^2 分布

次に，標本分散・不偏分散と χ^2 分布の関係を与えましょう．

定理 10.14. χ^2 **分布と標本分散・不偏分散**

正規分布 $N(\mu, \sigma^2)$ に従う母集団から標本 $x_1, x_2, \ldots, x_k$ を取る．このとき，標本分散 s_x^2 と不偏分散 u_x^2 に対し，

$$w = \frac{k \cdot s_x^2}{\sigma^2} = \frac{(k-1) \cdot u_x^2}{\sigma^2} = \left(\frac{x_1 - \overline{x}}{\sigma}\right)^2 + \left(\frac{x_2 - \overline{x}}{\sigma}\right)^2 + \cdots + \left(\frac{x_k - \overline{x}}{\sigma}\right)^2$$

は自由度 $k-1$ の χ^2 分布に従う．また，確率変数 w は標本平均 $\overline{x}$ と独立である．

解説. いたずらに複雑になることを避けるため，標本の長さ $k = 3$ としてその概要を解説します．実は，この条件に限定しても非常に大変です．

まず，多少面倒な式変形ですが，

$$\begin{aligned}(x_1 - \overline{x})^2 + (x_2 - \overline{x})^2 + (x_3 - \overline{x})^2 &= (x_1 - \mu + \mu - \overline{x})^2 + (x_2 - \mu + \mu - \overline{x})^2 + (x_3 - \mu + \mu - \overline{x})^2 \\ &= (x_1 - \mu)^2 + (x_2 - \mu)^2 + (x_3 - \mu)^2 + 2(x_1 + x_2 + x_3 - 3\mu)(\mu - \overline{x}) + 3(\mu - \overline{x})^2 \\ &= (x_1 - \mu)^2 + (x_2 - \mu)^2 + (x_3 - \mu)^2 - 3(\mu - \overline{x})^2\end{aligned}$$

より，$y_1 = (x_1 - \mu)/\sigma, y_2 = (x_2 - \mu)/\sigma, y_3 = (x_3 - \mu)/\sigma$ とおくと，

$$w = y_1^2 + y_2^2 + y_3^2 - 3\overline{y}^2 \tag{10.7}$$

と表せることに注意してください．ここで，y_1, y_2, y_3 は x_1, x_2, x_3 の正規化ですから，y_1, y_2, y_3 は標準

正規分布に従う独立な確率変数であり，また，$\bar{y}$ は y_1, y_2, y_3 の標本平均です．

次に，確率変数 y_1, y_2, y_3 を以下で定める確率変数 z_1, z_2, z_3 に書き換えます．

$$\begin{cases} z_1 = (y_1 + y_2 + y_3) \big/ \sqrt{3} \\ z_2 = (y_1 + y_2 - 2y_3) \big/ \sqrt{6} \\ z_3 = (y_1 - y_2) \big/ \sqrt{2} \end{cases} \tag{10.8}$$

なお，この書き換えを行っても，確率変数 z_1, z_2, z_3 は y_1, y_2, y_3 と同様に標準正規分布に従う独立な確率変数であることが分かります．

まず，標準正規分布に従うことから示しましょう．

式 (10.8) と定理 7.9 より，z_1, z_2, z_3 が正規分布に従うことはすぐに分かります．したがって，期待値が 0，分散が 1 になることを確かめればよいのですが，これも，$E(y_1) = E(y_2) = E(y_3) = 0, V(y_1) = V(y_2) = V(y_3) = 1$ より，期待値と分散の計算法則（定理 6.5，6.7，6.8 参照）を使って，

$$E(z_1) = (E(y_1) + E(y_2) + E(y_3)) \big/ \sqrt{3} = 0, \qquad V(z_1) = (V(y_1) + V(y_2) + V(y_3))/3 = 1,$$

であり，同様に $E(z_2) = E(z_3) = 0, V(z_2) = V(z_3) = 1$ もすぐに分かります．

次に，独立性を示しますが，実はこれが最も大変な部分です．まず，準備のため，いくつかの計算結果を以下に示しておきます．

まず，(10.8) を，y_1, y_2, y_3 の連立方程式だと考え，解くと，

$$\begin{cases} y_1 = \left(\sqrt{2}z_1 + z_2 + \sqrt{3}z_3\right) \big/ \sqrt{6} \\ y_2 = \left(\sqrt{2}z_1 + z_2 - \sqrt{3}z_3\right) \big/ \sqrt{6} \\ y_3 = \left(\sqrt{2}z_1 - 2z_2\right) \big/ \sqrt{6} \end{cases} \tag{10.9}$$

が分かります．また，この式の 2 乗と平均を計算すると，以下の式が得られます．

$$\begin{cases} y_1^2 = \left(2z_1^2 + z_2^2 + 3z_3^2 + 2\sqrt{2}z_1z_2 + 2\sqrt{3}z_2z_3 + 2\sqrt{6}z_3z_1\right)/6 \\ y_2^2 = \left(2z_1^2 + z_2^2 + 3z_3^2 + 2\sqrt{2}z_1z_2 - 2\sqrt{3}z_2z_3 - 2\sqrt{6}z_3z_1\right)/6 \\ y_3^2 = \left(2z_1^2 + 4z_2^2 - 4\sqrt{2}z_1z_2\right)/6\,, \quad \bar{y} = z_1 \big/ \sqrt{3} \end{cases} \tag{10.10}$$

では，独立性を示しましょう．標準正規分布に従う確率変数 X の確率密度関数を $f(X)$ と書きます．

確率変数 z_1, z_2, z_3 の独立性は不明です．しかし，式 (10.9) で z_1, z_2, z_3 と対応する確率変数 y_1, y_2, y_3 は独立ですから，独立の定義（定義 5.3）より，(z_1, z_2, z_3) 近辺の値を取る確率が，対応する値 (y_1, y_2, y_3) を使って $f(y_1)dy_1 \times f(y_2)dy_2 \times f(y_3)dy_3$ と書けることは分かります．

式 (10.10) より，$y_1^2 + y_2^2 + y_3^2 = z_1^2 + z_2^2 + z_3^2$ です．したがって，指数法則 $e^{a+b} = e^a \times e^b$ と標準正規分布の確率密度関数の定義 7.4 より，

$$f(y_1)f(y_2)f(y_3) = \left(\frac{1}{\sqrt{2\pi}}\right)^3 e^{-\frac{y_1^2+y_2^2+y_3^2}{2}} = \left(\frac{1}{\sqrt{2\pi}}\right)^3 e^{-\frac{z_1^2+z_2^2+z_3^2}{2}} = f(z_1)f(z_2)f(z_3). \tag{10.11}$$

です．また，z_1 を ϵ_1 だけ変化させ $z_1 + \epsilon_1$ にしてみます．このとき，式 (10.9) より，y_1, y_2, y_3 は，

$$\begin{gathered} \left(\sqrt{2}(z_1 + \epsilon_1) + z_2 + \sqrt{3}z_3\right) \big/ \sqrt{6} \\ \left(\sqrt{2}(z_1 + \epsilon_1) + z_2 - \sqrt{3}z_3\right) \big/ \sqrt{6} \\ \left(\sqrt{2}(z_1 + \epsilon_1) - 2z_2\right) \big/ \sqrt{6} \end{gathered}$$

であり，(y_1, y_2, y_3) は元の位置から $\left(\frac{\sqrt{2}\epsilon_1}{\sqrt{6}}, \frac{\sqrt{2}\epsilon_1}{\sqrt{6}}, \frac{\sqrt{2}\epsilon_1}{\sqrt{6}}\right)$ 変化します．ここで，$dy_1dy_2dy_3$ は縦横高さがそれぞれ dy_1, dy_2, dy_3 の直方体の体積であることを考慮に入れると，z_1 が ϵ_1 だけ変化すると，縦 $\frac{\sqrt{2}\epsilon_1}{\sqrt{6}}$，横 $\frac{\sqrt{2}\epsilon_1}{\sqrt{6}}$，高さ $\frac{\sqrt{2}\epsilon_1}{\sqrt{6}}$ 変化すると考えるべきであることが分かります．したがって，三平方の定理から，この変化の大きさは，

$$\sqrt{\left(\frac{\sqrt{2}\epsilon_1}{\sqrt{6}}\right)^2 + \left(\frac{\sqrt{2}\epsilon_1}{\sqrt{6}}\right)^2 + \left(\frac{\sqrt{2}\epsilon_1}{\sqrt{6}}\right)^2} = \epsilon_1$$

です．同様に，z_2 を $z_2 + \epsilon_2$ に変化させると (y_1, y_2, y_3) は大きさ ϵ_2 だけ変化し，z_3 を $z_3 + \epsilon_3$ まで変化させると (y_1, y_2, y_3) は大きさ ϵ_3 だけ変化することが分かります．つまり，(z_1, z_2, z_3) を大きさ $(\epsilon_1, \epsilon_2, \epsilon_3)$ 変化させたら，(y_1, y_2, y_3) も同じ大きさ $(\epsilon_1, \epsilon_2, \epsilon_3)$ 変化しますし，明らかにその逆も成り立ちます．X を含む小さな区間の幅が dX であり，この大きさが変換 (10.9) で変わらない，つまり，$dz_1dz_2dz_3 = dy_1dy_2dy_3$ も成立することが分かりました．したがって，式 (10.11) と合わせて，

$$(z_1, z_2, z_3) \text{ 近辺の値になる確率} = f(y_1)dy_1 \times f(y_2)dy_2 \times f(y_3)dy_3 = f(z_1)dz_1 \times f(z_2)dz_2 \times f(z_3)dz_3$$

となることが分かりましたので，独立の定義（定義 5.3）より確率変数 z_1, z_2, z_3 は独立であることが示せました．

ここまで来ればあとは比較的簡単な計算だけで定理を示すことができます．式 (10.7) に式 (10.10) を代入してみましょう．すると，

$$w = z_2^2 + z_3^2,$$

と表せることが分かります．ここで z_2 と z_3 は独立な標準正規分布に従う確率変数でした．したがって，χ^2 分布の定義より，w が自由度 2 の χ^2 分布であることが分かります．また，$\bar{x} = \sigma\bar{y} + \mu = \sqrt{3}\sigma z_1 + \mu$ であり，z_1 と z_2, z_3 は独立ですから，w と $\bar{x}$ が独立であることも分かりました．

大変長く複雑ですが，定理 10.14 を示したのには二つの理由があります．

まず一つ目の理由は，この定理から，正規分布に従う母集団からの標本という仮定を取り除けないことを理解してもらうためです．これは，この仮定がなければ，正規分布の確率密度関数を使うことができないため，式 (10.11) が成立せず，したがって，確率変数の変換 (10.8) で変数の独立性を保てなくなることから分かります．つまり，この定理は，標本の長さを大きくしても定理 10.13 のような一般的な母集団で成り立つ形には（少なくとも数学的には）なりません．

もう一つの理由は，進んだ数学の知識の必要性を理解してもらうためです．

定理の証明をみると，式 (10.8) が鍵になっていることが分かります．しかし，そもそも，この式はどのようにしてみつけ出しているのでしょうか．また，$dy_1dy_2dy_3 = dz_1dz_2dz_3$ の証明ももう少し簡単にならないのでしょうか．実は，これは「線形代数学」と「微分形式」を学ぶことで可能になります．逆にいえば，これら進んだ数学の知識を仮定しなかったがゆえに，証明が大変になってしまっているのです．なお，第 15 講の定理 15.5 も本来なら定理 10.14 と同様の議論が必要なのですが，議論を複雑にしないよう全て省略して記していることを注意しておきます．

演習問題

問 71. サイコロを試しに 6 回振ったところ，1, 2, 3, 4, 5, 6 の目が出た．これら得られた目の標本平均，標本分散，不偏分散を計算せよ．

問 72. サイコロを試しに 300 万回振り，その標本分散を計算する．結果的に得られる値として最も適当な値を答えよ．

問 73. サイコロを試しに 3 回振り，その結果得られる標本の標本分散を記録する作業を 100 万回実施する．このようにして得られた標本分散の算術平均値として，最も適当な値を答えよ．

問 74. 標準正規分布に従う母集団から取り出された標本 x は，ある定数 $a > 0$ について，95% の確率で範囲 $-a < x \leq a$ の間の値になるとする．付録表 4.2 と 4.3 を用いて，定数 a の近似値を求めよ．同様に 80%, 99.9% の場合に対応する定数 a を求めよ．

問 75. 分布 $N(0, 4)$ に従う母集団から，標本 x_1, x_2, x_3 を取り出す．$x_1^2 + x_2^2 + x_3^2 \geq 25$ となる確率の概算値を付録表 4.2 と 4.3 を用いて求めよ．

問 76. 分布 $N(1, 4)$ に従う母集団から取り出された長さ 5 の標本に対して，その標本平均 $\bar{x}$ が 5 以上の値になる確率の概算値を付録表 4.2 と 4.3 を用いて求めよ．

問 77. 正規分布 $N(4, 1)$ に従う母集団から取り出された長さ 5 の標本に対して，その標本分散 s_x^2 の値が 4.8 以上の値になる確率の概算値を付録表 4.2 と 4.3 を用いて求めよ．

問 78. 定理 10.12 と定理 10.14 で与えた値 v と w が統計量か否かをその理由とともに答えよ．

問 79. 分布 $N(3, 4)$ に従うと予想される母集団から，標本として 5, 6, 3, 7, 4 が得られたとする．定理 10.12 と定理 10.14 で与えた値 v と w を求めよ．また，これら以上の値が現れる確率がどの程度かを付録表 4.2 と 4.3 を用いて求め，母集団が分布 $N(3, 4)$ に従うとの予想が合理的か否かを論ぜよ．

問 80. 定理 10.9 で与えた χ^2 分布の確率密度関数のグラフを $k = 1, 2, 3, 4, 5$ のそれぞれについて描き，それが図 10.1 と一致することを確かめよ．同様に，累積分布関数のグラフを積分の近似計算で描き，それが図 10.2 と一致することを確かめよ．

問 81. 以下を実行し，定理 10.1 が成立することを数値的に確かめよ．

1. 長さ 5 の標準正規疑似乱数列を 10000 個作成せよ．これは，標準正規母集団から，5 個の標本を 10000 通り取り出すことに相当する．
2. 標本の標本分散を全て求め（10000 通り），その算術平均を計算し，その値が $4/5 = 0.8$ 程度になることを確かめよ．

問 82. 定理 10.4 が成立することを数値的に確かめるため，長さ 100000 の標準正規疑似乱数列を作成し，その標本分散の値が 1 に近くなることを確認せよ．

問 83. 以下を実行し，定義 10.6 で与える確率変数が χ^2 分布に従うことを数値的に確かめよ．

(1) 長さ 3 の標準正規疑似乱数列を 10000 個作成せよ．これは 3 個の標本を 10000 通り正規母集団から取り出すことに対応する．

(2) 乱数列の値の 2 乗和を求め，その値を小数点以下 1 桁で四捨五入せよ．

(3) 上で求めた値の相対度数分布表を作成せよ．

(4) 相対度数分布表の値を 10 倍せよ．また，このようにして得られた表が自由度 3 の χ^2 分布の確率密度関数に相当する．これがなぜかを説明せよ．

(5) 上で作成した相対度数分布表の折れ線グラフと図 10.1 で与えたグラフを比較せよ．

問 84. 問 83 を参考に，分布 $N(3,4)$ に従う標本 x_1, x_2, x_3 に対して，定理 10.8 で与える確率変数 Y が自由度 3 の χ^2 分布に従うことを数値的に確かめよ．

問 85. 問 83 を参考に，分布 $N(5,9)$ に従う標本 x_1, x_2, x_3, x_4, x_5 に対して，定理 10.12 で与える確率変数 v が自由度 1 の χ^2 分布に従うことを数値的に確かめよ．

問 86. 問 83 を参考に，分布 $N(5,9)$ に従う標本 x_1, x_2, x_3, x_4, x_5 に対して，定理 10.14 で与える確率変数 w が自由度 $5-1=4$ の χ^2 分布に従うことを数値的に確かめよ．

第 11 講

分散の比較と分布

第 11 講は，独立な母集団 X と Y の分散の比較を考察します．

ポイント 11.1. F 分布

自由度 k, l の χ^2 分布に従う独立な確率変数 X, Y に対して，確率変数

$$F = \frac{X/k}{Y/l} \geq 0$$

が従う分布を自由度 (k, l) の F **分布**と呼び，本書はこれを $F(k, l)$ で表します．F 分布は，本質的には，χ^2 分布の比ですから，χ^2 分布と同様に，自由度ごとに異なる形状のグラフをもちます（図 11.1，11.2 参照）．また，その累積分布関数の値の導出も，F **分布表**（表 4.4 から表 4.7 を参照）などに頼らざるを得ません．

ポイント 11.2. 分散の比較と F 分布

F 分布は母分散を比較する際，基本となる分布です．独立な母集団 X, Y の母分散が等しいか否か，つまり，$\sigma_X^2 = \sigma_Y^2$ かどうかに興味があるとします．このとき，

$$\sigma_X^2 = \sigma_Y^2 \text{ か否か？} \quad \Rightarrow \quad \frac{\sigma_Y^2}{\sigma_X^2} = 1 \text{ か否か？} \quad \Rightarrow \quad \frac{\sigma_Y^2}{\sigma_X^2} = 1 \text{ と仮定するとどうなるか？}$$

と考えます．母分散の推定は不偏分散を使って行いますので，調べるべき分布は，

$$\frac{u_x^2}{u_y^2} = 1 \times \frac{u_x^2}{u_y^2} = \frac{\sigma_Y^2}{\sigma_X^2} \times \frac{u_x^2}{u_y^2} = \frac{u_x^2/\sigma_X^2}{u_y^2/\sigma_Y^2} = \frac{\text{自由度 } k-1 \text{ の } \chi^2 \text{ 分布}/(k-1)}{\text{自由度 } l-1 \text{ の } \chi^2 \text{ 分布}/(l-1)} = F(k-1, l-1)$$

です．ただし，母集団 X からは長さ k の標本を，Y からは長さ l の標本を取り出すとしており，2 番目の等号は $\sigma_Y^2/\sigma_X^2 = 1$ の仮定から，3 番目は定理 10.14 から，最後の等号は F 分布の定義から出てきます．また，定理 10.14 を使っていますので，母集団は正規分布に従うとしておかなければなりません．

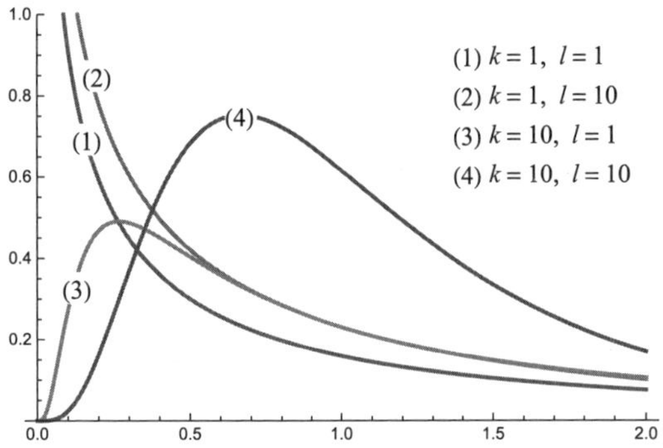

図 11.1　F 分布の確率密度関数

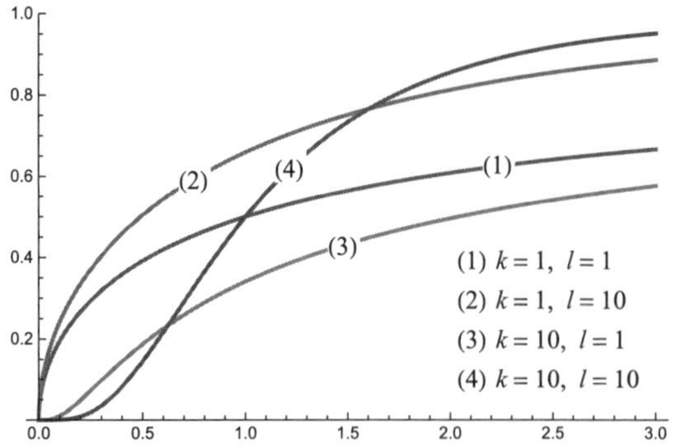

図 11.2　F 分布の累積分布関数

11.1　F 分布

母分散に着目して得られた分布が χ^2 分布でした（第 10 講）．今回は，母分散の比に着目するのですから，調べるべき分布は，もちろん χ^2 分布の比です．この確率分布は F 分布と呼ばれています．

定義 11.1. F 分布

確率変数 X, Y は独立で，自由度 k, l の χ^2 分布に従うとする．このとき，確率変数

$$F = \frac{X/k}{Y/l} > 0$$

が従う確率分布を**自由度 (k, l) の F 分布**と呼ぶ．本書は，自由度 (k, l) の F 分布を記号 $F(k, l)$ で表す．

F 分布の定義から，以下の性質は明らかです．

定理 11.2

確率変数 F が F 分布 $F(k, l)$ に従うとき，確率変数 $1/F$ は F 分布 $F(l, k)$ に従う．

F 分布の確率密度関数と期待値，分散は以下で与えられます．

定理 11.3. F 分布の確率密度関数

F 分布の確率密度関数は，

$$f(X) = \frac{k^{k/2} l^{l/2} G(k+l)}{G(k)G(l)} \frac{X^{\frac{k}{2}-1}}{(kX+l)^{\frac{k+l}{2}}}$$

である．ただし，値 $G(k)$ は定理 10.9 と同様である．

定理 11.4. *F* **分布の期待値・分散**

F 分布 $F(k,l)$ の期待値は $l>2$ に対して，分散は $l>4$ に対して定義され，その具体的な値はそれぞれ

$$\frac{l}{l-2},\qquad \frac{2l^2(k+l-2)}{k(l-2)^2(l-4)}$$

である．

解説. 定義 5.10 と定理 10.9 より，F 分布の確率密度関数は，

$$\frac{(1/2)^{(k+l)/2-1}}{G(k)G(l)}X^{k/2-1}\int_0^\infty T^{(k+l)/2-1}e^{-T(X+1)/2}dT \tag{11.1}$$

を実際に計算することで導けますが，その詳細はかなり面倒な積分の計算問題ですので，本書では取り扱いません．また，期待値，分散の計算も同様です．

いずれにせよ，F 分布も連続確率分布ですので，重要なのはその確率密度関数の形状と，累積分布関数の値の求め方ですが，F 分布の場合も，これまでと同様に累積分布関数の値を求めることは容易ではありません．したがって，その値は，コンピュータを用いた近似計算か，あらかじめ用意されている表から求めることもこれまでと同様です．本書は，F 分布の確率密度関数と累積分布関数のグラフの概形をそれぞれ図 11.1 と図 11.2 に，F 分布の累積分布関数の値の近似値を付録の表 4.4 から 4.7 に与えています．

11.2 不偏分散と F 分布

定理 10.14 で定義された確率変数 $w=(k-1)\cdot u_x^2/(\sigma_x^2)$ は，自由度 $k-1$ の χ^2 分布ですから，以下の定理が成立することはほぼ明らかでしょう．

定理 11.5. *F* **分布と不偏分散**

独立な正規母集団 X,Y とその不偏分散 u_x^2,u_y^2，および母分散 σ_X^2,σ_Y^2 に対して，確率変数

$$f=\frac{\sigma_Y^2}{\sigma_X^2}\cdot\frac{u_x^2}{u_y^2}$$

は分布 $F(k-1,l-1)$ に従う．

解説. 正規母集団とは，正規分布に従う母集団のことです．この定理の著しい特徴は，母分散の比を既知とすれば，つまり，σ_X^2/σ_Y^2 の値が分かっていると仮定すれば，確率変数 f が統計量（定義 8.10 参照）となることです．この定理を用いて，次に挙げる例のような議論が可能になります．ただし，この定理は，定理 10.14 を基にしていますので，「正規母集団」という仮定を安易に緩めることはできないことに注意が必要です．

例 71. 成人男性の身長はほぼ正規分布に従うとみなしてよいことが分かっています．いま，ある運動を長期間行ってきた男性 5 人（x と置きます）と全くやったことのない 5 人（y と置きます）を無作為に選び，その身長が，

x	185	179	182	175	173
y	170	171	168	175	166

になったとしましょう．

運動経験の有無が身長の分散に影響を与えない可能性を見積もってみましょう．

いま，$f = u_x^2/u_y^2 \simeq 2.104$ です．定理 11.5 より，f は分布 $F(4, 4)$ に従い，付録表 4.4 より，$f > 2.06$ となる確率は約 25% ですから，その可能性は，25% よりほんの少し低い程度です．つまり，身長に影響を与える可能性の方がかなり高いのですが，科学では，ほぼ確実なこと以外は主張できませんので，この場合は，25% も可能性があることを重視して，「運動経験の有無が身長の分散に影響を与えるかどうかは良く分からない」と答えるのが普通です．

このような標本に基づく見積もりを統計学では**検定**と呼ぶのですが，その詳細については，第 13 講で解説します．

例 72. 関西人は関東人より好き嫌いをはっきりと明言する傾向があるかどうかを知りたいとします．このために，大阪と横浜の高校生にアンケート「あなたはくさや（魚の干物）が好きですか？」に「1. 大好き，2. 好き，3. 普通，4. 嫌い，5. 大嫌い」から答えてもらったとしましょう．もちろん，これで分かることは「くさや」の好き嫌いをはっきりと明言する傾向があるか否かだけですが，少なくとも一つの例証にはなります．

アンケートは 5 段階なので，大阪も横浜も，対応する母集団の取り得る値は $1, 2, 3, 4, 5$ のいずれかでしょう．大阪に対応する母集団を X，横浜側を Y とし，アンケートには，大阪側が 75 人，横浜側が 125 人が答えたとしましょう．問題は $\sigma_X^2 = \sigma_Y^2$ か否かなのですが，この母集団の取り方だと，定理 11.5 を使えません．母集団が正規分布しないからです．

このため，アンケート結果を 25 人ずつ無作為にまとめ，その算術平均値を取ったものを大阪側は X'，横浜側は Y' と置き，X' に対応する母集団から $3(= 75/25)$ つ，Y' から $5(= 125/25)$ つの標本が取り出された，と考えることにします．中心極限定理より，X' は分布 $N(\mu_X, \sigma_X^2/25)$ に従い，Y' は分布 $N(\mu_Y, \sigma_Y^2/25)$ に従うとみなせるので，この母集団 X', Y' に対して，定理 11.5 を適用できるからです．

いま仮に，X' の標本が $4.1, 3.5, 1.4$，Y' の標本が $3.3, 4.1, 2.6, 2.1, 3.6$ だったとすると，

$$\frac{u_{x'}^2}{u_{y'}^2} \fallingdotseq \frac{2.01}{0.633} = 3.175$$

です．$\sigma_X^2 = \sigma_Y^2$ と仮定するのも，$\sigma_X^2/25 = \sigma_Y^2/25$ と仮定するのも同じことですから，この 3.175 という値は，分布 $F(3-1, 5-1) = F(2, 4)$ に従って現れるはずです．表 4.4 より，3.175 以上の値が現れる確率は 15% 程度はありそうなので，この程度だと，母分散が一致するという仮定を否定することはできません．言い換えると「関西人は関東人より好き嫌いをはっきりと明言するかどうかは今のところ不明だ」という結論になります．

演習問題

問 87. 定理 11.3 を用いて，分布 $F(1,1), F(1,10), F(10,1), F(10,10)$ の確率密度関数を求め，そのグラフの概形を描き，それが図 11.1 に一致することを確かめよ．同様に，これらの分布の累積分布関数のグラフを積分の近似計算で描き，それが図 11.2 に一致することを確かめよ．

問 88. 定理 11.3 を用いて，分布 $F(5,10)$ の確率密度関数を求め，積分の近似計算により，その期待値が，定理 11.4で与えた値 $10/(10-2) = 1.25$，分散が $2 \cdot 10^2 \cdot (5+10-2)/(5 \cdot (10-2)^2(10-4)) \simeq 1.35$ となることを確かめよ．

問 89. 定理 11.5 で与えた値 f が統計量か否かをその理由と共に答えよ．

問 90. 例 71 で与えた標本から，定理 11.5 に与えた値 f を計算し，それが $f \simeq 2.104$ となることを確かめよ．また，例 72 についても同様に確かめよ．

問 91. 自由度 $(k,l) = (2,3)$ の F 分布に従う確率変数 X が 1.65 以下の値を取る確率の概算値を求めよ．また，自由度 $(k,l) = (50,120)$ の F 分布に従う確率変数 Y の値が a 以上となる確率が 0.1% になるとする．値 a の概算値を求めよ．

問 92. 正規分布に従う母分散が等しいと予想されている独立な 2 つの母集団から，それぞれ標本 $9,4,6$ と，標本 $3,5,4,1$ が取り出されたとする．定理 11.5 で与えた値 f を求めよ．また，これ以上の値が現れる確率がどの程度かを付録表 4.4〜4.7 を用いて求め，母分散が等しいという予想が合理的か否かを論ぜよ．

問 93. 問 83 を参考に，自由度 10 の χ^2 分布と自由度 15 の χ^2 分布に対して，定理 11.1 で与える確率変数が自由度 $(10,15)$ の F 分布に従うことを数値的に確かめよ．

問 94. $k = 10, l = 5$ に対して，定理 11.3 に与えた $f(X)$ と式 (11.1) とが一致することを積分の近似計算で数値的に確かめよ．

問 95. 問 83 を参考に，正規分布 $N(1,1)$ に従う標本 x_1, x_2, x_3 と正規分布 $N(3,1)$ に従う標本 y_1, y_2, y_3, y_4 に対して，定理 11.5 で与える確率変数が自由度 $(2,3)$ の F 分布に従うことを数値的に確かめよ．

第 12 講

平均の比較と分布

第 12 講は，平均の比較を考察します．

ポイント 12.1. t 分布

標準正規分布に従う確率変数 X と，それとは独立な自由度 k の χ^2 分布に従う確率変数 Y に対し，確率変数

$$T = X \Big/ \sqrt{Y/k}$$

が従う分布が自由度 k の t **分布**です．t 分布は，これまでと同様，自由度ごとに異なる形状をもちます（図 12.1，12.2 参照）．また，その累積分布関数の値の導出も t **分布表**（表 4.8）などに頼らざるをえません．

ポイント 12.2. 関連 2 群の差の検定

t 分布は，母平均を調べる際，基本となる分布です．ある正規母集団 X の母平均 μ_X がある値 a と等しいかどうかを考えます．これを，

$$\mu_X = a \text{ か否か？} \quad \Rightarrow \quad \mu_X = a \text{ と仮定するとどうなるか？}$$

と考えます．母集団 X から，ある程度の長さ l の標本を取ります．母平均 μ_X の推定には標本平均 $\overline{x}$ を用いること（大数の法則），$\overline{x}$ が分布 $N(\mu_X = a, \sigma_X^2/l)$ に従うこと（中心極限定理），そして，正規分布は正規化し，標準正規分布に帰着させ考える（定理 7.10）ことから，

$$\mu_X = a \quad \Rightarrow \quad a \simeq \overline{x} \quad \Rightarrow \quad 0 \simeq (\overline{x} - a) \Big/ \sqrt{\sigma_X^2/l} \ (\text{標準正規分布})$$

となります．母分散 σ_X^2 の推定には不偏分散 u_x^2 を用いるので，結局考えるべきは，

$$\frac{\overline{x} - a}{\sqrt{\sigma_X^2/l}} \simeq \frac{\overline{x} - a}{\sqrt{u_x^2/l}} = \frac{(\overline{x} - a) \Big/ \sqrt{\sigma_X^2/l}}{\sqrt{\frac{(l-1)u_x^2/\sigma_X^2}{l-1}}} = \frac{\text{標準正規分布}}{\sqrt{\frac{\text{自由度 } l-1 \text{ の } \chi^2 \text{ 分布}}{l-1}}} = \text{自由度 } l-1 \text{ の } t \text{ 分布}$$

です．3 番目の等号は定理 10.14 によるため，正規母集団の仮定を安易に緩めることはできません．

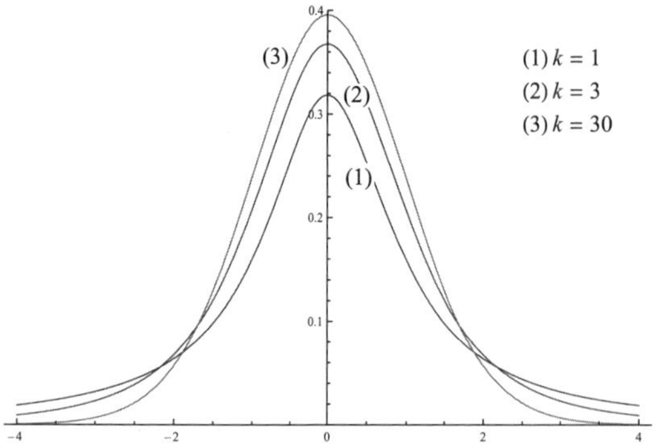

図 12.1 t 分布の確率密度関数

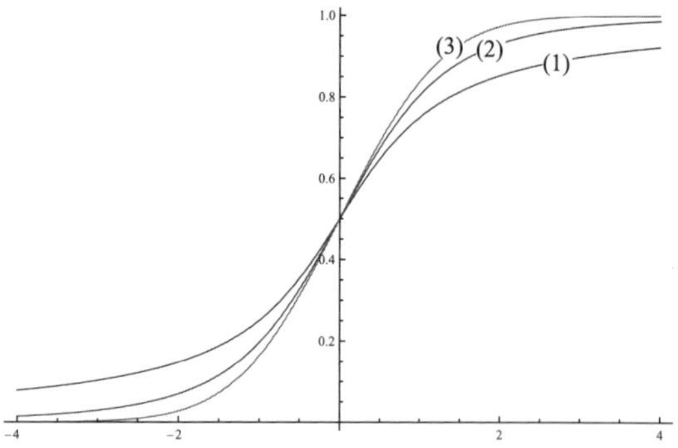

図 12.2 t 分布の累積分布関数

ポイント 12.3. 独立 2 群の差の検定

独立な正規母集団 X, Y に対して，$\mu_X = \mu_Y$ かどうかに興味があるとします．これを，

$$\mu_X - \mu_Y = 0 \text{ か否か？} \quad \Rightarrow \quad \mu_X - \mu_Y = 0 \text{ と仮定するとどうなるか？} \quad \Rightarrow \quad \overline{x} - \overline{y} \simeq 0$$

と考えます．正規分布の再生性 (定理 7.9 参照) より，確率変数 $\overline{x}-\overline{y}$ は分布 $N(\mu_X-\mu_Y = 0, \sigma_X^2/k+\sigma_Y^2/l)$ に従うことは分かっています．ただし，母集団 X から長さ k の，Y から長さ l の標本を取りだすとしました．正規分布は標準正規分布に帰着させ調べるべきですし，母分散の推測は不偏分散を用いて行うべきなので，調べるべきは，

$$\frac{\overline{x}-\overline{y}}{\sqrt{\sigma_X^2/k + \sigma_Y^2/l}} \simeq 0 \text{ (標準正規分布)} \quad \Rightarrow \quad \frac{\overline{x}-\overline{y}}{\sqrt{u_x^2/k + u_y^2/l}} \simeq 0 \qquad (12.1)$$

ですが，式 (12.1) の右辺が従う分布は複雑なので，簡略化し取り扱います．古典的には，母分散が等しい ($\sigma_X = \sigma_Y (= \sigma)$) という条件を課すことが多く，この場合，非常に巧妙なやり方になりますが，

$$E\left((k-1)\cdot u_x^2 + (l-1)\cdot u_y^2\right) = (k-1)\sigma^2 + (l-1)\sigma^2 = (k+l-2)\sigma^2$$

を利用して，

$$\frac{\overline{x}-\overline{y}}{\sqrt{\sigma_X^2/k + \sigma_Y^2/l}} = \frac{\overline{x}-\overline{y}}{\sqrt{\frac{k+l}{kl}\sigma^2}} \text{ (標準正規分布)} \quad \Rightarrow \quad \frac{\overline{x}-\overline{y}}{\sqrt{\frac{k+l}{kl}\frac{(k-1)\cdot u_x^2+(l-1)\cdot u_y^2}{k+l-2}}}$$

とみることで，定理 10.14 と定理 10.7（χ^2 分布の和は χ^2 分布）より，

$$\frac{\overline{x}-\overline{y}}{\sqrt{\frac{k+l}{kl}\frac{(k-1)\cdot u_x^2+(l-1)\cdot u_y^2}{k+l-2}}} = \frac{(\overline{x}-\overline{y})\Big/\sqrt{\frac{k+l}{kl}\sigma^2}}{\sqrt{\frac{1}{k+l-2}\left(\frac{(k-1)\cdot u_x^2}{\sigma^2} + \frac{(l-1)\cdot u_y^2}{\sigma^2}\right)}} = \frac{\text{標準正規分布}}{\sqrt{\frac{\text{自由度 } k+l-2 \text{ の } \chi^2 \text{ 分布}}{k+l-2}}} = \text{自由度 } k+l-2 \text{ の } t \text{ 分布}$$

と考えます．なお，現在は，式 (12.1) の右辺を t 分布で近似するウエルチによる手法（定理 12.12 参照）がよく使われるようになってきています．

12.1 t 分布

平均の比較の基本となるのが t 分布ですが，これは以下のように定義されます．

定義 12.1. t **分布**

標準正規分布に従う確率変数 X と，それとは独立な自由度 k の χ^2 分布に従う確率変数 Y に対して，確率変数

$$T = X \Big/ \sqrt{Y/k}$$

が従う（確率密度関数が原点を通る垂直な線について左右対称な）分布を自由度 k の t **分布**とよぶ．

F 分布の定義（定義 11.1）から，次が成り立つことは明らかです．

定理 12.2. t **分布と** F **分布**

確率変数 T が自由度 k の t 分布に従うとき，T^2 は分布 $F(1,k)$ に従う．

t 分布の確率密度関数と期待値・分散は以下の通りです．

定理 12.3. t **分布の確率密度関数**

自由度 k の t 分布の確率密度関数は，

$$f(X) = \frac{G(k+1)}{\sqrt{k\pi}G(k)}\left(1 + \frac{X^2}{k}\right)^{-\frac{k+1}{2}}$$

である．ただし，値 $G(k)$ は定理 10.9 と同様である．

定理 12.4. t **分布の期待値・分散**

自由度 k の t 分布の期待値は 0 であり，分散は $k > 2$ のとき $k/(k-2)$ である．

解説. 定義 12.1 より，確率密度関数 $f(X)$ は，原点を通る垂直な線について左右対称なので $f(X) = f(-X)$ です．次に，定理 5.12 と定理 12.2 より，$f(X)$ と，分布 $F(1,k)$ の確率密度関数 $h(X^2)$ の間には，

$$h(X^2) = (f(X) + f(-X))/(2X) = f(X)/X$$

の関係が成立しなければなりません．したがって，定理 11.3 より，t 分布の確率密度関数は

$$f(X) = h(X^2)X = h(X^2)T = \frac{k^{k/2}G(k+1)}{G(k)G(1)}\left(X^2 + k\right)^{-\frac{k+1}{2}}$$

となることが分かります．定理 10.9 より，$G(1) = \sqrt{\pi}$ を代入して t 分布の確率密度関数が得られます．なお，期待値・分散は，面倒な積分の計算問題ですので，本書ではその証明は割愛します．

なお，このようにして得られる t 分布の確率密度関数のグラフの概形を図 12.1 に，その累積分布関数のグラフの概形を図 12.2 に示します．また，これまでと同様，t 分布の累積分布関数の値を求めることは簡単ではありませんので，その累積分布関数の値の近似値を付録の表 4.8 に与えておきます．

図12.3から想像できる通り，t 分布と正規分布の間には以下の関係があります．

定理 12.5. *t* **分布と正規分布**

自由度 k が十分に大きなとき，t 分布はほぼ標準正規分布とみなせる．

解説. 確率変数 X は標準正規分布に従い，確率変数 Y は χ^2 分布に従うとします．

定理 10.11，定理 6.8，定理 6.9 より，自由度 k が十分に大きなとき，Y/k は正規分布 $N(1, 2/k)$ に従うと考えてよいのですが，k が十分に大きなことから，その分散は $2/k \simeq 0$ です．確率密度関数の形状を考慮すると，確率変数 Y/k は，定数 1 を確率変数とみたものとほぼ同じです．したがって，$\sqrt{Y/k} \simeq \sqrt{1} = 1$ となり，t 分布の定義（定義 12.1）から，

$$T = X \Big/ \sqrt{Y/k} \simeq X/1 = X$$

となることが分かります．

12.2 標本平均・分散と t 分布

F 分布でも利用した定理 10.14 から，t 分布と標本平均・分散に次の関係があることが分かります．

定理 12.6. *t* **分布と標本平均・標本分散**

正規母集団 X から取り出された長さ k の標本に対して，確率変数

$$t = (\overline{x} - \mu_X) \Big/ \sqrt{s_x^2/(k-1)} = (\overline{x} - \mu_X) \Big/ \sqrt{u_x^2/k}$$

は自由度 $k-1$ の t 分布に従う．

解説. 定理 9.4 と定理 9.5 より，標本平均 $\overline{x}$ の正規化は $z = (\overline{x} - \mu_X) \Big/ \sqrt{\sigma_X^2/k}$ です．また，正規分布の再生性（定理 7.9）より，確率変数 z は標準正規分布に従います．定理 10.14 より，確率変数

$$w = (k \cdot s_x^2) \big/ \sigma_X^2 = ((k-1) \cdot u_x^2) \big/ \sigma_X^2$$

は自由度 $k-1$ の χ^2 分布に従い，さらに，標本平均 $\overline{x}$ と独立です．正規化は，スカラー倍と平行移動の組み合わせですから，w と $\overline{x}$ が独立ならば，w と z も独立となり，定義 12.1 より，確率変数

$$t = \frac{z}{\sqrt{w/(k-1)}} = \frac{\overline{x} - \mu_X}{\sqrt{s_x^2/(k-1)}} = \frac{\overline{x} - \mu_X}{\sqrt{u_x^2/k}}$$

は自由度 $k-1$ の t 分布に従うことが分かります．

解説. 本定理の著しい特徴は，確率変数 t が，母平均 μ_X が既知のとき統計量となることであり，この特徴を利用することで，次に挙げる例のような議論が行えることです．このような形式の議論は，**関連 2 群の差の検定**とよばれています．

例 73. ある食品に最高血圧を変化させる効果があるかどうかに興味があるとしましょう．

無作為に 5 人を選び最高血圧を測った（この結果を t_b と置きます）あと，問題の食品を一定量食べてもらいます．十分に消化されるだけの時間を置き，ふたたび最高血圧を測った（この結果を t_a と置きます）結果が

t_b	111	130	96	162	121
t_a	100	122	94	142	115
$x = t_b - t_a$	11	8	2	20	6

になったとしましょう．いま，興味の対象となっているのは，変化するか否かですから，みるべき値（標本）は，上の表の x の欄です．

最高血圧は正規分布するとしておきます．また，食品は血圧を変化させないと仮定（$\mu_X = 0$）しましょう．いま，定理 12.6 で定義された統計量 $t \simeq 3.106$ です．付録表 4.8 より，$t > 2.776$ となる確率は 2.5% ですので，問題の食品が最高血圧の変化を起こさない確率は 2.5% 未満であり，さすがにこれだけ低い確率だと問題の食品には最高血圧を下げる効果があると結論づけるべきでしょう．

なお，実際の最高血圧は，きれいに正規分布するわけではありません．したがって，かなり標本数を増やさないと，上記のような議論が正しいとはみなされません．

定理 12.7. t 分布の頑健性 1

母集団 X から取り出された長さ k の標本に対して，確率変数

$$t = (\overline{x} - \mu_X) \Big/ \sqrt{s_x^2/(k-1)} = (\overline{x} - \mu_X) \Big/ \sqrt{u_x^2/k}$$

が従う確率分布は，自由度 $k - 1$ の t 分布に近いと考えてよいことが多い．

解説. 定理 12.6 は，定理 10.14 から導かれていますので，理論的には正規母集団の仮定を緩めることはできません．しかし，シミュレーション研究により，ある程度標本数が多ければ，仮定を緩めてよいということが確かめられているようです．

12.3 標本平均の差と t 分布

定理 12.6 を利用して，母平均 μ_X がある値と等しいか否かについて議論できるようになりましたので，次は，独立な母集団 X と Y の母平均が同じか否かをどのように取り扱うのかについて考えましょう．

興味があるのは，母平均の差が $\mu_X - \mu_Y = 0$ となるか否かです．母平均の差 $\mu_X - \mu_Y$ の予測値として最も

適当な値（統計量）は $\overline{x}-\overline{y}$ であることはほぼ明らかですが，この差に対して，以下の定理が成立します．

定理 12.8. 正規母集団の標本平均の差

独立な正規母集団 X と Y から，それぞれ k 個と l 個の標本を取り出す．このとき，標本平均の差 $\overline{x}-\overline{y}$ は正規分布 $N(\mu_X-\mu_Y, \sigma_X^2/k+\sigma_Y^2/l)$ に従う．

解説. 正規母集団 X と Y なので，正規分布の再生性（定理 7.9）より，$\overline{x}$ と $\overline{y}$ は正規分布に従い，ふたたび，再生性より，$\overline{x}-\overline{y}$ も正規分布に従うことが分かります．また，定理 9.4 と 9.5 より，

$$E(\overline{x}-\overline{y})=E(\overline{x})-E(\overline{y})=\mu_X-\mu_Y, \quad V(\overline{x}-\overline{y})=V(\overline{x})+V(\overline{y})=\sigma_X^2/k+\sigma_Y^2/l$$

となることもすぐに分かります．

定理 12.9. 正規母集団の標本平均の差の正規化

独立な正規母集団 X と Y から，それぞれ長さ k と l の標本を取り出す．このとき，確率変数

$$z=\frac{(\overline{x}-\overline{y})-(\mu_x-\mu_Y)}{\sqrt{\sigma_X^2/k+\sigma_Y^2/l}}$$

は標準正規分布に従う．

解説. 本定理の確率変数 z の定義式は，定理 12.8 より，確率変数 $\overline{x}-\overline{y}$ の正規化です．したがって，確率変数 z が標準正規分布に従うことは明らかです．

定理 12.10. t **分布と標本平均の差（等分散）**

母分散の等しい独立な正規母集団 X と Y から，それぞれ長さ k と l の標本を取り出す．このとき，確率変数

$$t=\frac{(\overline{x}-\overline{y})-(\mu_X-\mu_Y)}{\sqrt{\frac{1}{k}+\frac{1}{l}}}\Bigg/\sqrt{\frac{ks_x^2+ls_y^2}{k+l-2}}=\frac{(\overline{x}-\overline{y})-(\mu_X-\mu_Y)}{\sqrt{ks_x^2+ls_y^2}}\sqrt{\frac{kl(k+l-2)}{k+l}}$$

は自由度 $k+l-2$ の t 分布に従う．

解説. 確率変数 $w_x=k\cdot s_x^2\big/\sigma_X^2$ と $w_y=l\cdot s_y^2\big/\sigma_Y^2$ はそれぞれ自由度 $k-1$ と $l-1$ の χ^2 分布に従う（定理 10.14）ので，χ^2 分布の再生性（定理 10.7）から，$w_x+w_y=k\cdot s_x^2\big/\sigma_X^2+l\cdot s_y^2\big/\sigma_Y^2$ は自由度 $k+l-2$ の χ^2 分布です．したがって，t 分布の定義（定義 12.1）より，確率変数

$$t=\frac{z}{\sqrt{(w_k+w_l)/(k+l-2)}}=\frac{(\overline{x}-\overline{y})-(\mu_X-\mu_Y)}{\sqrt{\sigma_X^2/k+\sigma_Y^2/l}}\sqrt{\frac{k+l-2}{k\cdot s_x^2/\sigma_X^2+l\cdot s_y^2/\sigma_Y^2}}$$

は自由度 $k+l-2$ の t 分布に従います．分散を $\sigma_X^2=\sigma_Y^2=\sigma^2$ とおけば定理の式が得られます．

本定理と定理 11.5 の組み合わせが，独立な母集団 X と Y の母平均が同じか否かを判定する枠組みの基本です．本定理は，母平均だけでなく，「母分散が等しい」という条件を満たさなければ使えません．つまり，本定理を使う前に，母分散が等しいか否かについて検討しておかなければなりません．そして，定理 11.5 はまさにこの検討を行うためのものです．したがって，本定理を実際に使うには以下のような議論を行わねばなりません．

例 74. 例 71 と同じ標本を使い，ある運動が男性の平均身長に影響を与えるか否かを検討してみましょう．運動経験者の男性 5 人（x と置きます）と未経験者 5 人（y と置きます）の身長の計測結果は

x	185	179	182	175	173
y	170	171	168	175	166

でした．すでに，例 71 で「運動経験の有無が身長の分散に影響を与えるかどうかはよく分からない」という結論が得られています．したがって，とりあえず，母集団 X と Y の母分散は等しいと仮定して議論を進めることに無理はありません．

いま，母平均に差はない，と仮定しましょう．このとき，定理 12.10 より，

$$t = \frac{178.8 - 170}{\sqrt{5 \times 19.36 + 5 \times 9.2}} \sqrt{\frac{5 \times 5 \times (5 + 5 - 2)}{5 + 5}} \simeq 3.293$$

は自由度 $5 + 5 - 2 = 8$ の t 分布に従います．付録表 4.8 より，$t > 2.896$ となる確率は 1% 未満ですから，母平均に差はないという仮定には相当に無理があることが分かります．つまり，この場合は「運動経験の有無は平均身長に影響を与える」と結論づけるべきでしょう．

母分散が等しいとはいえない場合はどうすればよいのでしょうか．この場合，次に 2 つの定理のいずれかを使えます．

定理 12.11. t 分布の頑健性 2

独立な正規母集団 X と Y から，それぞれ，同じ長さ k の標本を取り出す．このとき，確率変数

$$t = \frac{((\overline{x} - \overline{y}) - (\mu_X - \mu_Y))\sqrt{k-1}}{\sqrt{s_x^2 + s_y^2}}$$

が従う確率分布は，自由度 $2(k-2)$ の t 分布に近いと考えてよいことが多い．

解説. 本定理の確率変数 t の定義式は，定理 12.10 の t の定義式に $l = k$ を代入して得られます．また，この定理も，定理 12.7 と同様，シミュレーション研究による結果です．

なお，標本分散が大きく違う場合，本定理は成立せず，この場合，次に紹介するウエルチの手法を利用した方がよいとされているようです．

定理 12.12. *t* **分布と標本平均の差（異分散）**

独立な正規母集団 X と Y から，それぞれ長さ k と l の標本を取り出す．このとき，確率変数

$$t_f = \frac{(\overline{x} - \overline{y}) - (\mu_X - \mu_Y)}{\sqrt{u_x^2/k + u_y^2/l}}$$

の確率分布は，自由度 f の t 分布に近い．ただし，

$$f = \left(\frac{\sigma_X^2}{k} + \frac{\sigma_Y^2}{l}\right)^2 \Bigg/ \left(\frac{\sigma_X^4}{k^2(k-1)} + \frac{\sigma_Y^4}{l^2(l-1)}\right) \sim \left(\frac{u_x^2}{k} + \frac{u_y^2}{l}\right)^2 \Bigg/ \left(\frac{u_x^4}{k^2(k-1)} + \frac{u_y^4}{l^2(l-1)}\right)$$

である．この自由度 f の近似式は，**ウエルチ・サタスウェイトの近似式**とよばれる．

解説．本定理はこれまでのものとは違い，近似的な考察により得られたものであることを注意しておきます．定理に現れる近似式は，以下のような考察で得られたものです．ここでは，分かりやすくするために，自由度 k の χ^2 分布に従う確率変数を，記号 χ_k^2 で表しましょう．

定理 10.14 より，$\frac{(k-1)\cdot u_x^2}{\sigma_X^2} = \chi_{k-1}^2, \frac{(l-1)\cdot u_y^2}{\sigma_Y^2} = \chi_{l-1}^2$，定理 12.9 より，$z = \frac{(\overline{x}-\overline{y})-(\mu_X-\mu_Y)}{\sqrt{\sigma_X^2/k+\sigma_Y^2/l}}$ が標準正規分布に従うことが分かっています．ここで，$a = \frac{l\sigma_X^2}{(k-1)(l\sigma_X^2+k\sigma_Y^2)}, b = \frac{k\sigma_Y^2}{(l-1)(l\sigma_X^2+k\sigma_Y^2)}$ とおくと，

$$t_f = \frac{(\overline{x} - \overline{y}) - (\mu_X - \mu_Y)}{\sqrt{u_x^2/k + u_y^2/l}} = \frac{(\overline{x} - \overline{y}) - (\mu_X - \mu_Y)}{\sqrt{\sigma_X^2/k + \sigma_Y^2/l}} \times \sqrt{\frac{\sigma_X^2/k + \sigma_Y^2/l}{u_x^2/k + u_y^2/l}} = \frac{z}{\sqrt{a\chi_{k-1}^2 + b\chi_{l-1}^2}}$$

となるのですが，χ^2 分布の再生性（定理 10.7）より，$\chi_{k-1}^2 + \chi_{l-1}^2$ は自由度 $k+l-2$ の χ^2 分布ですので，$a\chi_{k-1}^2 + b\chi_{l-1}^2$ も χ^2 分布の定数倍に近い，つまり，

$$a\chi_{k-1}^2 + b\chi_{l-1}^2 \sim g\chi_f^2$$

と思うことにしましょう．

近い分布なのですから，期待値と分散は一致するはずです．自由度 k の χ^2 分布の期待値と分散は，それぞれ $k, 2k$（定理 10.10）ですから，これは

$$gf = E(g\chi_f^2) = E(a\chi_{k-1}^2 + b\chi_{l-1}^2) = aE(\chi_{k-1}^2) + bE(\chi_{l-1}^2) = a(k-1) + b(l-1),$$
$$2g^2 f = V(g\chi_f^2) = V(a\chi_{k-1}^2 + b\chi_{l-1}^2) = a^2 V(\chi_{k-1}^2) + b^2 V(\chi_{l-1}^2) = 2a^2(k-1) + 2b^2(l-1)$$

だということです．これを f, g について解くと，

$$f = \frac{\{a(k-1) + b(l-1)\}^2}{a^2(k-1) + b^2(l-1)}, \qquad g = \frac{a^2(k-1) + b^2(l-1)}{a(k-1) + b(l-1)} \tag{12.2}$$

が得られます．この f に，a, b の値を代入して，本定理の自由度 f の等式が得られます．また，

$$t_f = \frac{z}{\sqrt{a\chi_{k-1}^2 + b\chi_{l-1}^2}} \sim \frac{z}{\sqrt{g\chi_f^2}} = \frac{1}{\sqrt{fg}} \frac{z}{\sqrt{\chi_f^2/f}} = \frac{1}{\sqrt{a(k-1) + b(l-1)}} \frac{z}{\sqrt{\chi_f^2/f}} = \frac{z}{\sqrt{\chi_f^2/f}}$$

と t 分布の定義（定義 12.1）より確率変数 t_f の確率分布は自由度 f の t 分布に近いことも分かります．なお，本定理の自由度 f の近似式は，母分散 σ_X^2, σ_Y^2 をその最も適当な予想値 u_x^2, u_y^2 で置き換えただけのものであることを合わせて注意しておきます．

定理 12.13. ***t* 分布の頑健性 3**

独立な母集団 X と Y について，標本数がある程度大きいとき，ウエルチ・サタスウェイトの近似式で定めた値 f について，

$$t_f = \frac{(\overline{x} - \overline{y}) - (\mu_X - \mu_Y)}{\sqrt{u_x^2/k + u_y^2/l}}$$

の確率分布は，自由度 f の t 分布に近いと考えてよいことが多く，さらに，それらの母分散が等しいならば，

$$t = \frac{(\overline{x} - \overline{y}) - (\mu_X - \mu_Y)}{\sqrt{\frac{1}{k} + \frac{1}{l}}} \Bigg/ \sqrt{\frac{ks_x^2 + ls_y^2}{k + l - 2}} = \frac{(\overline{x} - \overline{y}) - (\mu_X - \mu_Y)}{\sqrt{ks_x^2 + ls_y^2}} \sqrt{\frac{kl(k + l - 2)}{k + l}}$$

は自由度 $k + l - 2$ の t 分布に近いと考えてよいことが多い．

解説．まず，本定理の確率変数 t_f は定理 12.12 と，確率変数 t は定理 12.10 のものと同一であることを注意しておきます．つまり，本定理は，定理 12.12 と 12.10 が正規母集団の仮定を満たさなくてもある程度成立することを主張しています．なお，本定理も，定理 12.7 や 12.11 と同じく，シミュレーション研究によるものです．したがって，確実に成立する結果ではないことに注意が必要です．

例 75. 例 71 と同じ標本を使い，ある運動が男性の平均身長に影響を与えるか否かをもう一度検討してみましょう．ただし，例 74 とは違い，今度は等分散ではないとして検討します．

標本分散の値は，運動経験ありが $s_x^2 = 19.36$，なしが $s_y^2 = 9.2$ であり，2 倍以上の開きがあります．したがって，今回は定理 12.12 を使うべきでしょう．

母平均に差はない，と仮定します．定理より，

$$t_f = \frac{178.8 - 170}{\sqrt{24.2/5 + 11.5/5}} \simeq 3.293$$

は自由度 f の t 分布に従うとみてかまいません．ここで自由度 f はウエルチ・サタスウェイトの近似式から，

$$f = \left(\frac{24.2}{5} + \frac{11.5}{5}\right)^2 \Bigg/ \left(\frac{24.2^2}{5^2 \times (5 - 1)} + \frac{11.5^2}{5^2 \times (5 - 1)}\right) \simeq 7.101 \simeq 7$$

となります．付録表 4.8 より，$t_f > 2.998$ となる確率は 1% 未満ですから，例 74 と同じく，この場合も母平均に差はないという仮定にはかなり無理があることになります．したがって，この場合は「運動経験の有無は平均身長に影響を与える」と結論付けるのが自然なことが分かりました．

演習問題

問 96. 定理 12.3 を用いて，自由度 $1,3,30$ の t 分布の確率密度関数を求め，そのグラフの概形を描き，図 12.1 と一致することを確かめよ．また，これら分布の累積分布関数のグラフを積分の近似計算で描き，それが図 12.2 と一致することを確かめよ．また，自由度 100 の t 分布の確率密度関数のグラフを描き，それが標準正規分布の確率密度関数のグラフとほぼ変わらないことを確かめよ．

問 97. 定理 12.3 を用いて，自由度 5 の t 分布の確率密度関数を求め，積分の近似計算により，その分散が定理 12.4 で与えた値 $5/(5-2) \simeq 1.6$ となることを確かめよ．

問 98. 定理 12.6, 12.10, 12.12 で与えた値 t がそれぞれ統計量か否かをその理由と共に答えよ．

問 99. 確率変数 X は自由度 30 の t 分布に従うとする．確率変数 X が 1.31 以下の値を取る確率の概算値を付録表 4.8 を用いて求めよ．また，ある定数 $a > 0$ について，95% の確率で確率変数 X は $-a < X \leq a$ の間の値になるとする．定数 a の近似値を求めよ．

問 100. 正規母集団 $N(0, \sigma_X^2)$ から標本 $1,2,4,7$ が取り出されたとする．定理 12.6 で与えた値 t を計算せよ．また，この正規母集団から取り出された同じ長さの別の標本を使い，同様に計算された値が，先ほど計算した値以上となる確率の概算値を付録表 4.8 を用いて求めよ．

問 101. 母分散が等しく，母平均が等しいと予想されている独立な正規母集団から，標本 $1,2,4,7$ と $3,10,11$ が取り出されたとする．定理 12.10 で与えた値 t の絶対値を計算せよ．また，これ以上の値が現れる確率がどの程度かを付録表 4.8 を用いて求め，母平均が等しいという予想が合理的か否かを論ぜよ．

問 102. 母平均が等しいと予想されている母分散の異なる正規母集団から，標本 $1,2,4,7$ と $3,10,11$ が取り出されたとする．定理 12.12 で与えた値 t_f の絶対値とウエルチ・サタスウェイトの近似式による自由度 f の値を求めよ．また，これ以上の値が現れる確率がどの程度かを付録表 4.8 を用いて求め，母平均が等しいという予想が合理的か否かを論ぜよ．

問 103. 問 83 を参考に，標準正規分布に従う確率変数 X と自由度 7 の χ^2 分布に従う確率変数 Y に対して，定義 12.1 で与えた確率変数 T が自由度 7 の t 分布に従うことを数値的に確かめよ．

問 104. 問 83 を参考に，正規分布 $N(1,5)$ に従う標本 x_1, x_2, x_3 に対して，定理 12.6 で与える確率変数 t が自由度 2 の t 分布に従うことを数値的に確かめよ．

問 105. 問 83 を参考に，正規分布 $N(2,3)$ に従う標本 x_1, x_2 と y_1, y_2, y_3 に対して，定理 12.10 で与える確率変数が自由度 $2+3-2=3$ の t 分布に従うことを数値的に確かめよ．

問 106. 問 83 を参考に，正規分布 $N(2,1)$ に従う標本 x_1, x_2 と正規分布 $N(2,3)$ に従う標本 y_1, y_2, y_3 に対して，定理 12.12 で与える確率変数が自由度 f の t 分布にほぼ従うことを数値的に確かめよ．また，ウエルチ・サタスウェイトの近似式を用いた自由度の近似値とその真の値を比較せよ．

第 III 部

検定から予測へ

第 II 部で，われわれは，標本平均に対応する分布が正規分布であり，このことから，標本分散を調べるための分布が χ^2 分布であることを導きました．また，これらから，分散の比較を調べるための分布が χ^2 分布の比で定義される F 分布であること，そして，標本平均を比較するための分布が標準正規分布を χ^2 分布の平方根で割ることで定義される t 分布であることを導きました．これらは，平均と分散を統計的（確率的）に議論するための基本的な道具というべきものでしょう．

では，これらの道具はどのように使われるのでしょうか．

その方法は，「点推定」「区間推定」「統計的仮説検定」の 3 つに大別できます．

これらのうち，点推定は，標本から，最も適切な母平均や母分散の値などを推測すること，そして，区間推定は，点推定で推定した母平均や母分散などが取り得るであろう値の範囲を推測することです．母平均の最も適切な推測値は標本平均であり，母分散のそれは不偏分散でした．したがって，母平均と母分散に限れば，点推定の方法は，単に標本平均と不偏分散を計算するだけのことです．また，区間推定もわざわざ章を割いて説明しなければならないほど難しくはありません（区間推定の実際については本書の付録をご覧ください）．しかし，統計的仮説検定は違います．

統計的仮説検定では，背理法によく似た，あまり直感的とは言い難い議論を経て結論を導く手法です．背理法は，使いこなすのにかなりの訓練が必要だったことを思い出してください．統計的仮説検定は，確率についての考察を含んだ背理法というべき手法です．つまり，その議論の形式はかなり複雑にならざるを得ませんし，さらに，合わせて考慮しておかなければならないことがいろいろ出てきます．しかし，統計的仮説検定は，非常によく使われる手法なのです．

第 III 部は，統計的仮説検定について理解することを目標としています．これは単に，その議論の形式と注意点を理解することだけが目標なのではなく，背後にある「モデル」という考え方を理解することを含んでいます．

現在，統計的仮説検定の使用は，その誤解と誤用の多さから，大きな批判にさらされています．統計的仮説検定の枠組みそのものに間違いはありません．しかし，統計的仮説検定のみを用いて議論を組み立てることは，誤解と誤用を招くとして，推奨されなくなりつつあります．統計的仮説検定の背後には「モデル」があります．つまり，どのようなモデルを考察しているのかを明らかにして，議論を組み立てることが求められるようになってきているのです．

第 13 講

統計的仮説検定

第 13 章は，統計的仮説検定について解説します．

ポイント 13.1. 統計的仮説検定

1. 正規母集団 X の母平均 μ_X や母分散 σ_X^2 に代表される，値を指定することで分布が確定するような定数を**母数**といいます．そして，このような母数，または確率分布ついての，独立な正規母集団 X と Y について「$\sigma_X^2 = \sigma_Y^2$ が成立する」のような宣言が**統計的仮説**です．
2. 統計的仮説は「差がない」「効果がない」のような**帰無仮説**の形で宣言します．帰無仮説は記号 H_0 で表されます（例．$H_0 : \sigma_X^2 = \sigma_Y^2$）
3. 帰無仮説の逆が**対立仮説**であり，記号 H_1 で表わされます．帰無仮説が「$H_0 : \sigma_X^2 = \sigma_Y^2$」なら，対立仮説は「$H_1 : \sigma_X^2 \neq \sigma_Y^2$」です．
4. 統計的仮説検定とは，対立仮説を支持するか否かを決める次のような手続きのことです．
   - STEP.1　帰無仮説 H_0 と**有意水準**とよばれる確率 α を設定します．有意水準 α は，普通 0.05 か 0.01 に設定します．ここでは，正規母集団 X と Y に対して $H_0 : \sigma_X^2 = \sigma_Y^2$，有意水準 $\alpha = 0.05$ を設定しておきましょう．
   - STEP.2　適当な検定統計量を算出します．ここでは，独立な正規母集団 X と Y から，それぞれ 5 個の標本を取り出し，その不偏分散の比 $f = u_x^2/u_y^2$ を計算し，その結果が $f \simeq 2.104$ になったとしておきましょう（例 71）．
   - STEP.3　帰無仮説 H_0 のもと，検定統計量が理論的に従う確率分布と α から，**棄却域**を算出します．今回計算した値 f は分布 $F(4,4)$ に従います（定理 11.5）．分布 $F(4,4)$ の場合，帰無仮説 H_0 が成立する可能性が $\alpha = 0.05 = 5\%$ 以下となるのは，$f \geq 6.399$ となるときです．この $f \geq 6.399$ を**棄却域**といい，$f = 6.399$ を**棄却限界値**とよびます．
   - STEP.4　棄却域に検定統計量が含まれるときは帰無仮説を棄却し，対立仮説を採用します．今回は，$f \simeq 2.104 < 6.399\ldots$ なので，帰無仮説を棄却できません．
5. 統計的仮説検定の結果は**有意**という言葉で報告されることが普通です．たとえば，帰無仮説「$H_0 : \sigma_X^2 = \sigma_Y^2$」を設定した場合は，帰無仮説を棄却できない場合は「σ_X^2 と σ_Y^2 に有意な差はない」と，帰無仮説を棄却した場合は「σ_X^2 と σ_Y^2 に有意な差がある」と報告します．

検定結果	真実	
	H_0 が真（H_1 が偽）	H_0 が偽（H_1 が真）
H_0 を棄却しない	正しい判断	第 2 種の誤り（β）
H_0 を棄却	第 1 種の誤り（危険率 $\leq \alpha$）	正しい判断（検定力 $= 1 - \beta$）

表 13.1　第 1 種の誤りと第 2 種の誤り．α と β.

ポイント 13.2. 第 1 種の誤りと第 2 種の誤り

1. 帰無仮説が正しいのに，それを棄却してしまうことを**第 1 種の誤り**とよび，第 1 種の誤りを犯す確率を**危険率**とよびます．危険率はその意味から，有意水準 α 以下の値となることは明らかです．
2. 対立仮説が正しいのに，それを支持しないことを**第 2 種の誤り**とよびます．第 2 種の誤りを犯す確率は β と記されます．
3. 第 2 種の誤りを犯さない確率 $1 - \beta$ のことを**検出力**とよびます．
4. 検出力は，一般に，問題とされている母数の正確な値が分からなければ計算できません．したがって通常は「母数が仮に＊＊＊なら，検出力が＊＊＊になる」のように考えます．この，母数と検出力の対応関係を**検出力関数**，もしくは**検出力曲線**とよびます．

ポイント 13.3. 適切な標本の長さ

標本の長さを大きくすると，一般に，第 1 種の誤りと第 2 種の誤りの可能性は双方とも低くなります．「どの程度の長さの標本を準備すべきか」については，現在「有意水準 $\alpha = 0.05 = 5\%$，検出力 $1 - \beta = 0.8 = 80\%$ 程度になるよう調整すべき」との提案がなされています．また，些細な差を検出するために，多くの標本を，莫大な手間と費用をかけ準備することはバランスを欠いた行為である，との観点から，差がどの程度なのかを**効果量**などを用いて検討すべき，とされていることもあります．

13.1　統計的仮説検定

（統計的）仮説とは何でしょうか．日本工業規格 (JIS Z 8101-1) には次のように定められています．

定義 13.1. 統計的仮説

母数，または確率分布についての宣言を**（統計的）仮説**とよぶ．帰無仮説と対立仮説がある．

定義 13.2. 母数

母集団分布の族を考えるとき，その値を指定すれば分布が確定するような定数を**母数**とよぶ．†

† パラメータ (parameter) ともよぶ．

解説．少し分かりにくい定義なので，例で説明しましょう．

硬貨を 1 枚投げ，表が出る回数に興味があるとします．この場合，母集団は 0, 1 で，その確率分布は，ベルヌーイ分布（定義 1.13 参照）です．しかし，硬貨ごとに表の出る確率は違うので，ベルヌーイ分布であることは確かですが，どのベルヌーイ分布かは確定していません．つまり，母集団は，ベルヌーイ分布という分布族のどれかであることは分かっていますが，具体的な分布は未確定です．

表が出る確率を p とします．確率 p が定まればどのベルヌーイ分布かが確定します．また，母平均は p，母分散は $p(1-p)$ ですから（例 36 参照），たとえば，期待値を 1/2 と指定すれば，分布は確定しますし，分散を 1/4 と指定しても $p(1-p) = 1/4$ の解は $p = 1/2$ ですので，分布は確定します．したがって，表が出る確率も，母平均も，母分散も「母数」の一種です．そして，母数についての宣言が（統計的）仮説ですから，「母分散を 1/9 とする」というような宣言が（統計的）仮説です．

ただし，母数の定義は，「分布が確定するような定数」であって，「分布が一つに確定するような定数」ではないことに注意してください．上の例で，母分散を 1/9 と宣言しましたが，この条件だけで，分布は一つに確定しません．なぜなら，$p(1-p) = 1/9$ を解くと，

$$p = \frac{1}{6}(3 - \sqrt{5}) \simeq 0.1273, \qquad p = \frac{1}{6}(3 + \sqrt{5}) \simeq 0.8727$$

のいずれかです．母分散が 1/9 となるベルヌーイ分布には 2 つの可能性があります．しかし，母分散を指定すれば，どのベルヌーイ分布なのかがある程度確定できるのは確かです．だから，母分散は母数の一種ですし，母分散についての上記宣言は（統計的）仮説の一種なのです．

定義 13.3. 帰無仮説

「差がない」「効果がない」というような形の仮説を**帰無仮説**とよぶ[†]．通常，H_0 で表す．

[†] **ゼロ仮説**ともよぶ．

定義 13.4. 対立仮説

帰無仮説が成り立たないときの状態を記述する仮説を**対立仮説**とよぶ．通常，H_1 で表す．

解説．ふたたび，硬貨を 1 枚投げ，表が出る回数に興味があるとし，この母集団 X の母分散 σ_X^2 が $\sigma_X^2 = 1/9$ を満たすとの仮説を設定しましょう．この仮説は，母分散 σ_X^2 と 1/9 の間に「差はない ($\sigma_X^2 - 1/9 = 0$)」と言い換えても同じことです．つまり，これは，帰無仮説の一種です．

対立仮説は，帰無仮説が成り立たない状態の記述ですから，σ_X^2 と 1/9 の間に「差がある ($\sigma_X^2 - 1/9 \neq 0$)」となります．言い換えると，母分散 σ_X^2 は 1/9 にはならない，が対立仮説です．記号を使うと，

$$H_0:\ \sigma_X^2 = 1/9,$$
$$H_1:\ \sigma_X^2 \neq 1/9$$

のように簡潔に表せます．

（統計的）検定は，以下のように定義されます．

定義 13.5. 統計的仮説検定

帰無仮説を棄却し対立仮説を支持するか，または帰無仮説を棄却しないかを観測値に基いて決めるための統計的手続きを**（統計的）検定**とよぶ．その手続きは，帰無仮説が成立しているにもかかわらず棄却する確率が α 以下になるように決められる．この α を**有意水準**という．有意水準 α で帰無仮説を棄却に導く統計的仮説検定の結果を，有意水準 α で（統計的に）**有意**であるという．

定義 13.6. 棄却域

帰無仮説が棄却される検定統計量の値の集合を**棄却域**，棄却域の限界値を**棄却限界値**とよぶ．

例 76. ある硬貨の表の出る確率と裏の出る確率が等しいかどうかに興味があるとします．この場合，考察すべき母集団 X は $0, 1$（硬貨を 1 回投げ表が出る回数）であり，帰無仮説，対立仮説として，

H_0: $\mu_X = 1/2$,
H_1: $\mu_X \neq 1/2$

を設定することになります．帰無仮説を有意水準 $\alpha = 0.05(5\%)$ に設定して検定しましょう．

硬貨を試しに 30 回投げ，標本 x として，

$$0, 1, 1, 0, 1, 1, 1, 0, 1, 1, 1, 1, 0, 1, 1, 0, 1, 0, 0, 1, 1, 1, 1, 1, 1, 1, 0, 1, 0, 1$$

が得られたとします．このとき，標本平均 $\bar{x} = 0.7$ です．

中心極限定理（定理 9.7）より，帰無仮説が正しいとするならば，標本平均 $\bar{x}$ は分布 $N(1/2, 1/120)$ に従うと考えてかまわないはずで，これから，標本平均 $\bar{x}$ は 95% の確率で $0.321 < \bar{x} \leq 0.679$ となることが分かります．すなわち，$\alpha = 0.05$ の場合の棄却域は $\bar{x} > 0.679$，もしくは $\bar{x} \leq 0.321$（棄却限界値は上が 0.679 で，下が 0.321）です．いま，標本平均 $\bar{x} = 0.7$ は棄却域に含まれるので，仮説 H_0 は棄却され，対立仮説 H_1 が採用されます．言い換えると，「硬貨には偏りがある」は 5% 有意な主張です．

解説. （統計的）検定は，例 76 と同様に，一般に背理法とよく似た次の手順で行われます．

1. 帰無仮説 H_0 と有意水準 α の設定
2. 母集団の標本から検定統計量を算出
3. 帰無仮説 H_0 のもと，検定統計量が理論的に従う確率分布と α から棄却域を導出
4. 棄却域に検定統計量が含まれるときは帰無仮説を棄却し，対立仮説 H_1 を採用

帰無仮説を採るか対立仮説を採るかを決める基準である有意水準は，5% か 1% が設定されることが多いのですが，これは，科学的な根拠による値ではなく，慣習的な値です．また，有意水準 α で帰無仮説が棄却され，対立仮説が採用されることは，「有意水準 α で（統計的に）有意である」や「α 有意である」のような言葉づかいで表現されます．

13.2 検定例

以下，実際にいくつかの検定例をみていくことにしましょう．検定は，単体で行われるとは限らないことに注意してください．

例 77. 大学生の平均心拍数は立った状態と座った状態で，差があるといえるのかについて興味があるとしましょう．この検定は一般に**関連 2 群の差の検定**とよばれるものです．

学生 15 人を無作為に選び，しばらく座った状態を保ったあと，平均心拍数を計測します．また，同様に立った状態の平均心拍数も計測し，その結果が，

番号	1	2	3	4	5	6	7	8	9	10	11	12	13	14	15
座位	69	69	75	69	60	54	57	69	66	63	60	48	54	60	60
立位	69	69	78	81	63	66	60	81	72	63	69	60	60	69	75

になったとします．このとき，母集団 X は大学生全体の立位時と安静時の平均心拍数の差，設定すべき帰無仮説と対立仮説は，

$$H_0\colon \mu_X = 0,$$
$$H_1\colon \mu_X \neq 0$$

です．帰無仮説 H_0 を有意水準 $\alpha = 0.01$ で検定しましょう．

標本は，

番号	1	2	3	4	5	6	7	8	9	10	11	12	13	14	15
差	0	0	3	12	3	12	3	12	6	0	9	15	6	9	11

のようになることから，標本平均・分散はそれぞれ約 7 と約 24.8 であることが分かります．したがって，心拍数の差が正規分布に従うのならば，定理 12.6 より，

$$t = \frac{\overline{x} - \mu_X}{\sqrt{s_x^2/(k-1)}} \simeq \frac{7-0}{\sqrt{24.8/(15-1)}} = 5.26\ldots$$

は自由度 14 の t 分布に従う確率的に定まる値です．付録表 4.8 より，$\alpha = 0.01$ の場合の棄却域は，$|t| > 2.977$ であり，$t \simeq 5.26$ はこの棄却域に含まれています．したがって，有意水準 1% で帰無仮説 H_0 は棄却され，対立仮説 H_1 が採用されます．つまり，本検定の結果は 1% 有意であり，心拍数には差があるとの結論が得られました．

例 78. 大学生の平均心拍数のばらつきは立った状態と座った状態で差があるといえるのかについて興味があるとしましょう．この検定は一般に **F 検定**とよばれるものです．

これを確かめるために，座っている学生の中から無作為に 15 人，立っている学生の中からも無作為に 15 人を選び，同時に平均心拍数を計測した結果が

番号	1	2	3	4	5	6	7	8	9	10	11	12	13	14	15
座位	69	69	75	69	60	54	57	69	66	63	60	48	54	60	60
立位	69	69	78	81	63	66	60	81	72	63	69	60	60	69	75

になったとします．このとき，考察すべき母集団は，座っている学生の平均心拍数 X と立っている学生の平均心拍数 Y で，同時刻に測っていますので，これら母集団は独立だと考えることができます．設定すべき帰無仮説と対立仮説は，

H_0: $\sigma_X^2 = \sigma_Y^2$,
H_1: $\sigma_X^2 \neq \sigma_Y^2$

です．帰無仮説 H_0 を有意水準 $\alpha = 0.05(5\%)$ で検定しましょう．

座位，立位双方について，心拍数は正規分布していると仮定します．標本平均と標本分散は

	座位	立位
標本平均	62	69
標本分散	53.6	49.2

です．したがって，座位の不偏分散は，$\frac{15}{14} \times 49.76 \simeq 52.71$，立位の不偏分散は $\frac{15}{14} \times 53.6 \simeq 57.43$ となり，定理 11.5 より，

$$f = \frac{u_x^2}{u_y^2} \simeq \frac{57.43}{52.71} \simeq 1.0894$$

は自由度 (14, 14) の F 分布に従う確率的に定まる値です．$\alpha = 0.05$ の場合の棄却域は，$f > 2.97, f < 0.34$ ですので（これは，付録表 4.7 では求められないことから，表計算ソフトを用いて求めています），仮説 H_0 は棄却できません．したがって，「座位と立位心拍数のばらつきに差があるかどうかは分からない」が本検定による結論となります．

例 79. 例 77 と同様に，大学生の心拍数は立った状態と座った状態で，差があるといえるのかについて興味があるとしましょう．ただし，今回は例 78 と同様に，立位平均心拍数と座位平均心拍数は独立な母集団からの標本だとしておきます．この検定は一般に，**等分散独立 2 群の差の検定**，もしくは **t 検定**とよばれています．

考察すべき母集団は例 78 と同じです．設定すべき帰無仮説と対立仮説は，

H_0: $\mu_X = \mu_Y$,
H_1: $\mu_X \neq \mu_Y$

です．帰無仮説 H_0 を有意水準 $\alpha = 0.05(5\%)$ と有意水準 $\alpha = 0.01(1\%)$ で検定します．

座位，立位双方について，心拍数は正規分布していると仮定します．また，例 78 より，座位平均心拍数と立位平均心拍数の母分散に差がないことは否定されなかったので，さらに，母分散が等しいと仮定することに矛盾はありません．

例 78 に標本平均・標本分散の計算結果は与えられています．これらの値と定理 12.10 より，

$$t = \frac{\overline{x} - \overline{y}}{\sqrt{ks_x^2 + ls_y^2}} \sqrt{\frac{kl(k + l - 2)}{k + l}} \simeq \frac{62 - 69}{\sqrt{15 \cdot 53.6 + 15 \cdot 49.2}} \sqrt{\frac{15^2(15 + 15 - 2)}{15 + 15}} \simeq -2.5832$$

は自由度 $15 + 15 - 2 = 28$ の t 分布に従う確率的に定まる値です．

付録表 4.8 より，$\alpha = 0.05$ の場合の棄却域は $|t| > 2.048$，$\alpha = 0.01$ の場合の棄却域は $|t| > 2.763$ ですので，有意水準 5% の場合は，仮説 H_0 は棄却され，仮説 H_0 が採用となりますが，有意水準 1% の場合は，仮説 H_0 は棄却できません．したがって，結論としては，「平均値の差は 5% 有意ではあるが，1% 有意ではない」と検定結果をそのまま報告するしかありません．

例 80. 例 79 と同じ問題を同じ標本で考察します．ただし，今度は，独立な 2 つの母集団が等分散ではないと仮定します．なお，例 78 の結果は，差があるとまではいえない，ですが，これは，差があることがほぼ確実とはみなされない，ということですから，等分散ではないという仮定にも無理はありません．この検定は一般に**異分散独立 2 群の差の検定**，もしくは**ウエルチの検定**とよばれています．

座位，立位双方について，心拍数は正規分布していると仮定します．例 78 に標本平均・不偏分散の計算結果は与えられています．これらの値と定理 12.12 より，

$$t_f = \frac{\overline{x} - \overline{y}}{\sqrt{u_x^2/k + u_y^2/l}} \simeq \frac{62 - 69}{\sqrt{57.43/15 + 52.71/15}} \simeq -2.583$$

は自由度 f の t 分布に従うと考えてかまいません．ただし，自由度 f は，ウエルチ・サタスウェイトの近似式を用いて

$$f \simeq \left(\frac{57.43}{15} + \frac{52.71}{15}\right)^2 \Bigg/ \left(\frac{57.43^2}{15^2(15 - 1)} + \frac{52.71^2}{15^2(15 - 1)}\right) \simeq 27.948 \simeq 28$$

のように導出される値です．

自由度，t_f の値が共に例 79 と非常に近く，実際の検定結果も全く例 79 と同じですので，「平均値の差は 5% 有意ではあるが，1% 有意ではない」は，比較的信頼できる結果だとみることができるでしょう．

13.3 第 1 種と第 2 種の誤り

統計的仮説検定により得られる結論は，確率的には，そのように考えるのが合理的である，というものですから，逆にいえば，少ない確率かもしれませんが，誤っている可能性があります．この誤りは次のようによばれています．

定義 13.7. 第 1 種の誤り・第 2 種の誤り

帰無仮説が真のときに，それを棄却することを**第 1 種の誤り**といい，帰無仮説が偽のときに，それを棄却できないことを**第 2 種の誤り**という†.

† それぞれ**あわてものの誤り**．**ぼんやりものの誤り**ともいわれる.

解説. 大学生の安静時と立位時の心拍数の差の平均を検討した例 79 を使って説明します．この例の場合，有意水準 5% なら帰無仮説 H_0 が棄却されましたが，有意水準 1% だと逆の結果になりました.

いま，帰無仮説 H_0 が本当は正しいとします．有意水準 1% だと，帰無仮説 H_0 は棄却されませんので，結論は，真実と矛盾しません．しかし，有意水準 5% だと，対立仮説 H_1 が採用されますので，結論は真実と矛盾します．つまり，第 1 種の誤りを犯してしまっています.

では，有意水準は 5% ではなく，1% の方が望ましいのでしょうか.

今度は対立仮説 H_1 が正しいとしましょう．この場合，有意水準 5% だと，結論と真実に矛盾はありませんが，有意水準 1% だと結論と真実に矛盾が起きます．つまり，第 2 種の誤りを犯しています.

このように，第 1 種の誤りと，第 2 種の誤りは表裏一体の関係にあり，両方の可能性を同時にゼロにはできません．一般に，統計的仮説検定は，有意水準を 5% か 1% に設定して行われます．これは，帰無仮説 H_0 が正しい確率が 5%，もしくは 1% 以下でない限り，対立仮説 H_1 を採用しない，言い換えると，第 1 種の誤りを極力犯さないようにしています．つまり，統計的仮説検定は，第 1 種の誤りをなるべく犯さないよう注意を払ったうえで，対立仮説 H_1 の採否を検討する手法です.

定義 13.8. 危険率

第 1 種の誤りの確率を**危険率**という.

定理 13.9. 危険率と有意水準

危険率は，有意水準 α 以下である．つまり，有意水準とは，第 1 種の誤りの確率の上限値である.

解説. 定義 13.5 で，有意水準は「帰無仮説が成立している（帰無仮説が真）にもかかわらず棄却する確率が α 以下になるように決められる．この α を有意水準という」と説明されています.

13.4 検出力

第 1 種の誤りの確率が危険率でした．第 2 種の誤りの確率は次のようによばれています.

定義 13.10. 検出力

第 2 種の誤りの確率を β で表す．帰無仮説が正しくないとき，帰無仮説を棄却する確率を**検出力**とよぶ．すなわち，第 2 種の誤りをおかさない確率であり，通常 $1-\beta$ で表される.

例 81. 例 76 の場合の検出力を求めてみましょう．ただし，母平均 $\mu_X = 9/10$（表が出やすい）が真の値だとしておきます．つまり，帰無仮説 H_0 は偽が本当は正しい結論です．

ふたたび中心極限定理（定理 9.7）より，標本平均 $\bar{x}$ は，分布 $N(9/10, 3/1000)$ に従うと考えてかまいません．有意水準 $\alpha = 0.05$ のときの棄却域は $\bar{x} > 0.679, \bar{x} \leq 0.321$ でした．逆にいえば，標本平均 $0.321 \leq \bar{x} < 0.679$ のとき，帰無仮説 H_0 は棄却されず，第 2 種の誤りとなります．

いま，標本平均 $\bar{x}$ は，分布 $N(9/10, 3/1000)$ に従うので，第 2 種の誤りとなる確率は，図 13.1 の斜線部 β の面積であり，その概算値は 0.229 です．したがって，$\beta \simeq 0.229$ であり，検出力は $1 - \beta \simeq 0.771$ となることが分かりました．

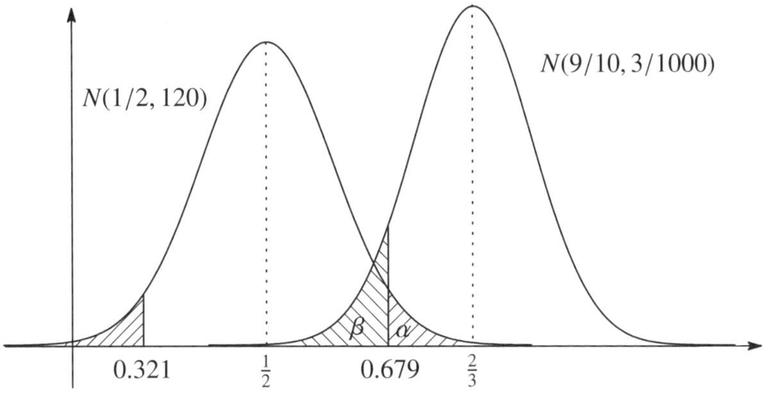

図 13.1　有意水準と β

例 81 からわかる通り，検出力は，問題としている母数（例 81 の場合は母平均 μ_X の値）があらかじめ分かっていないと求めることができません．母数について分からないから検定しているのに，具体的な値を求めることができない検出力をなぜ考えるのでしょうか．

普通，検出力は，それ単体で求めるものではなく，**検出力関数（検出力曲線）**の形で利用します．これは以下のように定義されます．

定義 13.11. 検出力関数

仮説がある母数で表現されているとき，母数の値に検出力を対応させる関数を**検出力関数**といい，そのグラフを**検出力曲線**とよぶ．

解説. 検出力は，母数の真の値が分からなければ決定できません．しかし，検出力関数（曲線）は「母数が仮に＊＊なら，検出力が＊＊になる」ことを示すものであることから，母数の真の値とは無関係にそれを求めることができます．ただし，ふたたび例 81 からも分かる通り，母数には一般に無数（例 81 の場合は $0 \leq \mu_X \leq 1$）の可能性があることから，概略であったとしても検出力関数を具体的に求めることなど，手作業で行うことはできず，計算機を援用して実行する必要があります．

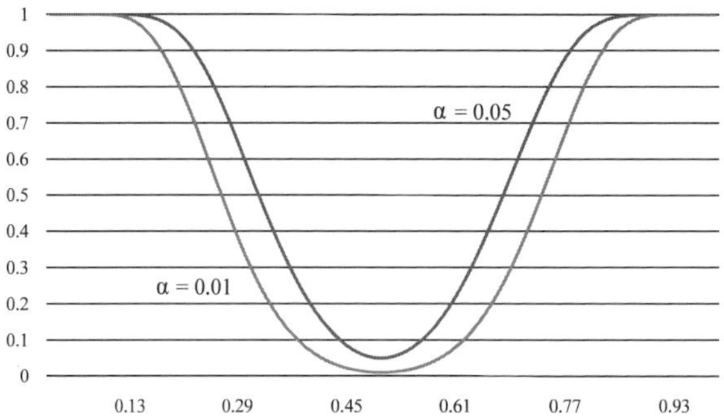

図 13.2 検出力曲線

例 82. 図 13.4 に，例 76 の $\alpha = 0.05$ と $\alpha = 0.01$ の場合の検出力曲線を表計算ソフトを使って描いたものを与えます．

まず，気が付くことは，$\alpha = 0.01$ の場合の検出力が，$\alpha = 0.05$ の場合の検出力を常に下回ることです．$\alpha = 0.01$ の場合，図 13.1 と同様の図を描けば，α と β の面積の境界を表す線がより右にずれます．したがって，面積 β はより大きくなり，結果的に検出力 $1 - \beta$ はより小さくなることから，確かにこのようにならなければなりません．つまり，定義 13.7 の解説でも指摘した通り，第 1 種の誤りと第 2 種の誤りは表裏一体の関係にあります．

次に，検出力は，$\mu_X = 1/2$ の場合が最も低く，この値から離れるに従い，改善してゆきます．これも，図 13.1 よりほぼ明らかです．$\mu_X = 1/2$ に近くなると，2 つの山の重なりがより増えるからです．逆にいえば，山の重なりが減少すれば，その分，検出力は改善します．

13.5 適切な標本な長さ

第 1 種の誤りと第 2 種の誤りはどちらも「誤り」です．したがって，その可能性が低い方が望ましいことはいうまでもないことです．しかし，第 1 種の誤りと第 2 種の誤りは一般に表裏一体の関係にあり，一方が改善すると，普通，もう一方は悪化します．ただし，これは標本の長さが一定ならばです．

定理 13.12. 危険率・検出力と標本

標本の長さを大きくすると，一般に，危険率と検出力は共に改善する．

解説. 標本の長さが大きくなると，一般に，予測誤差は小さくなります．例えば，母集団 X の標本平均 $\bar{x}$ の場合，中心極限定理より，長さ l の標本に対して，その分布は $N(\mu_X, \sigma_X^2/l)$ となり，分布の広がりを規定する値 $\sqrt{\sigma_X^2/l}$ は長さ l が大きくなるに従い小さくなります．

分布を表す 2 つの山の広がりが小さくなれば，図 13.1 からすぐにみて取れるように，その重なりは減り，例 81 で指摘した通り，重なりが減ると，一般にその分検出力は改善します．

では，標本の長さは大きければ大きいほどよいのでしょうか．理論的にはその通りですが，現実には，必ずしもそうとはいい切れません．標本を揃えるには，手間と費用がかかり，それらは，標本の長さが増大するに従い大きくなるのが普通だからです．つまり，標本の長さは，第 1 種の誤りと第 2 種の誤りの可能性と，標本を揃える手間と費用を両立させる大きさとすべきです．

これがどの程度なのかは，分野や，研究内容によりますので，一律の基準はありません．しかし，目安となる値として，危険率が 5%，検出力が 80% 程度となるよう標本の長さを調整することが提唱されています．これは，第 1 種の誤りの可能性が 5% 以下，第 2 種の誤りの可能性が 20% を表しますので，かなり第 1 種の誤りを重視した基準です．一般に，検定を行う目的は，対立仮説 H_1 を主張することですから，提唱されているこの基準は，検定を行う者が主張したいことにより厳しめの要求を課しているとみなせます．

なお，検定は，帰無仮説の採否を決定する作業，つまり，差があるかないかを決定する作業であり，検討する母数の差がどのくらいなのかには関知しないことに注意する必要があります．標本の長ささえ十分なら，些細な差でも有意な結果が得られる可能性は高まりますが，些細な差しかないもののために，多大な手間と費用をかけるのはバランスを欠く行為だとみなされても仕方がありません．すなわち，検討する母数の差がどの程度なのかを考慮に入れなければなりませんが，この差の大きさを統一的に扱う基準として，**効果量**とよばれる統計量を考慮にいれるべきとされ始めています．なお，効果量については，本書の付録に簡単な解説を載せています．

例 83. 例 76 の調査結果を基に，硬貨に偏りがあるか否かを決定するために必要な最低限の標本の長さを見積もってみましょう．

いま，もちろん真の μ_X の値はわかりません．しかし，その推定値として，30 回試しに硬貨を投げることで得られた標本平均 $\bar{x} = 0.7$ は使えます．つまり，$\mu_X = 0.7$ だと考えましょう．

図 13.4 より，$\mu_X = 0.7, \alpha = 0.05$ のときの検出力は 0.67 程度です．したがって，もう少し標本の長さ l を増やし，検出力を改善しなければなりません．l を増やし，検出力がどの程度改善するかみていきます．

結果は，単調に

l	...	40	41	42	43	...
検出力	...	0.7882	0.7890	0.8074	0.8164	...

のように大きくなることが分かりますので，45 回程度の試行が必要であろうとの結論が得られました．

演習問題

問 107. 以下が統計的仮説か否かをその理由と共に答えよ.

(1) ある製品が 1 年以内に壊れる確率が 5% だとの仮定
(2) ある確率変数 X が正規分布するとの仮定
(3) 円周率が有理数であるとの仮定

問 108. 6 人の患者に薬を投与し，その前後の脈拍が以下の表で与えられたとする.

番号	1	2	3	4	5	6
投与前	98	88	100	96	107	114
投与後	86	73	95	92	99	116

脈拍は正規分布に従うとし，この薬に脈拍を下げる効果があるかを有意水準 5% と 1% で検定せよ.[*1]

問 109. 受験生から無作為に選んだ英語 10 人，数学 12 人の模試の結果はそれぞれ次で与えられるとする.

番号	1	2	3	4	5	6	7	8	9	10	11	12
英語	73	85	77	70	90	80	85	70	75			
数学	50	55	90	60	70	85	70	75	100	95	60	75

結果は正規分布に従うとし，両科目の点数のばらつきに違いがあるかを有意水準 5% と 1% で検定せよ.[*2]

問 110. ある鶏にビタミン剤を混ぜた飼料を与えることにした. 飼料を与える前と後で生んだ卵の重さ（グラム）を測定したところ

前	68.1	70.4	71.5	67.6	70.2	74.5	68.6	70.3	71.2	69.6
後	72.7	69.4	74.2	70.6	69.0	72.5				

になった. 卵の重さは正規分布に従うとして，ビタミン剤を混ぜた飼料に効果があるかを有意水準 5% と 1% で検定せよ.[*3]

問 111. あるサイコロ（六面体）が公平なものかどうか（一様分布かどうか）に興味があり，試しに 15 回投げたところ，標本平均として $\bar{x} = 2.1$ が，標本分散として $s_x^2 = 3.15$ が得られた. 以下の問いに答えよ.

(1) 公平なサイコロなのか否かを有意水準 5% で検定せよ.
(2) 実はこのサイコロは，1 の目が確率 1/2 で，それ以外の目は全て同じ確率で出るものだったとする. (1) で実施した検定の検定力を求めよ.
(3) 今度はこのサイコロが公平とはいえないのではないかと疑っている. 15 回は，この疑いを正当化するのに十分な試行回数か否かを論ぜよ. また，仮に十分だとはいえなかったとしたら，最低何回の試行が必要なのかを答えよ.

[*1] 市原清志『バイオサイエンスの統計学 –正しく活用するための実践理論–』（南江堂，1990）より抜粋.
[*2] 宮川公男『基本統計学（第 4 版）』（有斐閣，2015）の問題を改変.
[*3] 小針晛宏『確率・統計入門』（岩波書店，1973）の問題を改変.

第 14 講

平均値の差の検定とモデル

第 14 章は，平均値の差の検定の裏にあるモデルについて解説します．

ポイント 14.1. モデル・級

1. 標本がどのような構造で得られるのかの仮定を具体的に示す数式を**モデル**といいます．
2. 比較の対象となるそれぞれの母集団を**級**（クラス）ということがあります．

ポイント 14.2. 等分散独立 2 群の差の検定のモデル

同じ母分散 σ^2 をもつと考える級 Y_1 と Y_0 に対し，式

$$y = (\mu_{Y_1} - \mu_{Y_0})x + \mu_{Y_0} + \epsilon \tag{14.1}$$

母平均の差の検定に対応するモデルです．ただし，μ_{Y_1} と μ_{Y_0} はそれぞれの級の母平均，x は 0 と 1 のみを値に取る変数，ϵ は，正規分布 $N(0, \sigma^2_{Y_0})$ に従う確率変数です．なお，このモデルの場合，$x = 0$ のとき Y_0 の標本が，$x = 1$ のとき Y_1 の標本が現れると考えていることに注意が必要です．

ポイント 14.3. モデルの推定

級 Y_1 から長さ k の，級 Y_0 から長さ l の標本を取り出せたとします．このとき，モデル (14.1) の最も適切な推計式は，級 Y_1 の標本平均 $\overline{y_1}$ と級 Y_0 の標本平均 $\overline{y_0}$ を使った式

$$y = (\overline{y_1} - \overline{y_0})x + \overline{y_0} + \epsilon \tag{14.2}$$

です．また，ϵ は正規分布 $N(0, \sigma^2)$ に従う確率変数でしたが，この分散 σ^2 の最も適切な推計値は $(ks^2_{y_1} + ls^2_{y_0})/(k + l - 2)$ です．ただし，$s^2_{y_1}$ と $s^2_{y_0}$ はそれぞれ級 Y_1 と Y_0 の標本分散です．

ポイント 14.4. 残差と残差平方和

モデル (14.1) に対して，母分散 σ^2 の推計に現れる値 $ks^2_{y_1} + ls^2_{y_0}$ は，一般に**残差平方和**，もしくは**級内変動**とよばれており，本書はこれを記号 s^2_W で表します．この値はその呼称通り**残差**の平方の和で定

義します．ここで残差とは，各級ごとの偏差のことであり，例えば，級 Y_1 と Y_0 の標本が

y_1	6	6	8	4
y_0	2	6	7	

なら，残差は，これらの値から Y_1 の標本平均 6 と Y_0 の標本平均 5 をそれぞれ引いた

$y_1 - \overline{y_1}$	0	0	2	−2
$y_0 - \overline{y_0}$	−3	1	2	

です．したがって，その残差平方和 s_W^2 は，

$$s_W^2 = 0^2 + 0^2 + 2^2 + (-2)^2 + (-3)^2 + 1^2 + 2^2 = 22$$

のように計算します．

ポイント 14.5. 推定値が満たす分布と検定

モデルの推定式 (14.2) に現れる値 $\overline{y_1} - \overline{y_0}, \overline{y_0}, s_W^2$ はそれぞれ，

$$\overline{y_1} - \overline{y_0} \sim N\left(\mu_{Y_1} - \mu_{Y_0}, \left(\frac{1}{k} + \frac{1}{l}\right)\sigma^2\right), \quad \overline{y_0} \sim N\left(\mu_{Y_0}, \frac{\sigma^2}{l}\right), \quad \frac{s_W^2}{\sigma^2} \sim (\text{自由度 } k + l - 2 \text{ の } \chi^2 \text{ 分布})$$

を満たします．正規分布は正規化し，標準正規分布にして調べるのでした．したがって，推計値 $\overline{y_1} - \overline{y_0}$ をまず以下のように正規化します．

$$\frac{(\overline{y_1} - \overline{y_0}) - (\mu_{Y_1} - \mu_{Y_0})}{\sqrt{\left(\frac{1}{k} + \frac{1}{l}\right)\sigma^2}} = \frac{(\overline{y_1} - \overline{y_0}) - (\mu_{Y_1} - \mu_{Y_0})}{\sqrt{(k + l)\sigma^2}} \times \sqrt{kl}.$$

この式には正確な値がわからない母分散 σ^2 が含まれています．それで，母分散 σ^2 をその推定値 $s_W^2/(k + l - 2)$ に置き換えます．

$$\frac{(\overline{y_1} - \overline{y_0}) - (\mu_{Y_1} - \mu_{Y_0})}{\sqrt{\frac{(k+l)s_W^2}{k+l-2}}} \times \sqrt{kl} = \frac{(\overline{y_1} - \overline{y_0}) - (\mu_{Y_1} - \mu_{Y_0})}{\sqrt{s_W^2}} \sqrt{\frac{kl(k + l - 2)}{k + l}} = t.$$

この統計量は母分散 σ^2 をその推定値 s_W^2 に取り換えた影響で，標準正規分布には従いません．しかし，よく似た形のグラフをもつ自由度 $k + l - 2$ の t 分布には従うことは示せます．これが定理 12.10 です．モデルを考察することで定理 12.10 を自然に導くことができました．

14.1 検定の問題点

本書は，ここまで，「平均値の差の検定」とはなにか，を目標に解説を行ってきましたが，不自然に感じる人が多いと思います．原因を探るため例 79 を見直してみましょう．

例 84. 大学生の心拍数は立った状態と座った状態で差があるといえるのかについて興味があるとし，これを確かめるため，座っている学生から無作為に 15 人，立っている学生からも無作為に 15 人を選び，同時に平均心拍数を計測した結果が

番号	1	2	3	4	5	6	7	8	9	10	11	12	13	14	15
座位	69	69	75	69	60	54	57	69	66	63	60	48	54	60	60
立位	69	69	78	81	63	66	60	81	72	63	69	60	60	69	75

だったとしましょう．

このとき，母集団は，座っている学生の平均心拍数 Y_0 と立っている学生の平均心拍数 Y_1 で，同時刻に測っていますので，これらは独立だと考えることができます．

ここで，設定すべき帰無仮説と対立仮説は，

$$H_0\colon\ \mu_{Y_0} = \mu_{Y_1},$$
$$H_1\colon\ \mu_{Y_0} \neq \mu_{Y_1}$$

です．

帰無仮説 H_0 を有意水準 $\alpha = 0.05(5\%)$ で検定しましょう．

座位，立位双方について，心拍数は正規分布していると仮定します．また，例 78 より，座位平均心拍数と立位平均心拍数の母分散には差がないことは否定されなかったので，さらに，母分散が等しいと仮定することに矛盾はありません．

標本平均と標本分散は

	座位	立位
標本平均	62	69
標本分散	53.6	49.2

です．これらの値と定理 12.10 より，統計量

$$t = \frac{\overline{x} - \overline{y}}{\sqrt{ks_x^2 + ls_y^2}} \sqrt{\frac{kl(k + l - 2)}{k + l}} \simeq \frac{62 - 69}{\sqrt{15 \cdot 53.6 + 15 \cdot 49.2}} \sqrt{\frac{15^2(15 + 15 - 2)}{15 + 15}} \simeq -2.5832$$

は自由度 $15 + 15 - 2 = 28$ の t 分布に従う確率的に定まる値です．

付録表 4.8 より，$\alpha = 0.05$ の場合の棄却域は $t > 2.048$ と $t < -2.048$ です．したがって，仮説 H_0 は棄却，仮説 H_1 が採用され，平均値の差は 5% 有意であるとの結論が得られました．

なぜ不自然さを感じるのでしょうか．

まず挙げるべきは，結論（意図）と議論が逆になってしまっていることです．

検定では，まず，帰無仮説（差がない）を設定し議論します．しかし，検定の意図は，逆の「差がある」を示すことです．つまり，検定は，その最初から，意図するところとは逆の議論を行いますので，ここに不自然さ（分かりにくさ）を感じるのは仕方のないことだと思います．

また，平均値の差の検定では，分散に関する仮定を（分かりにくい仕方で）行わなければなりません.[*1]

例 84 では，例 78 で行った検定の結果をもって，分散に差がないと仮定しています．しかし，これには大きな問題があります．なぜなら，例 78 で分かったのは，正確には，分散に差がない，という仮定が否定できないということです．言い換えると，分散に差があるかないか分からない，です．つまり，例 84 の分散に差がないとの仮定は相当に積極的（意図的）なものなのですが，例 84 の文面から，それを読み取ることはかなり難しいと思います．

そして，これは第 13 講でも指摘したことなのですが，検定から分かるのは差があるか無いかだけです．言い換えると，どの程度の差があるのかは検定からは全く分かりません．

検定の初心者は，帰無仮説のもと，統計量 t 以上（以下）になる確率を計算した結果（この値は一般に **P 値**とよばれます）がとても小さなとき，差が大きいとの結論を導くという間違いを犯しがちです．「平均値の差の検定」を，その呼称から「差の大きさの決定」ととらえてしまうのは無理もないことですし，さらに，P 値を求めるための計算には，差の大きさを求める計算が含まれています．検定をすれば，差の大きさについて何らかの結論が得られると考えても無理はないのに，実際にはそうはなっていないのですから，これに不自然さを感じるのは当然です．

そもそも，検定で「差がある」ことが確かめられたとしても，それだけでは実用になるかどうか判断できません．目的を達成するのに十分な差があるかどうかが実用になるかどうかを左右するのが普通だからです．ゆえに，検定だけで議論を終えてしまうこと自体が不自然です．[*2]つまり，単に差があるかどうかだけを問題とする検定より，どの程度の差があるのかの方がより重要な問題のはずです．

では，この不自然さをどのように解決すればよいのでしょうか．その答えが**モデル化**です．

14.2 モデル化

どの程度差があるのかを解決するには，まず，差とはなにかを明確にしなければなりませんが，これは平均値の差の検定の基となるモデルを作ることで実現できます．では，モデルとは何でしょうか．本書では以下をモデルと呼ぶことにします．

定義 14.1. モデル

標本がどのような構造で得られるのかの仮定を具体的に示す数式を**モデル**という．

次に，このような母集団の比較を行うモデルを扱う際によく用いる用語について注意しておきましょう．

定義 14.2. 級（クラス）

比較の対象となるそれぞれの母集団を**級**（クラス）とよぶ．

[*1] これは例 80 のように定理 12.12 を用いた検定をはじめから行うことで回避できそうだと思う方も多いでしょうし，最近は，はじめからこの定理に基づく検定を行うよう推奨されることも多いようです．しかし，定理 12.12 はあくまで近似的な結果でしかないことは覚えておくべきことでしょう（定理の解説をご覧ください）．

[*2] 第 13 講の最後に紹介した**効果量**はまさにこのような考え方から生まれた値です．

解説. 本講は，最も単純な 2 つの母集団の比較について解説しています．したがって，これらの母集団 Y_0 と Y_1 をそれぞれ級 Y_0 と級 Y_1 とよびます．

等分散独立 2 群の差の検定の基になるモデルは以下で与えることができます．

定理 14.3. 等分散独立 2 群の差の検定のモデル

級 Y_0, Y_1 と，分布 $N(0, \sigma^2_{Y_0})$ に従う確率変数 ϵ，0 と 1 のみを値に取る変数 x に対し，等分散独立 2 群の差の検定に対応するモデルは，式

$$y = (\mu_{Y_1} - \mu_{Y_0})x + \mu_{Y_0} + \epsilon \tag{14.3}$$

である．ただし，$x = 0$ のとき級 Y_0 の標本が，$x = 1$ のとき級 Y_1 の標本が表れる．また，定数 μ_{Y_0}, μ_{Y_1} はそれぞれ級 Y_0, Y_1 の母平均である．

解説. 例 84 で取り上げた大学生の心拍数を例に取り，解説しましょう．

この例で，解析者は，3 つの仮説

1. 立位と座位時の心拍数には差がある．
2. 立位と座位心拍数は共に正規分布する．
3. 母分散には差がない．

を置いています．ここでは，心拍数の差を定数 a で表すことにしましょう．

標本 y を取り出します．もし，この標本が座位心拍数なら，その最もあり得る値は μ_{Y_0} ですが（中心極限定理），何らかの誤差（この値を ϵ で表します）が生じる可能性も考慮すべきことから，これは $y = \mu_{Y_0} + \epsilon$ と書くべきです．同様に，立位心拍数なら，$y = a + \mu_{Y_0} + \epsilon$ と書くべきでしょう．

ここで注意が必要なのは，標本は，座位心拍数か，立位心拍数のどちらかになることです．つまり，標本ごとに，座位心拍数と立位心拍数，どちらかの値に変わる可能性があります．この変化を式に組み込むには，x を $0, 1$ どちらかの値を取る変数として，

$$y = ax + \mu_{Y_0} + \epsilon \tag{14.4}$$

のように書けばよいでしょう．

座位心拍数 y は正規分布 $N(\mu_{Y_0}, \sigma_{Y_0^2})$ に従いますから，正規分布の再生性より，誤差 $\epsilon = y - \mu_{Y_0}$ は分布 $N(0, \sigma^2_{Y_0})$ に従がわなければなりません．$x = 1$ のとき，y は母集団 Y_1 の標本だとしましたので，$y = a + \mu_{Y_0} + \epsilon$ は正規分布 $N(\mu_{Y_1}, \sigma^2_{Y_1})$ に従います．したがって，$\mu_{Y_1} = E(y_1) = E(a + \mu_{Y_0} + \epsilon) = a + \mu_{Y_0}$ ですから，$a = \mu_{Y_1} - \mu_{Y_0}$ にならざるを得ないことが分かります．これで，式 (14.3) は，上の 3 つの仮定を満たしており，ゆえにモデルであることが分かりました．

なお，作り方から分かる通り，解析者が立てた仮説を満たす式がモデルです．したがって，他にも仮説を満たす式がみつかるかもしれません．これは逆にいえば，モデル化することで，どのような仮説を立てているのかがより明確になるということでもあります．

実際，例 84 で置かれた当初の仮説は「立位と座位では，大学生の心拍数が異なる」です．しかし，

ここで与えたモデルは，これを「立位と座位では，大学生の心拍数に一定の差がある」と解釈し，定数 a でその違いを表しました．これはかなり思い切った仮定です．なぜなら，たとえば体重の重い人と軽い人では，心拍数の差に違いがあっても不思議ではないからです．したがって，座位と立位時の心拍数の差に誤差 τ があるとして，モデルを $y = (a+\tau)x + \mu_X + \epsilon$ と設定することもできるでしょう．

ただし，この場合，$x = 1$ として両辺の分散を取ると，$V(\tau) > 0$ より，

$$V(y) = V(a + \tau + \mu_X + \epsilon) = V(\tau) + V(\epsilon) = V(\tau) + \sigma_{Y_0}^2 \neq \sigma_{Y_0}^2$$

となります（いたずらに複雑にならないよう τ と ϵ は独立として計算しています）．つまり，母分散に差が生じてしまい，そもそもの「母分散に差がない」との仮定に問題が生じてしまいます．

14.3 モデル係数の推定

モデル (14.3) には，その真の値が分からない母分散 μ_{Y_0} と μ_{Y_1} が使われています．したがって，これらの値はその予測値で置き換えて考えるべきでしょう．

定理 14.4. 等分散独立 2 群の差の検定モデルの係数推定

級 Y_1 の標本と級 Y_0 の標本に対して，モデル (14.3) の最も適切な推測式は，

$$y = (\overline{y_1} - \overline{y_0})x + \overline{y_0} + \epsilon \tag{14.5}$$

である．ただし，$\overline{y_i}\ (i = 0, 1)$ は母集団 $Y_i\ (i = 0, 1)$ の標本平均である．

解説. 定理 9.1（大数の法則）より，母平均 μ_{Y_1}, μ_{Y_0} の推定値として最も適当な値は，それぞれの標本平均 $\overline{y_1}, \overline{y_0}$ です．式 (14.5) は，式 (14.3) の μ_{Y_1}, μ_{Y_0} をこれらの値で置き換えただけのものです．

例 85. 例 84 に対応するモデルの推計式は，式 $y = (69 - 62)x + 62 + \epsilon = 7x + 62 + \epsilon$ です．

式 (14.5) はモデル (14.3) の推定に過ぎないのですから，どの程度のずれが生じる可能性があるのかを明らかにしておかなければなりません．

定理 14.5. 等分散独立 2 群の差の検定モデルの係数分布

モデル (14.3) の推定式 (14.5) の係数 $\overline{y_1} - \overline{y_0}$ と $\overline{y_0}$ は，それぞれ，分布

$$N\left(\mu_{Y_1} - \mu_{Y_0}, \left(\frac{1}{k} + \frac{1}{l}\right)\sigma^2\right), \qquad N\left(\mu_{Y_0}, \frac{\sigma^2}{l}\right)$$

に従う．ただし，$\sigma^2 = \sigma_{Y_0}^2 (= \sigma_{Y_1}^2)$ である．

解説. 前者は定理 12.8 そのままです．後者は，同じ定理の $k = 0$ と置いた場合と一致します．

例 86. 例 85 より，級 Y_0 に対応するモデルは，$x = 0$ に関する

$$y = 7 \times 0 + 62 + \epsilon = 62 + \epsilon$$

であり，級 Y_1 に対応するモデルは，$x = 1$ に関する

$$y = 7 \times 1 + 62 + \epsilon = 69 + \epsilon$$

です．値 ϵ は誤差であり，これは $N(0, \sigma_{Y_0}^2)$ に従うと仮定したのですから，級 Y_0 は分布 $N(62, \sigma_{Y_0}^2)$ に従い，級 Y_1 は分布 $N(69, \sigma_{Y_0}^2)$ に従います．

ここで，推計値 $\overline{y_0}$ は，級 Y_0 の長さ 15 の標本平均です．したがって，その従う分布は定理 9.4，定理 9.5 と正規分布の再生性（定理 7.9）より，正規分布 $N(62, \sigma_{Y_0}^2/15)$ です．推計値 $\overline{y_1}$ も同様にして，正規分布 $N(69, \sigma_{Y_0}^2/15)$ に従います．ゆえに，再び正規分布の再生性（定理 7.9）を使って，推計値 $\overline{y_1} - \overline{y_0}$ は分布 $N(69 - 62, (1/15 + 1/15)\sigma_{Y_0}^2) = N(7, 2\sigma_{Y_0}^2/15)$ に従う確率変数です．

14.4 モデル分散の推定と残差平方和

前節で与えた式 (14.3) はモデルの適切な推定の一つであることは確かなのですが，誤差 ϵ と推定値 $\overline{y_1} - \overline{y_0}, \overline{y_0}$ が未知数である母分散 $\sigma^2 = (\sigma_{Y_0}^2 = \sigma_{Y_1}^2)$ を含むという欠点があります．つまり，母分散 σ^2 は推定しなければなりません．

母分散 $\sigma^2 = \sigma_{Y_0}^2$ なのですから，その推定値として相応しい値は一見，分布 Y_0 の不偏分散 $u_{y_0}^2$ に思えます．しかし，いま，$\sigma^2 = \sigma_{Y_1}^2$ も成立しています．つまり，推定値として Y_1 の不偏分散 $u_{y_1}^2$ を採用してもよいはずです．では，どちらの値がより母分散 σ^2 の推定値として望ましいのでしょうか．

実は，どちらの値も望ましいとはいえません．推定の根拠は大数の法則（定理 9.1）です．大数の法則によると，より正確な推測を行うには，より多くの標本を利用すべきであり，このモデルだと最大で $k + l$ 個の標本を利用できるのですから，その一部しか利用していない $u_{y_1}^2$ と $u_{y_0}^2$ では役者不足です．つまり，全ての標本を利用するあらたな推測値を定義する必要があるのですが，これは次のように行えます．

定理 14.6. 等分散独立 2 群の差の検定モデルの分散と大数の法則

級 Y_1 の標本 $y_{1,1}, \ldots, y_{1,k}$ と級 Y_0 の標本 $y_{0,1}, \ldots, y_{0,l}$ に対して，$k + l$ が十分に大きな値であれば，

$$\frac{(y_{1,1} - \mu_{Y_1})^2 + \cdots + (y_{1,k} - \mu_{Y_1})^2 + (y_{0,1} - \mu_{Y_0})^2 + \ldots (y_{0,l} - \mu_{Y_0})^2}{k + l} \tag{14.6}$$

はほぼ確実に母分散 $\sigma^2 = \sigma_{Y_0}^2 (= \sigma_{Y_1}^2)$ に近い値となる．

解説. 分散は「偏差の 2 乗」の期待値（定義 6.3）です．つまり，式で書くと，

$$E\left((y_{1,i}-\mu_{Y_1})^2\right)=E\left((y_{0,j}-\mu_{Y_0})^2\right)=\sigma^2 \qquad (i=1,2,\ldots,k,\ j=1,2,\ldots,l)$$

であり，これは, 母平均 μ_{Y_1} と μ_{Y_0} が既知ならば, 値 $(y_{1,i}-\mu_{Y_1})^2,(y_{0,j}-\mu_{Y_0})^2$ $(i=1,2,\ldots,k,\ j=1,2,\ldots,l)$ のそれぞれが分散 σ^2 の標本だと考えられるということです．

大数の法則によると，十分な大きさの標本の算術平均で期待値を予測できるのですから，これらの値の算術平均値である式 (14.6) は母分散 σ^2 を予測を与えることが分かります．

式 (14.6) のままではまだ推測値として使えません．式に母平均 μ_{Y_1} と μ_{Y_0} が含まれているからです．したがって，これらをその推測値である統計量 $\overline{y_1}$ と $\overline{y_0}$ で置き換えた式

$$\frac{(y_{1,1}-\overline{y_1})^2+\cdots+(y_{1,k}-\overline{y_1})^2+(y_{0,1}-\overline{y_0})^2+\ldots(y_{0,l}-\overline{y_0})^2}{k+l}$$

にするのですが，この式の分子に現れる値は一般に次のようによばれています．

定義 14.7. 残差と残差平方和

モデル (14.3) に対して，級 Y_0 と Y_1 の標本からそれぞれの標本平均を引いた値 $y_{1,i}-\overline{y_1}$ $(i=1,2,\ldots,k)$, $y_{0,j}-\overline{y_0}$ $(j=1,2,\ldots,l)$ を**残差**とよぶ．また，残差全ての平方和

$$s_W^2=(y_{1,1}-\overline{y_1})^2+\cdots+(y_{1,k}-\overline{y_1})^2+(y_{0,1}-\overline{y_0})^2+\ldots(y_{0,l}-\overline{y_l})^2=ks_{y_1}^2+ls_{y_0}^2$$

を**残差平方和**，もしくは**級内変動**とよぶ．本書は残差平方和を記号 s_W^2 で表す．ただし，$s_{y_1}^2, s_{y_0}^2$ はそれぞれ級 Y_1 と Y_0 の標本の標本分散である．

例 87. 例 84 に対応するモデルについて，残差は座位と立位の心拍数からそれぞれの標本平均値を引いた偏差を並べた

座位	7	7	13	7	−2	−8	−5	7	4	1	−2	−14	−11	−2	−2
立位	0	0	9	12	−6	−3	−9	12	3	−6	0	−9	−9	0	6

です．残差平方和 s_W^2 は，これらの値の平方を取り，その全ての和を取ることで得られます．したがって，$s_W^2=7^2+7^2+\cdots+(-2)^2+0^2+0^2+\cdots+6^2=1542$ です．

残差平方和 s_W^2 と母分散 σ^2 には次の関係があります．

定理 14.8. 残差の期待値

残差 s_W^2 に対して，$E(s_W^2)=(k+l-2)\sigma^2$ が成立する．ただし，$\sigma^2=\sigma_{Y_0}^2(=\sigma_{Y_1}^2)$ である．つまり，平均値の差の検定モデル (14.3) の分散 σ^2 の推計値として最も適切な値は，$s_W^2/(k+l-2)$ である．

解説. この定理は，定理 10.1 の直接の応用です．まず，標本分散の定義より，

$$s_W^2 = ks_{y_1}^2 + ls_{y_0}^2$$

が成立します．したがって，両辺の期待値を取ると，定理 10.1 より，

$$E(s_W^2) = E(ks_{y_1}^2 + ls_{y_0}^2) = kE(s_{y_1}^2) + lE(s_{y_0}^2) = (k-1)\sigma_{Y_1}^2 + (l-1)\sigma_{Y_0}^2 = (k+l-2)\sigma^2$$

となります．

例 88. 例 84 に対応するモデルについて，その最も適切な分散 σ^2 の推計値は，$s_W^2/(15+15-2) = 1542/28 \simeq 55.07$ です．

残差平方和 s_W^2 は確率変数（統計量）ですから，その分布を明らかにする必要があります．しかし，これも第 10 講の定理からすぐに χ^2 分布となることが分かります．

定理 14.9. 等分散独立 2 群検定モデル分散の分布

残差平方和 s_W^2 は，統計量 $\overline{y_1} - \overline{y_0}$，および $\overline{y_0}$ と独立である．また，比 s_W^2/σ^2 は，自由度 $k+l-2$ の χ^2 分布に従う．

解説. この定理は，定理 10.14 の直接の応用です．まず，定理 10.14 より，標本分散 $s_{y_1}^2$ は $\overline{y_1}$ と，標本分散 $s_{y_0}^2$ は $\overline{y_0}$ と独立です．また，標本 $y_{1,1},\ldots,y_{1,k},y_{0,1},\ldots,y_{0,l}$ は独立ですから，$s_{y_1}^2$ と $\overline{y_0}$，および $s_{y_0}^2$ と $\overline{y_1}$ はもちろん独立です．したがって，残差平方和 $s_W^2 = ks_{y_1}^2 + ls_{y_0}^2$ は，$\overline{y_0}$，および $\overline{y_1}$ と独立であり，前半の結論が得られます．

後半も，$s_W^2 = ks_{y_1}^2 + ls_{y_0}^2$ と $\sigma^2 = \sigma_{Y_0}^2 = \sigma_{Y_1}^2$ より，

$$\frac{s_W^2}{\sigma^2} = \frac{k \cdot s_{y_1}^2}{\sigma_{Y_1}^2} + \frac{l \cdot s_{y_0}^2}{\sigma_{Y_0}^2}$$

なので，定理 10.14 と χ^2 分布の再生性（定理 10.7）より，s_W^2/σ^2 は自由度 $k+l-2$ の χ^2 分布です．

例 89. 定理 14.9 より，例 84 に対応するモデルに対して，比 $s_W^2/\sigma^2 = 1542/\sigma^2$ は，自由度 $15+15-2 = 28$ の χ^2 分布に従うことが分かりました．ただし，この式の σ^2 を，例 88 で計算した推定値に置き換え，$1542/\sigma^2 \simeq 1542/55.07 \simeq 28$ が自由度 28 の χ^2 分布に従う，と結論してはいけません．例 88 の値はあくまで推測値だからです．χ^2 分布に従って現れる値 1542 を別の分布に従う値 55.07 で割っているのですから，結果として得られる値 28 が従う分布は当然もとの χ^2 分布とは違うものです．

14.5 検定とモデル

ここでは，平均値の差の検定とそのモデルとの関係を明らかにしていきましょう．比較される級が等分散のとき，平均値の差の検定の根拠は第 12 講で取り上げた次の定理です．なお，モデルとの対応を明確にするため，一部の記号と用語を置き換えていることに注意してください．

定理 14.10. 標本平均の差と t 分布改（等分散）

母平均と母分散が等しい級 Y_1 と Y_0 から，それぞれ長さ k 個と l 個を取り出す．このとき，統計量

$$t = \frac{(\overline{y_1} - \overline{y_0}) - (\mu_{Y_1} - \mu_{Y_0})}{\sqrt{\frac{1}{k} + \frac{1}{l}}} \Bigg/ \sqrt{\frac{s_W^2}{k+l-2}} = \frac{(\overline{y_1} - \overline{y_0}) - (\mu_{Y_1} - \mu_{Y_0})}{\sqrt{s_W^2}} \sqrt{\frac{kl(k+l-2)}{k+l}}$$

は自由度 $k+l-2$ の t 分布に従う．

解説. まず，$s_W^2 = ks_{y_1}^2 + ls_{y_0}^2$ ですから，この定理と第 12 講の定理 12.10 は同じことを主張していることを注意しておきます．

興味があるのは，平均値の差 $\overline{y_1} - \overline{y_0}$ です．この値は，モデルの推計式 $y = (\overline{y_1} - \overline{y_0})x + \overline{y_0} + \epsilon$ の x の係数として現れ，定理 14.5 より，分布 $N\left(\mu_{Y_1} - \mu_{Y_0}, \left(\frac{1}{k} + \frac{1}{l}\right)\sigma^2\right)$ に従うことはすでに分かっています．正規分布は正規化し，標準正規分布にしてから調べるべきです．したがって，

$$\frac{(\overline{y_1} - \overline{y_0}) - (\mu_{Y_1} - \mu_{Y_0})}{\sqrt{\left(\frac{1}{k} + \frac{1}{l}\right)\sigma^2}} \tag{14.7}$$

は標準正規分布します．

分散 σ^2 の真の値は分かりません．ですが，定理 14.8 より，σ^2 の推定値として最も適切な値は $s_W^2/(k+l-2)$ であることが分かっています．したがって，考えるべきは，式 (14.7) の σ^2 を $s_W^2/(k+l-2)$ で置き換えた値です．この値は，

$$\frac{(\overline{y_1} - \overline{y_0}) - (\mu_{Y_1} - \mu_{Y_0})}{\sqrt{\left(\frac{1}{k} + \frac{1}{l}\right)\frac{s_W^2}{k+l-2}}} = \frac{(\overline{y_1} - \overline{y_0}) - (\mu_{Y_1} - \mu_{Y_0})}{\sqrt{\left(\frac{1}{k} + \frac{1}{l}\right)\sigma^2}} \Bigg/ \sqrt{\frac{s_W^2/\sigma^2}{k+l-2}} = t$$

であり，定理 14.9 より，s_W^2/σ^2 は自由度 $k+l-2$ の χ^2 分布に従うのですから，t 分布の定義（定義 12.1）より，確率変数（統計量）t は，自由度 $t+l-2$ の t 分布に従います．

第 12 講の冒頭の要点では，この定理を，非常に巧妙なやり方

$$E\left((k-1)\cdot u_{y_1}^2 + (l-1)\cdot u_{y_0}^2\right) = (k-1)\sigma^2 + (l-1)\sigma^2 = (k+l-2)\sigma^2$$

を用いて導くとしました．しかし，本講の文脈では，これを $E(s_W^2) = (k+l-2)\sigma^2$ と解釈し，当然こうかきかえられて然るべきとして導いています．つまり，検定の基本となるこの定理は，モデルの推計式 $y = (\overline{y_1} - \overline{y_0})x + \overline{y_0} + \epsilon$ の正体を明らかにする過程で得られる副次的な結果とみることができます．

例 90. 例 84 に対応するモデルの推定式は $y = 7x + 62 + \epsilon$ でした（例 85）. つまり，推定で 7 の差が級 Y_1 と Y_0 の母平均にあります. しかし，これはあくまで推定値，つまり，調査によりたまたま得られた値です. もしかしたら，真の差は 0 かもしれません.

真の差を 0 と仮定します. すると，定理 14.10 より，値 $t = \frac{\overline{y_1}-\overline{y_0}}{\sqrt{\frac{1}{k}+\frac{1}{l}}} \Big/ \sqrt{\frac{s_W^2}{k+l-2}} = \frac{7}{\sqrt{\frac{1}{15}+\frac{1}{15}}} \Big/ \sqrt{\frac{1542}{15+15-2}} \simeq 2.5832$ は自由度 $15 + 15 - 2 = 28$ の t 分布に従うはずですが，t 分布表より，これは 5% 有意な値であることが分かります（逆に 1% 有意ではないことも分かる）. したがって，真の差が無いのに，たまたま 7 の差が調査により得られてしまう確率は 5% 未満（1% 以上）であることが分かりました. 逆に言えば，95% の確率で真の差は 0 以外の値になることが分かりました.

演習問題

問 112. 級 Y_1 と Y_0 の標本分散 $s_{y_1}^2, s_{y_0}^2$ とモデル $y = (\mu_{Y_1} - \mu_{Y_0})x + \mu_{Y_0} + \epsilon$ の残差平方和 s_W^2 の間に

$$s_W^2 = ks_{y_1}^2 + ls_{y_0}^2$$

の関係があることを示せ. ただし，級 Y_1 と Y_0 の標本の長さをそれぞれ k, l と置いた.

問 113. 級 Y_1 と Y_0 をまとめて一つの母集団と考え，その標本平均と標本分散をそれぞれ $\overline{y}, s^2$ とおく. このとき，モデル $y = (\mu_{Y_1} - \mu_{Y_0})x + \mu_{Y_0} + \epsilon$ の残差平方和 s_W^2 との間に

$$(k + l)s^2 = s_w^2 + k(\overline{y_1} - \overline{y})^2 + l(\overline{y_0} - \overline{y})^2$$

の関係があることを示せ. ただし，級 Y_1 と Y_0 の標本の長さをそれぞれ k, l と置いた. また，例 84 で与えた値に対して，この関係が実際に成立していることを確かめよ.

問 114. 級 Y_1 の標本のそれぞれに 1，級 Y_0 のそれぞれの標本に 0 を対応させた以下のような表を作る.

y	$y_{0,1}$	$\cdots$	$y_{0,l}$	$y_{1,1}$	$\cdots$	$y_{1,k}$
x	0	$\ldots$	0	1	$\ldots$	1

このとき，上の表の y と x の相関係数 r と，問 113 で与えた値の間に，

$$r^2 = 1 - \frac{s_W^2}{(k + l)s^2} = \frac{k(\overline{y_1} - \overline{y})^2 + l(\overline{y_0} - \overline{y})^2}{(k + l)s^2}$$

の関係があることを示せ. また，例 84 で与えた値に対して，この関係が実際に成立していることを確かめよ.

問 115. 本講の本文にならい，例 77 の検定の基になるモデルを与えよ. また，モデルの推定を行い，さらに，定理 12.6 をこのモデルから導け.

問 116. 問 108 についてモデルの推定を行え.

問 117. 問 109 の模試の結果についてモデルの推定を行え．ただし，等分散であることを仮定せよ．また，残差平方和 s_W^2 を答えよ．

問 118. 問 110 の卵の重さについてモデルの推定を行え．ただし，等分散であることを仮定せよ．また，残差平方和 s_W^2 を答えよ．

問 119. 問 83 を参考に，正規分布 $N(1,4)$ に従う標本 $y_{0,1}, y_{0,2}, y_{0,3}$ と正規分布 $N(2,4)$ に従う標本 $y_{1,1}, y_{1,2}$ に対して，比 $s_W^2/4$ が，自由度 $3+2-2=3$ の χ^2 分布に従うことを数値的に確かめよ．

問 120. 問 83 を参考に，正規分布 $N(1,4)$ に従う標本 $y_{0,1}, y_{0,2}, y_{0,3}$ と正規分布 $N(2,4)$ に従う標本 $y_{1,1}, y_{1,2}$ に対して，定理 14.10 で与える確率変数が，自由度 $3+2-2=3$ の χ^2 分布に従うことを数値的に確かめよ．

第 15 講

単回帰分析

ポイント 15.1. 単回帰モデル・回帰式

定数 a, b と分布 $N(0, \sigma^2)$ に従う値 ϵ に対して，式 $y = ax + b + \epsilon$ を**単回帰モデル**，$y = ax + b$ を**回帰式**とよびます．単回帰モデルを満たす標本は，分布 $N(ax + b, \sigma^2)$ に従います．

ポイント 15.2. 回帰式の推定と残差平方和

単回帰モデル $y = ax + b + \epsilon$ を仮定する標本 $y_1 = ax_1 + b + \epsilon_1, \ldots, y_m = ax_m + b + \epsilon_m$ に対して，その係数の推測値 $(\hat{a}, \hat{b})$ は，関数

$$f(\hat{a}, \hat{b}) = (y_1 - \hat{a}x_1 - \hat{b})^2 + \cdots + (y_m - \hat{a}x_m - \hat{b})^2$$

の最小値を求めることで得られます．この最小値は**残差平方和** s_W^2 とよばれており，残差平方和 s_W^2 を与える $(\hat{a}, \hat{b})$ は，

$$\hat{a} = \frac{x_1y_1 + \cdots + x_my_m - m\overline{x} \cdot \overline{y}}{ms_x^2} \sim N\left(a, \frac{\sigma^2}{ms_x^2}\right), \quad \hat{b} = \overline{y} - \hat{a}\overline{x} \sim N\left(b, \frac{\sigma^2}{m}\left(1 + \frac{\overline{x}}{s_x^2}\right)\right)$$

を満たします．

ポイント 15.3. 単回帰モデル係数の検定

単回帰モデル $y = ax + b + \epsilon$ を仮定する標本 $y_1 = ax_1 + b + \epsilon_1, \ldots, y_m = ax_m + b + \epsilon_m$ に対して，分散 σ^2 は，残差平方和 s_W^2 を用いて，$(m-2)s_W^2$ で推測でき，さらに，その比 s_W^2/σ^2 が自由度 $m-2$ の χ^2 分布を満たすことも分かります．このことから，第 14 講と同様にして，統計量

$$t = \frac{(\hat{a} - a)\sqrt{m(m-2)s_x^2}}{\sqrt{s_W^2}}$$

が自由度 $m-2$ の t 分布に従うことが分かりますが，これは定理 14.10 の一般化です．

ポイント 15.4. 全変動・級内変動・決定係数

単回帰モデル $y = ax + b + \epsilon$ を仮定する標本 $y_1 = ax_1 + b + \epsilon_1, \ldots, y_m = ax_m + b + \epsilon_m$ に対して,

$$s_T^2 = (y_1 - \overline{y})^2 + (y_2 - \overline{y})^2 + \cdots + (y_m - \overline{y})^2 = ms_y^2,$$
$$s_B^2 = (\hat{a}x_1 + \hat{b} - \overline{y})^2 + (\hat{a}x_2 + \hat{b} - \overline{y})^2 + \cdots + (\hat{a}x_m + \hat{b} - \overline{y})^2$$

をそれぞれ**全変動**と**級内変動**とよび，残差平方和 s_W^2 と $s_B^2 = s_T^2 - s_W^2$ の関係があります．この両辺を全変動 s_T^2 で割った値,

$$r^2 = s_B^2 / s_T^2 = 1 - s_W^2 / s_T^2$$

はモデルが標本とどの程度適合するのかを表す値であり，**決定係数**とよばれています．

15.1 単回帰モデル

本講で取り扱うのは，第 14 講のモデルを少しだけ拡張した次のモデルです．

定義 15.1. 単回帰モデル

定数 a, b と，分布 $N(0, \sigma^2)$ に従う値 ϵ に対して，式 $y = ax + b + \epsilon$ を**単回帰モデル**，$y = ax + b$ を**回帰式**とよぶ．†

† ここで取り扱うのは，x を確率変数ではなく，単なる変数とみる古典的なモデルである．

解説. 平均値の差の検定の基になるモデルが，このモデルの特別な場合であることは，変数 x を $0, 1$ のいずれかの値に限定し，$a = \mu_{Y_1} - \mu_{Y_0}, b = \mu_{Y_0}$ とおくだけなので明らかだと思います．逆にいえば，平均値の差の検定の基になるモデルを，その他の x の値についても考えるのが単回帰モデルです．

例 91. あなたがある商店の主であるとし，2 回商品売り場を拡張したことがあるとします．過去 2 回の増床は同じ広さであり，並べられる商品の重複や人気，価格の差などはないとしましょう．このとき，商店の 1 日の売上額 y が，モデル $y = ax + b + \epsilon$ を満たすと考えることはそれほど不自然ではないでしょう．もちろん，定数 b は増床前の売上（の母平均），定数 a は，増床することで増える売上，x は，$0, 1, 2$ いずれかの値を取る変数，ϵ はさまざまな理由で起きる売上の変動です．

もちろん x として整数以外の値を考えるべき場合もあります．たとえば，2 回目の増床が 1 回目の半分の規模なら，x は $0, 1, 2$ ではなく，$0, 1, 1.5$ とした方が自然でしょうし，状況によっては，x は無数の値を取り得るとした方がよい場合もあるでしょう．

定理 15.2. 単回帰モデルに従う標本の分布

単回帰モデルを満たす標本 y は，分布 $N(ax + b, \sigma^2)$ に従う．

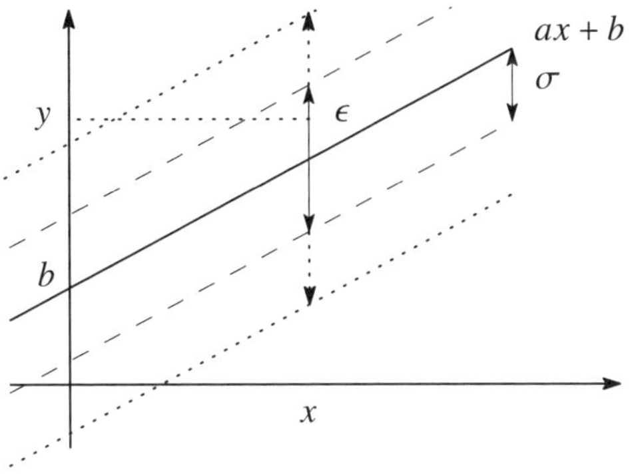

図 15.1　単回帰モデル

解説. 正規分布の再生性（定理 7.9）より，定理が成立することはほぼ明らかですが，モデルの概要を図 15.1 を基に解説しましょう．

まず，式 $ax+b$ は，傾き a，切片 b の直線で表すべきです．そして，y は，この直線上の点ではなく，そこから ϵ 離れたところにあります．さらに値 ϵ は，分布 $N(0,\sigma^2)$ に従う確率変数であり，定理 7.5 と定理 7.10 によれば，その値は，約 68% の確率で $-\sigma \leq \epsilon \leq \sigma$ に，約 95% の確率で $-2\sigma \leq \epsilon \leq 2\sigma$ になります．したがって，確率変数 y は，約 68% の確率で図 15.1 の斜めの実線（$ax+b$ を表す直線）を中心として上下に実線の矢印で示した範囲の高さの値になり，約 95% の確率で斜めの実線を中心として上下に点線の矢印で示した範囲の高さの値となります．つまり，定義 15.1 のモデルが想定しているのは，中心 b，幅 σ のなだらかな山形の分布が，幅を保ったままその中心を変化させていく，そのような現象です．

15.2　モデル係数の推定

本節は，一般的な単回帰モデルの係数 a, b の推定について解説しますが，残念ながら，これは第 14 講のモデルほど容易ではありません．この理由を例 91 のモデルで考えてみましょう．

増床による売り上げの変化をみるため，増床前の適当な 4 日間の売り上げ，増床後の適当な 3 日間の売り上げ，再度増床後の適当な 3 日間の売り上げを調べた値が，

増床前	112	130	146	132
増床後	166	184	148	
再増床後	236	266	242	

	標本平均	標本分散
増床前	130	146
増床後	166	216
再増床後	248	168

だとしましょう．ただし，数値の単位は「万円」です．

仮定されているモデルは，総売上額 y について，$y = ax + b + \epsilon$ です．増床前，増床後，再増床後をそれぞれ $x = 0, 1, 2$ に対応させます．

このモデルの推定式を，$y = \hat{a}x + \hat{b} + \epsilon$ と置きます．定理 15.2 より，増床前，増床後，再増床後それぞ

れに対応する級の母平均は，$b, a+b, 2a+b$ ですから，その推測値は，$\hat{b}, \hat{a}+\hat{b}, 2\hat{a}+\hat{b}$ であり，第 14 講と同様に，標本平均が母平均の適切な推測値とみて，式を立てると，

$$\begin{cases} \hat{b} = 130, \\ \hat{a}+\hat{b} = 166, \\ 2\hat{a}+\hat{b} = 248 \end{cases}$$

です．しかし，この連立方程式に解はありません．最初の 2 つの式から，$\hat{a} = 166 - 130 = 36, \hat{b} = 130$ が得られますが，これらの値は，最後の式を満たさないからです．だからといって，最初の 2 つの式だけで推測するのは乱暴でしょう．大数の法則より，より正確な推測を行うには，より多くの標本を利用すべきなのに，そうはなってはいないからです．

では，全ての標本を利用した推測をどのように行えばよいのでしょうか．これには残差平方和 s_W^2 の次の性質を利用します．

定理 15.3. 残差の性質

モデル $y = (\mu_{Y_1} - \mu_{Y_0})x + \mu_{Y_0} + \epsilon \ (x = 0, 1)$ を仮定する級 Y_1 の標本 $y_{1,1}, \ldots, y_{1,k}$ と級 Y_0 の標本 $y_{0,1}, \ldots, y_{0,l}$ に対して，関数

$$f(\hat{a}, \hat{b}) = (y_{1,1} - \hat{a} - \hat{b})^2 + \cdots + (y_{1,k} - \hat{a} - \hat{b})^2 + (y_{0,1} - \hat{b})^2 + \cdots + (y_{0,l} - \hat{b})^2 \tag{15.1}$$

は，$(\hat{a}, \hat{b}) = (\overline{y_1} - \overline{y_0}, \overline{y_0})$ のとき最小値 s_W^2 を取る．ただし，s_W^2 は残差平方和である．

解説. 一見難しそうですが，$f(\hat{a}, \hat{b})$ は，a と b 双方について 2 次式ですから，平方完成を導くことで自然と最小値が出てきます．少し面倒ですが，やってみましょう．

まず，$f(\hat{a}, \hat{b})$ を展開し，$\hat{a}, \hat{b}$ の順序で降べきの順にまとめると，

$$f(\hat{a}, \hat{b}) = k\hat{a}^2 - 2k(\overline{y_1} - \hat{b})\hat{a} + (k+l)\hat{b}^2 - 2(k\overline{y_1} + l\overline{y_0})\hat{b} + y_{1,1}^2 + \cdots + y_{1,k}^2 + y_{0,1}^2 + \cdots + y_{0,l}^2$$

です．ただし，$\overline{y_1}$ と $\overline{y_0}$ は級 Y_1 と Y_0 の標本の標本平均です．次に $\hat{a}$ について平方完成すると，

$$\begin{aligned} f(\hat{a}, \hat{b}) &= k\left(\hat{a} - (\overline{y_1} - \hat{b})\right)^2 - k(\hat{b} - \overline{y_1})^2 + (k+l)\hat{b}^2 - 2(k\overline{y_1} + l\overline{y_0})\hat{b} + y_{1,1}^2 + \cdots + y_{1,k}^2 + y_{0,1}^2 + \cdots + y_{0,l}^2 \\ &= k\left(\hat{a} - (\overline{y_1} - \hat{b})\right)^2 + l\hat{b}^2 - 2l\overline{y_0}\hat{b} + y_{1,1}^2 + \cdots + y_{1,k}^2 - k\overline{y_1}^2 + y_{0,1}^2 + \cdots + y_{0,l}^2 \end{aligned}$$

となり，さらに $\hat{b}$ について平方完成することで，

$$f(\hat{a}, \hat{b}) = k\left(\hat{a} - (\overline{y_1} - \hat{b})\right)^2 + l(\hat{b} - \overline{y_0})^2 + y_{1,1}^2 + \cdots + y_{1,k}^2 - k\overline{y_1}^2 + y_{0,1}^2 + \cdots + y_{0,l}^2 - l\overline{y_0}^2$$

となることが分かります．定義 8.12 より，標本分散 $s_{y_1}^2, s_{y_0}^2$ に対して，$ks_{y_1}^2 = y_{1,1}^2 + \cdots + y_{1,k}^2 - k\overline{y_1}^2, ls_{y_0}^2 = y_{0,0}^2 + \cdots + y_{0,l}^2 - l\overline{y_0}^2$ であり，残差平方和が $s_W^2 = ks_{y_1}^2 + ls_{y_0}^2$ であることを思い出せば最後の式は，

$$f(\hat{a}, \hat{b}) = k\left(\hat{a} - (\overline{y_1} - \hat{b})\right)^2 + l(\hat{b} - \overline{y_0})^2 + s_W^2$$

と書くことができます．平方の部分はゼロ以上の値しか取りませんから，最小値は，$\hat{b} = \overline{y_0}, \hat{a} = \overline{y_1} - \hat{b} = \overline{y_1} - \overline{y_0}$ のとき，残差平方和 s_W^2 です．

この定理によれば，モデル $y = ax + b + \epsilon$ $(x = 0, 1, a = \mu_{Y_1} - \mu_{Y_0}, b = \mu_{Y_0})$ の残差と推測式の係数（定理 14.4）は，関数 $f(\hat{a}, \hat{b})$ の最小値を求めることで自然と求まります．本講のモデルは，これを $x = 0, 1$ 以外の値に拡張したものなのですから，次のように考えるのが自然なことが分かります．

定理 15.4. 最小二乗法

単回帰モデル $y = ax + b + \epsilon$ を仮定する標本 $y_1 = ax_1 + b + \epsilon_1, \ldots, y_m = ax_m + b + \epsilon_m$ に対して，その係数の推測値 $(\hat{a}, \hat{b})$ は，関数

$$f(\hat{a}, \hat{b}) = (y_1 - \hat{a}x_1 - \hat{b})^2 + \cdots + (y_m - \hat{a}x_m - \hat{b})^2 \tag{15.2}$$

の最小値を求めることで得られる．この最小値を**残差平方和**，もしくは**級内変動**とよび，本書はこれを記号 s_W^2 で表す．また，残差平方和 s_W^2 を与える $(\hat{a}, \hat{b})$ は，

$$\hat{a} = \frac{x_1y_1 + \cdots + x_my_m - m\overline{x}\cdot\overline{y}}{ms_x^2} \sim N\left(a, \frac{\sigma^2}{ms_x^2}\right), \quad \hat{b} = \overline{y} - \hat{a}\overline{x} \sim N\left(b, \frac{\sigma^2}{m}\left(1 + \frac{\overline{x}}{s_x^2}\right)\right) \tag{15.3}$$

を満たす．ただし，$\overline{x}$ と $\overline{y}$ はそれぞれ $x_1, \ldots, x_m$ と $y_1, \ldots, y_m$ の標本平均，s_x^2 は $x_1 \ldots, x_m$ の標本分散である．

解説．まず，$m = k + l$ として，$x_1 \to 1, \ldots, x_k \to 1, x_{k+1} \to 0, \ldots, x_{k+l} \to 0, y_1 \to y_{1,1}, \ldots, y_k \to y_{1,k}, y_{k+1} \to y_{0,1}, \ldots, y_{k+l} \to y_{0,l}$ と置き換えることで，式 (15.2) から式 (15.1) が出てきますから，式 (15.2) が式 (15.1) の拡張になっていることが分かります．

次に，関数 $f(\hat{a}, \hat{b})$ の最小値ですが，これは，定理 15.3 の解説と全く同様の方針で導けますので，詳細は省略します．また，関数 $f(\hat{a}, \hat{b})$ の最小値を残差平方和と定義することも，定理 15.3 の類似ですので問題はないでしょう．ここでは，値 $\hat{a}$ と $\hat{b}$ が式 (15.3) に与えた分布に従うことのみ示します．

まず，本書のモデルでは，値 x_i は確率変数ではなく，単にどの級に属するのかを示すラベルにすぎない（したがって，単なる数であり，確率変数ではない）ことに注意してください．また，標本なので，y_i $(i = 1, \ldots, m)$ は互いに独立です．さらに，$y_i = ax_i + b + \epsilon_i$ かつ ϵ_i は正規分布 $N(0, \sigma^2)$ に従う確率変数なので，正規分布の再生性（定理 7.9）から，確率変数 y_i は，正規分布 $N(ax_i + b, \sigma^2)$ に従います．したがって，式 (15.3) は，y_1 から y_m に何かの数字を掛け，その和を取っているだけですので，再び正規分布の再生性より正規分布であり，あとは期待値と分散が何になるのかが分かれば分布が確定します．

期待値を計算してみましょう．$E(\overline{y}) = \frac{E(y_1)+\cdots+E(y_m)}{m} = \frac{(ax_1+b)+\cdots+(ax_m+b)}{m} = a\overline{x} + b$ と $ms_x^2 = (x_1^2 + \cdots + x_m^2) - m\overline{x}^2$ に注意して，

$$\begin{aligned} E(\hat{a}) &= E\left(\frac{x_1y_1 + \cdots + x_my_m - m\overline{x}\cdot\overline{y}}{ms_x^2}\right) = \frac{x_1E(y_1) + \cdots + x_mE(y_m) - m\overline{x}E(\overline{y})}{ms_x^2} \\ &= \frac{a(x_1^2 + \cdots + x_m^2) + bm\overline{x} - am\overline{x}^2 - bm\overline{x}}{ms_x^2} = \frac{a(x_1^2 + \cdots + x_m^2 - m\overline{x}^2)}{ms_x^2} = a \end{aligned}$$

であり，ゆえに，$E(\hat{b}) = E(\overline{y}) - E(\hat{a})\overline{x} = a\overline{x} + b - a\overline{x} = b$ です．これで期待値が (a, b) となることが分かりました．分散の計算も，$V(y_i) = V(ax_i + b + \epsilon) = V(\epsilon) = \sigma^2$ に注意しながら，分散の基本的な計算

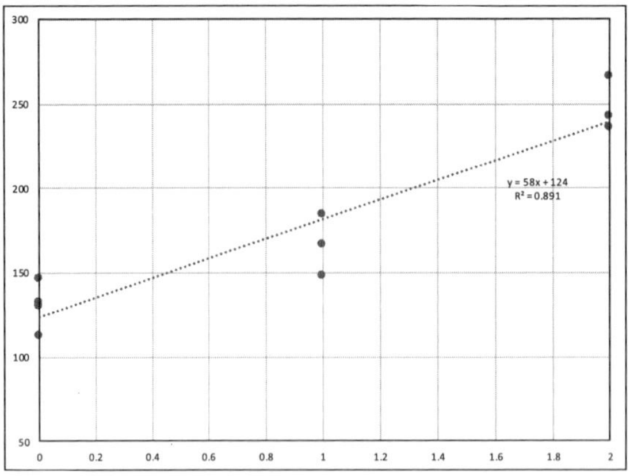

図 15.2 例 92 の標本と推測された回帰直線

公式である定理 6.7 と定理 6.9 にしたがって計算するだけで，煩雑なだけなので，その詳細は省略します．

最後に，予測値 $(\hat{a}, \hat{b})$ は共に正規分布に従い，その分散は標本の長さ m に反比例するのですから，正規分布の形状より，標本の長さが十分に大きければ，$(\hat{a}, \hat{b})$ はほぼ確実に (a, b) に非常に近い値となります．また，式 (15.3) から，全ての標本の情報が使われていることも分かります．したがって，$y = \hat{a}x + \hat{b} + \epsilon$ が単回帰モデル $y = ax + b + \epsilon$ の適切な推測式であることが分かりました．なお，**尤度**とよばれる概念を導入することで，この手順の確率論的な意義も分かることを注意しておきます．

例 92. 本節の冒頭で与えた商店の売り上げを用いて，ここまでの議論を振り返りましょう．この例の場合，$x = 0, 1, 2$ に増床前，増床後，再増床後が対応します．したがって，定理 15.4 の関数 $f(\hat{a}, \hat{b})$ は，

$$
\begin{aligned}
f(\hat{a}, \hat{b}) &= (112 - \hat{b})^2 + (130 - \hat{b})^2 + (146 - \hat{b})^2 + (132 - \hat{b})^2 + (166 - \hat{a} - \hat{b})^2 + (184 - \hat{a} - \hat{b})^2 \\
&\quad + (148 - \hat{a} - \hat{b})^2 + (236 - 2\hat{a} - \hat{b})^2 + (266 - 2\hat{a} - \hat{b})^2 + (242 - 2\hat{a} - \hat{b})^2 \\
&= 15\left(\hat{a} - (662 - 3\hat{b})/5\right)^2 + 23(\hat{b} - 124)^2/5 + 2840
\end{aligned}
$$

であり，$\hat{b} = 124, \hat{a} = (662 - 3\hat{b})/5 = 58$ で最小値 2840 を取ります．したがって，式 $y = 58x + 124 + \epsilon$ が例 91 のモデルの推測式であり，残差平方和は $s_W^2 = 2840$ です．なお，これらの値は，たまたま得られた値（標本）から計算されのですから，確率変数です．定理 15.4 より，標本の長さ $m = 10$，$s_x^2 \simeq 0.7$ に注意して，$\hat{a} = 58$ は分布 $N(a, \sigma^2/7)$ に，$\hat{b} = 124$ は分布 $N(b, 4.4\sigma^2)$ にしたがって現れたと考えることができます．なお，残差平方和 $s_W^2 = 2840$ も確率変数ですが，その分布については次節で解説します．

15.3 モデル分散の推定

回帰モデルは第 14 講のモデルの拡張ですから，定理 14.8 と定理 14.9 から予想できる通り，残差平方和 s_W^2 について以下の結果が成立します．

定理 15.5. 残差の従う分布

単回帰モデル $y = ax + b + \epsilon$ を仮定する標本 $y_1 = ax_1 + b + \epsilon_1, \ldots, y_m = ax_m + b + \epsilon_m$ に対して，その残差平方和 s_W^2 は，統計量 $\hat{a}$，および $\hat{b}$ と独立である．また，比 s_W^2/σ^2 は，自由度 $m-2$ の χ^2 分布に従う．したがって，残差 s_W^2 の期待値は $(m-2)\sigma^2$ である．

解説. まず，独立な標準正規分布 m 個の平方和が自由度 m の χ^2 分布でした（定義 10.6）．標本 $y_1, \ldots, y_m$ は独立です．したがって，誤差 $\epsilon_1, \ldots, \epsilon_m$ も独立であり，これらは正規分布 $N(0, \sigma^2)$ に従う確率変数なのですから，その正規化 m 個の平方和 $\epsilon_1/\sigma^2 + \cdots + \epsilon_m/\sigma^2$ は自由度 m の χ^2 分布に従います．

また，定理 15.4 より，統計量 $\hat{a}$ は正規分布に従います．したがって，統計量 $\hat{a}$ の正規化の平方 $z_1^2 = (\hat{a} - a)^2/ms_x^2$ は自由度 1 の χ^2 分布です．同様に，$E(\overline{y}) = a\overline{x} + b, V(\overline{y} - a\overline{x} - b) = V(\overline{y}) = \sigma^2/m$ と正規分布の再生性より，$\overline{y} - a\overline{x} - b$ は正規分布 $N(0, \sigma^2/m)$ に従いますから，$\hat{b} = \overline{y} - \hat{a}\overline{x}$ に注意すれば，

$$z_2^2 = \frac{(\overline{y} - a\overline{x} - b)^2}{\sigma^2/m} = \frac{m((\hat{a} - a)^2\overline{x} + \hat{b} - b)^2}{\sigma^2}$$

も自由度 1 の χ^2 分布に従う確率変数です．

実は，残差平方和 s_W^2 と誤差 $\epsilon_1, \ldots, \epsilon_m$，そして上の確率変数 z_1^2, z_2^2 の間には，

$$s_W^2/\sigma^2 + z_1^2 + z_2^2 = \epsilon_1^2/\sigma^2 + \cdots + \epsilon_m^2/\sigma^2 \tag{15.4}$$

の関係があります．右辺は自由度 m の χ^2 分布であり，左辺の z_1^2 と z_2^2 は自由度 1 の χ^2 分布ですから（確率変数の独立性について定理 10.14 と同様の議論が本来は必要なのですが)，差し引きして，比 s_W^2/σ^2 は自由度 $m-2$ の χ^2 分布であることが分かります．自由度 $m-2$ の χ^2 分布の期待値は $m-2$（定理 10.10 参照）なので，$E(s_W^2) = (m-2)\sigma^2$ もすぐに出てきます．

なお，関数 (15.2) に式 (15.3) を代入することで残差 s_W^2 が得られることはその定義から明らかです．そして，この計算を実際に実行することで上の結論の式 (15.4) を導くことができます．しかし，あまりに煩雑な計算ですし，一般には，進んだ数学の知識（線形代数学）を使ったより本質的な証明を行うのが普通ですから，本書では，その詳細は省略します．

例 93. 定理 15.5 と例 92 で求めた残差平方和 $s_W^2 = 2840$ より，例 91 のモデルの母分散 σ^2 の推測値として $E(s_W^2)/(m-2) = 2840/(10-2) = 355$ を取れることが分かります．比 s_W^2/σ^2 は自由度 $m-2$ の χ^2 分布ですが，定理 10.11 より，m が十分大きければ，これはほぼ正規分布 $N(m-2, 2(m-2))$ とみなせ

ます．したがって，m が十分大きなとき，$s_W^2/(m-2)$ は，期待値と分散が，

$$E\left(\frac{s_W^2}{m-2}\right) = \frac{E(s_W^2)}{m-2} = \sigma^2, \quad V\left(\frac{s_W^2}{m-2}\right) = V\left(\frac{s_W^2}{\sigma^2} \times \frac{\sigma^2}{m-2}\right) = 2(m-2) \times \frac{\sigma^4}{(m-2)^2} = \frac{2\sigma^4}{m-2}$$

の正規分布に従うとみてかまいません．分散は $m-2$ に反比例していることから，正規分布の形状より，標本の長さが十分に大きければ比 $s_W^2/(m-2)$ はほぼ確実に σ^2 に非常に近い値になります．

15.4 検定とモデル

ここまで来れば，次の定理を用いた検定を行えることはほぼ明らかです．

定理 15.6. 単回帰モデル係数の検定

単回帰モデル $y = ax + b + \epsilon$ を仮定する標本 $y_1 = ax_1 + b + \epsilon_1, \ldots, y_m = ax_m + b + \epsilon_m$ に対して，統計量

$$t = \frac{(\hat{a} - a)\sqrt{m(m-2)s_x^2}}{\sqrt{s_W^2}}$$

は自由度 $m-2$ の t 分布に従う．ただし，$\hat{a} = (x_1y_1 + \cdots + x_my_m - m\overline{x} \cdot \overline{y})\big/(ms_x^2)$ である．

解説．定理 15.4 より $(\hat{a}-a)\big/\sqrt{\sigma^2/(ms_x^2)}$ は標準正規分布に従い，定理 15.5 より s_W^2/σ^2 は自由度 $m-2$ の χ^2 分布に従います．したがって，t 分布の定義（定義 12.1）より，

$$\frac{\hat{a}-a}{\sqrt{\sigma^2/(ms_x^2)}} \Bigg/ \sqrt{\frac{s_W^2}{(m-2)\sigma^2}} = \frac{(\hat{a} - a)\sqrt{m(m-2)s_x^2}}{\sqrt{s_W^2}}$$

は自由度 $m-2$ の t 分布に従う確率変数です．

例 94. 例 91 のモデルの傾きが正になるか否かに興味があるとします．帰無仮説 $a \leq 0$ を置いて検定をしてみましょう．

例 92 より，$s_W^2 = 2840, \hat{a} = 58, s_x^2 \simeq 0.7$ であり，標本の長さ $m = 10$ なので，定理 15.6 より，

$$t \simeq \frac{(58-0)\sqrt{10 \times (10-2) \times 0.7}}{\sqrt{2840}} \simeq 8.14$$

は自由度 8 の t 分布に従う値です．$\alpha = 0.01$ の場合の棄却域は，$t > 2.896$ ですから，有意水準 1% で帰無仮説は棄却され，対立仮説 $a > 0$ が採用されます．つまり，本検定の結果は 1% 有意であり，$a \leq 0$ となることは 99% あり得ないことが分かりました．

15.5 適合度

ここまで，単回帰モデルを等分散の場合の平均値の差の検定モデルの拡張とみて議論し，結果としてモデルの傾きの検定の基本となる定理 15.6 を得ました．しかし，モデルは仮定です．仮定自体が間違っているなら，その一部の値を検定する意味はありません．つまりモデルは正しくなければなりません．

ここで，真実かどうかではなく，正しいかどうかを問題にしていることに注意してください．では，正しいモデルとはどのようなモデルなのでしょうか．

モデルは数式です．数式は数学の対象です．数学は科学の言葉です．したがって，モデルは科学的でなければならず，科学的であるからには，現象を十分に説明でき，再現できなければなりません．つまり，モデルは，既存の現象に適合し，予測によく耐えうる必要があるだけで，必ずしも真実であることが求められる訳ではありません．この視点に立てば，モデルが現象にどの程度適合しているのかがまず測られるべきであり，測るからには，モデル化以前がどのような状態かを把握しておく必要があります．

定義 15.7. 全変動

標本 $y_1, y_2, \ldots, y_m$ とその標本平均 $\overline{y}$, 標本分散 s_y^2 に対して，

$$s_T^2 = (y_1 - \overline{y})^2 + (y_2 - \overline{y})^2 + \cdots + (y_m - \overline{y})^2 = ms_y^2$$

を**全変動**とよぶ．本書はこの値を記号 s_T^2 で表す．

解説. まず，座標 (y_1, y_2) と $(\overline{y}, \overline{y})$ の距離の平方は $(y_1 - \overline{y})^2 + (y_2 - \overline{y})^2$ であることに注意してください．全変動の式はこの類似です．つまり，標本の構造について何も仮定しなかったとき，平均と標本の間がどの程度離れているのかを測った値が全変動です．

例 95. 第 15.2 節の冒頭で与えた商店の売り上げの全変動 s_T^2 は，増床前，増床後，再増床後を特に区別せず，全てをまとめた長さ 10 の標本 $112, 130, 146, 132, 166, 184, 148, 236, 266, 242$ の標本分散 $s_y^2 = 2605.16$ を 10 倍した値 26051.6 です．

次に，モデルにより，この距離がどのくらい減少するのかを測りたいのですが，それは既に分かっています．というのも，式 (15.2) で定義される関数

$$f(\hat{a}, \hat{b}) = (y_1 - \hat{a}x_1 - \hat{b})^2 + \cdots + (y_m - \hat{a}x_m - \hat{b})^2$$

は，標本 $y_1, \ldots, y_m$ と，$\hat{a}x_1 + \hat{b}, \ldots, \hat{a}x_m + \hat{b}$ がどの程度離れているのかを測っており，定理 15.4 により，その最小値は残差平方和 s_W^2 だからです．つまり，現象 $y_1, \ldots, y_m$ に最も適合するよう係数 $\hat{a}, \hat{b}$ を調整した結果が残差平方和 s_W^2 だと解釈できます．したがって，次のように定めるのが自然なことが分かります．

定義 15.8. 決定係数

単回帰モデル $y = ax + b + \epsilon$ を仮定する標本 $y_1 = ax_1 + b + \epsilon_1, \ldots, y_m = ax_m + b + \epsilon_m$ とその全変動 s_T^2, 残差平方和 s_W^2 に対し，

$$r^2 = 1 - s_W^2 / s_T^2$$

を**決定係数**とよび，一般にこれを記号 r^2 で表す．

解説. 何も仮定しない場合の距離の平方は全変動 s_T^2 です．この値が単回帰モデルを仮定することで，残差平方和 s_W^2 まで減少するのですから，その減少率は $(s_T^2 - s_W^2)/s_T^2 = 1 - s_W^2/s_T^2 = r^2$ です．つまり，決定係数は，モデルによりどの程度観察された現象と適合するのかの度合いを示す値です．

例 96. 例 91 のモデルの決定係数は，例 92 と例 95 より，$r^2 = 1 - 2840/26051.6 \simeq 0.891$ です．つまり，このモデルにより，観察した現象の約 90% が説明できていると解釈できます．

さらに，決定係数 r^2 と全変動 s_T^2 の積 $r^2 s_T^2$ には次の意味があることが分かります．

定理 15.9. 級間変動

単回帰モデル $y = ax + b + \epsilon$ を仮定する標本 $y_1 = ax_1 + b + \epsilon_1, \ldots, y_m = ax_m + b + \epsilon_m$ に対し，

$$r^2 s_T^2 = s_T^2 - s_W^2 = (\hat{a}x_1 + \hat{b} - \overline{y})^2 + (\hat{a}x_2 + \hat{b} - \overline{y})^2 + \cdots + (\hat{a}x_m + \hat{b} - \overline{y})^2$$

が成立する．この値を一般に**級間変動**とよび，本書はこの値を記号 s_B^2 で表す．

解説. 右辺はモデルによって予想される値 $\hat{a}x_1 + \hat{b}, \ldots, \hat{a}x_m + \hat{b}$ と平均 $\overline{y}$ との距離の平方です．つまり，もともとの距離（全変動 s_T^2）から，モデルにより予想された部分を引く（$s_T^2 -$ (右辺)）と，残りの距離（残差平方和 s_W^2）が分かる，というある意味明らかな関係を表しています．

数学的には，左辺と右辺に全変動の定義式（定義 15.7）と定理 15.4 の式を代入することで示せますが，ただ煩雑なだけの計算であることから，この計算の詳細も本書では省略します．

例 97. 第 15.2 節の冒頭で与えた商店の売り上げの級を区別せず，その標本平均を計算した値は 176.2 です．モデルの予測式は例 92 より，$y = 58x + 124 + \epsilon$ ですから，モデルにより予想される増床前の期待値は $58 \times 0 + 124 = 124$ です．同様に，増床後と再増床後の期待値は $58 \times 1 + 124 = 182$ と $58 \times 2 + 124 = 240$ です．それぞれ，4 つ，3 つ，3 つの標本があることから，級間変動は，

$$4 \times (124 - 176.2)^2 + 3 \times (182 - 176.2)^2 + 3 \times (240 - 176.2)^2 = 23211.6 \simeq 0.891 \times 26051.6$$

となり，例 96 より，確かに決定係数と全変動の積に一致しています．

演習問題

問 121. 単回帰モデルを満たす標本 $y_1 = ax_1 + b + \epsilon_1, \dots, y_m = ax_m + b + \epsilon_m$ に対して，

$$V(\hat{a}) = V\left(\frac{x_1y_1 + \cdots + x_my_m - m\overline{x}\cdot\overline{y}}{ms_x^2}\right) = \frac{\sigma^2}{m}\left(1 + \frac{\overline{x}}{s_x^2}\right)$$

を示せ（定理 15.4 参照）．

問 122. 確率変数 ϵ は正規分布 $N(0, \sigma^2)$ に従うとし，英語の試験結果 y と数学の試験結果 x に単回帰モデル $y = ax + b + \epsilon$ を仮定する．あるクラスの 6 人の数学と英語の試験（50 点満点）結果が，

数学	24	15	12	31	24	14
英語	21	17	15	26	29	12

だったとして，以下の問いに答えよ．

1. モデルの予測式とその残差平方和を求めよ．予測式の係数が従う分布を求めよ．
2. モデル分散を推定せよ．
3. 予測式の傾きについての検定を実施せよ．
4. 決定係数 r^2 と級間変動 s_B^2 を求めよ．また，数学と英語の試験結果の相関係数の平方が決定係数に一致していることを確かめよ．

問 123. 変数 $x_1, x_2, \dots, x_k$ と標本 $y_1, y_2, \dots, y_k$ の間に，分布 $N(0, \sigma^2)$ に従う確率変数 ϵ を用いて単回帰モデル $y = ax + b + \epsilon$ を仮定したとき，その決定係数 r^2 が，

$$r^2 = \left(\frac{s_{xy}}{s_x \cdot s_y}\right)^2 = \left(\frac{(x_1 - \overline{x})(y_1 - \overline{y}) + \cdots + (x_k - \overline{x})(y_k - \overline{y})}{\sqrt{(x_1 - \overline{x})^2 + \cdots + (x_k - \overline{x})^2}\sqrt{(y_1 - \overline{y})^2 + \cdots + (y_k - \overline{y})^2}}\right)^2$$

を満たす（すなわち，x, y の相関係数の平方と決定係数が一致する）ことを示せ．

問 124. 確率変数 ϵ は分布 $N(0, 25)$ に従うとして，以下の問いに答えよ．

1. 単回帰モデル $y = x + 4 + \epsilon$ を満たす擬似乱数列（標本）を $x = 0, 1, 2, 3$ のそれぞれの値について 5 個ずつ計 1000 組作成せよ．
2. 全ての組の推計式の傾き $\hat{a}$，切片 $\hat{b}$，残差平方和 s_W^2 を求めよ．
3. 傾き $\hat{a}$，切片 $\hat{b}$ の平均，残差平方和 s_W^2 の平均がそれぞれ $1, 4, (20-2)\times 25 = 450$ に近い値になることを確かめよ．
4. 問 83 を参考に，傾き $\hat{a}$ が分布 $N(1, 1)$ を満たすことを数値的に確かめよ．同様に，切片 $\hat{b}$ が分布 $N(4, 2.75)$ を満たすことを数値的に確かめよ．
5. 問 83 を参考に，比 $s_W^2/25$ が自由度 18 の χ^2 分布に従うことを数値的に確かめよ．
6. 全ての組の全変動 s_T^2，決定係数 r^2，級間変動 s_B^2 を求めよ．
7. 全変動 s_T^2，残差平方和 s_W^2，級間変動 s_B^2 の間に定理 15.9 の関係が成立していることを確かめよ．

第IV部

付　　録

付録には，

1. 確率分布と乱数
2. 区間推定
3. 効果量
4. 累積分布表
5. 参考文献
6. 索引

が含まれています．このうち，累積分布表は，本書で紹介した代表的な連続確率分布の確率を実際に求めるために使う数表であり，実際に本文中で使われていますし，練習問題を解くためにも必要です．また，参考文献は，基本的には本書読了後に参照すべき書籍を載せるようにし，索引は，本書を辞書代わりに使えるようかなり詳しくしました．そして，最初の 3 つは，本書の本文で書ききれなかったことを補う目的のものです．

付録 1「確率分布と乱数」は，一様分布（乱数）からどのようにして任意の分布に従う乱数列を作り出すのかの基本についての解説ですが，これは，本書のいくつかの練習問題を解くために必要な知識です．

付録 2 と 3 は，将来的な必要性を見越した部分です．

第 III 部の冒頭で，統計的仮説検定については近年大きな批判があること，そして，統計的仮説検定のみを用いて議論を組み立てることは推奨されなくなってきていることを注意しました．

この問題に対処する方法として，本書は，検定の背後にあるモデルに着目しましたが，その他に，検定を区間推定に置き換える，もしくは，検定結果を効果量と呼ばれる値と共に報告するなどの方法が提案されています．付録 2 と 3 は，これらの手法のさわりを解説しています．

付録 1　確率分布と乱数

本書をここまでご覧になられた方は，（推計）統計学とは，ある意味，確率変数の実用的な取り扱い方を学ぶ分野なのだなと感じておられることでしょう．確率変数とは，確率的に，言い換えると，乱雑に変化する数ですが，一般に，このような乱雑に変化する値を並べたものは次のようによばれています．

定義 1.1. 乱数列と乱数

予測できない乱雑な数の列を**乱数列**とよび，乱数列に属する数を**乱数**とよぶ．

興味のある確率変数の具体的な値を無作為に並べたものが乱数列ですから，次の定理は明らかです．

定理 1.2

乱数列は，標本の言い換えであり，乱数は，長さ 1 の標本である．

さて，ある確率分布に従う乱数列を，一定の方法で計算処理する（例えば，標本平均を計算する）と，その結果出てくる数字に何らかの傾向があるだろうことは，当然，期待されて然るべきです．しかし，乱数列には規則性がないので，その演算結果をすぐに予測できるような公式や定理はほとんど作れませんし，作れたとしても，相当に高度な数学的な議論を経なければなりませんでした．つまり，確率変数の実用的な取り扱いの実現は多くの場合困難だったのです．

しかし，近年，技術の急速な発展により，莫大な計算能力を有する情報機器が安価に手に入るようになってきました．莫大な計算能力があるのですから，公式や定理に頼らなくても，乱数列があまりに長すぎない限り，それを入力できれば，計算結果をすぐに得ることができます．したがって，ある傾向に従う（言い換えると，ある確率分布に従う）乱数列をある程度たくさん入力できれば，完全にではありませんが，それを計算し尽くすことで，計算結果がどのような傾向をもつのかを観察することができます．

では，ある傾向に従う，つまり，一定の確率分布に従う乱数列を大量に作り出すことは可能なのでしょうか．この疑問に答えるのが次の定理です．

定義 1.3. 一様乱数列

どの乱数も同じ確率で現れる乱数列を**一様乱数列**とよぶ．

つまり，一様乱数列とは，一様分布に従う乱数から成る乱数列のことです．

定理 1.4. 与えられた離散分布に従う乱数列の生成

値 p を $0 \leq p \leq 1$ を満たす一様乱数，$F_X(t)$ を離散確率変数 X の累積分布関数とする．このとき，

$$F_X^{\mathrm{inv}}(p) = 「F_X(t) \geq p \text{ となる最小の値 } t」$$

と定めると，$F_X^{\mathrm{inv}}(p)$ は，確率変数 X と同じ分布を満たす乱数を与える．

定理 1.5. 与えられた連続分布に従う乱数列の生成

連続確率変数 X の累積分布関数 $F_X(t)$ の逆関数 $F_X^{-1}(t)$ と値 p を $0 \leq p \leq 1$ を満たす一様乱数に対して,

$$F_X^{-1}(p)$$

は，確率変数 X と同じ分布を満たす乱数を与える.

解説. いたずらに複雑な議論を避けるため，確率変数 X は 3 つの値 $1, 2, 3$ のいずれかを取り，その確率関数が $F(1) = 1/2, F(2) = 1/3, F(3) = 1/6$ を満たす場合に限定して解説します.

まず，累積分布関数 $F_X(t)$ は,

$$F_X(t) = \begin{cases} 0 & (t < 1) \\ 1/2 & (1 \leq t < 2) \\ 1/2 + 1/3 = 5/6 & (2 \leq t < 3) \\ 1 & (t \geq 3) \end{cases}$$

です．したがって，関数 $F_X^{\mathrm{inv}}(p)$ は,

$$F_X^{\mathrm{inv}}(p) = \begin{cases} 1 & (0 \leq p \leq 1/2) \\ 2 & (1/2 < p \leq 5/6) \\ 3 & (5/6 < p \leq 1) \end{cases}$$

となります.

いま，p が $0 \leq p \leq 1$ の値を取る一様乱数ですから，$a < p \leq b$ となる確率は $b - a$ です．したがって，値 $1, 2, 3$ となる確率は，それぞれ，$1/2, 1/3, 1/6$ となり，これは確率変数 X そのものです．つまり，値 $F_X^{\mathrm{inv}}(p)$ は定理の主張通り，確率変数 X と同じ分布を満たす乱数です.

定理 1.4 と 1.5 より，一定の確率分布に従う乱数を得るには，$0 \leq p \leq 1$ を満たす一様乱数 p を作ればよいことが分かりました．したがって，問題は，安価な機器でこのような一様乱数を作り出せるかどうかに帰着されます.

厳密な意味でいうと，現在の情報機器で完璧な一様乱数を発生させるものがあるかどうかは分かっていません．しかし，ほぼ一様乱数とみなせる数列を発生させる計算手法等は知られていますし，そのような計算手法を使って疑似的な一様乱数を生成する関数がほぼ全てのプログラミング言語と表計算ソフトウェアから利用できます.

もちろん，これら関数を用いて生成した疑似的な乱数が，十分に科学的な検証に耐えうる精度のものかどうかは慎重に検討しなければなりませんが，統計の理解のため，もしくは，簡単なシミュレーション程度に使うのならば十分であり，実際，本書の練習問題の中にも，このようにして生成した疑似的な一様乱数を用いて解くことを企図した問題が含まれています（問 62 などが該当の問題です).

付録 2　区間推定

第 14 講では，検定の不自然さについて指摘し，その不自然さを解決する手法として，モデルを基にした議論を紹介しましたが，ここでは，同様の目的で使える区間推定について解説します．

定義 2.1. 区間推定

信頼区間を求めることを**区間推定**とよぶ．

定義 2.2. 信頼区間

観測された標本と信頼水準から，母数が含まれるであろう値の区間（範囲）を推測したものを**信頼区間**とよぶ．

定義 2.3. 信頼水準

信頼区間の推測のため，あらかじめ設定される確率を**信頼水準**もしくは**信頼係数**とよぶ．一般に信頼水準は 0.95 もしくは 0.99 とすることが多い．

解説. 定義だけだとかなり分かりにくいので，検定の際に使ったのと同じ例で説明しましょう．

例 76 と同様に，ある硬貨が偏りのないものかどうかに興味があるとします．

検定の場合，まず帰無仮説と対立仮説を設定しますが，区間推定の場合は，まず，信頼水準を設定します．一般に信頼水準は 0.95(95%) か 0.99(99%) を設定するのが普通なので，ここでは 0.95 を設定しておきましょう．

硬貨を試しに 30 回投げ，結果的に例 76 と同じ標本が得られたとします．

標本平均 $\overline{x} = 0.7$ です．また，コインを 1 回投げ，表が出る確率を p と置きます．コインを 1 枚投げ，何回表が出るのかは，成功確率 p のベルヌーイ分布ととらえることができ，その期待値は p，分散は $p(1-p)$ でした（定理 1.14）．また，中心極限定理より，コインを 30 回投げたとき，標本平均 $\overline{x}$ は，正規分布 $N(p, p(1-p)/30)$ に従うと考えてかまいませんでした（定理 9.7）．したがって，標準正規分布表（表 4.1 参照）より，95% 以上の確率（信頼水準）で，標本平均を正規化した値は，

$$-1.96 < \frac{\overline{x} - p}{\sqrt{p(1-p)/30}} = \frac{0.7 - p}{\sqrt{p(1-p)/30}} < 1.96$$

を満たしており，これを解くと，確率 p は $0.52 < p \leq 1$ でなければならないことが分かります．すなわち，95% の確率で，ベルヌーイ分布の母数 p が含まれるであろう値の区間 $0.52 < p \leq 1$ が求まったわけです．したがって，この区間 $0.52 < p \leq 1$ が母数 p の信頼水準 95% の信頼区間です．

なお，この区間には $1/2 = 0.5$ は含まれていません．したがって，「硬貨には偏りがある」との判断してもよさそうだと結論づけることができました．

以下，実際にいくつかの区間推定例をみていくことにしましょう．まずは，分散の区間推定です．

例 98. 例 73 の実験結果（食品が最高血圧を変化させる影響があるかどうかについての実験）

t_b	111	130	96	162	121
t_a	100	122	94	142	115
$x = t_b - t_a$	11	8	2	20	6

をみると，血圧の変化の大きさは人ごとにかなりのバラツキがありそうです．このバラツキの大きさがどの程度かを見積もってみましょう．

バラツキの大きさに関係する値は母分散 σ^2 でした．したがって，信頼水準を 95% に設定し，母分散についての区間推定を行うことにしましょう．

血圧の変化は正規分布するとしておきます．また，標本平均と標本分散の値はそれぞれ $\bar{x} = 9.4$, $s_x^2 = 36.64$ です．すると，定理 10.14 より，確率変数 $w = 5s_x^2 \big/ \sigma^2 = 183.2 \big/ \sigma^2$ は自由度 4 の χ^2 分布に従います．よって，確率変数 w は 95% の確率で，

$$0.484 \leq w = 183.2 \big/ \sigma^2 < 11.143$$

を満たします（表 4.2 と 4.3 参照）．したがって，母分散 σ^2 の信頼区間は，$16.44 < \sigma^2 < 378.52$ です．言い換えると，母分散 σ^2 は，95% の確率で $16.44 < \sigma^2 < 378.52$ となることが分かりました．

なお，血圧の変化は正規分布すると仮定していますから，実質的なバラツキは母分散 σ^2 ではなく，その平方根 σ でみるべきでしょう．この観点に従うと，バラツキの 95% 信頼区間は $4.05 < \sigma < 19.46$ ということになります．

次は分散が既知の場合の母平均の区間推定例を示します．

例 99. 平成 28 年の国民健康・栄養調査によると，日本人男性 18 歳 78 人の平均身長は 170.3cm，標本分散は 29.16 です．標本分散がたまたま母分散と等しかったと考え，日本人男性 18 歳の身長の母平均 μ を信頼水準 99% で区間推定しましょう．なお，母平均は標本平均で推定しなければならないことから，定理 9.5 より，標本平均の分散は，母分散を標本の長さで割った 29.16/78 であることに注意してください．

中心極限定理（定理 9.7 参照）より，平均身長は正規分布すると考えてかまいません．したがって，標準正規累積分布表（表 4.1 参照）より，平均身長 170.3cm の正規化に対して，99% の確率で

$$-1.96 < \frac{170.3 - \mu}{\sqrt{29.16/78}} < 1.96$$

が成立します．この不等式を母平均 μ について解くことによって，

$$169.101 < \mu < 171.498$$

となることが分かりますが，これが母平均 μ の 99% 信頼区間です．

なお，標本分散がたまたま母分散と等しくなることなど，実際にはほとんど期待出来ません．したがって，普通は母分散についても未知とする次の例のような区間推定を行います．

母分散を未知としたときの母平均の区間推定例は以下の通りです．

例 100. 母分散 σ^2 を未知として，例 99 と同様の設定で区間推定を行いますが，今度は，身長は正規分布すると仮定します．定理 12.6 を使うからです．

この場合，定理 12.6 より，確率変数

$$t = \frac{170.3 - \mu}{\sqrt{29.16/(78-1)}}$$

は自由度 77 の t 分布に従います．したがって，t 累積分布表より，確率変数 t は 99% の確率で

$$-2.65 < t = \frac{170.3 - \mu}{\sqrt{29.16/(78-1)}} < 2.65$$

であり，この不等式を母平均 μ について解くことで，母平均 μ の 99% 信頼区間が

$$168.669 < \mu < 171.931$$

であることが分かります．

例 99 と比較すると，若干ですが信頼区間は広がっていることが分かりますが，これは，母分散を未知としたことで，より，母平均の推測が困難になったことを反映した結果です．

区間推定は，使い方を工夫することで，検定の代わりになります．定義 2.1 の解説で取り上げた例はその一つですが，以下，第 13 講で取り上げた検定例に対応する区間推定例も与えておきます．

例 101. 例 77 に対応する区間推定を行いましょう．

この場合，区間推定を行うべき母数は，大学生全体の立位時と安静時の平均心拍数の差の母平均 μ_X です．信頼水準を 99% に設定し区間推定しましょう．

平均心拍数の差が正規分布に従うと仮定します．すると，定理 12.6 より，確率変数

$$t = \frac{\overline{x} - \mu_X}{\sqrt{s_X^2 \big/ (k-1)}} \simeq \frac{7 - \mu_X}{\sqrt{24.8/(15-1)}}$$

は自由度 14 の t 分布に従い，t 累積分布表（表 4.8 参照）より，99% の確率で，

$$-2.977 < t \simeq \frac{7 - \mu_X}{\sqrt{24.8/(15-1)}} < 2.977$$

であり，この不等式を μ_X について解くことで，母平均 μ_X の 99% 信頼区間は，

$$3.038 < \mu_X < 10.963$$

となることが分かります．これにより，心拍数に差があると考えるのが合理的なことが分かりました．

例 102. 例 78 に対応する区間推定を行いましょう．

この場合，区間推定を行うべき母数は，大学生全体の立位時と安静時の平均心拍数の分散の比 σ_Y^2/σ_X^2 です．今度は信頼水準を 95% に設定し，区間推定しましょう．

座位，立位双方について，心拍数は正規分布していると仮定します．すると，定理 11.5 より，

$$f = \frac{\sigma_Y^2}{\sigma_X^2} \cdot \frac{u_x^2}{u_y^2} \simeq \frac{\sigma_Y^2}{\sigma_X^2} \cdot \frac{52.71}{57.43}$$

は自由度 (14, 14) の F 分布に従い，F 累積分布表（これは，付録表 4.7 では求められないことから，表計算ソフトを用いて求めています）より，95% の確率で，

$$0.33 < f = \frac{\sigma_Y^2}{\sigma_X^2} \cdot \frac{u_x^2}{u_y^2} \simeq \frac{\sigma_Y^2}{\sigma_X^2} \cdot \frac{52.71}{57.43} < 2.49$$

であり，この不等式を σ_Y^2/σ_X^2 について解くことで，母分散の比 σ_Y^2/σ_X^2 の 95% 信頼区間は，

$$0.359 < \frac{\sigma_Y^2}{\sigma_X^2} < 2.713$$

であることが分かります．この信頼区間は 1 を含むため，もちろん母分散について $\sigma_X^2 = \sigma_Y^2$ となる可能性を否定することはできません．

例 103. 例 79 に対応する区間推定を行いましょう．

この場合，区間推定を行うべき母数は，大学生全体の立位時と安静時の平均心拍数の期待値の差 $\mu_X - \mu_Y$ です．信頼水準を 95% と 99% の両方で区間推定しましょう．

座位，立位双方について，心拍数は正規分布しており，さらに，例 102 で否定はされなかったことから，母分散に差はないと仮定します．

すると，定理 12.10 より，

$$t = \frac{(62-69)-(\mu_X-\mu_Y)}{\sqrt{15 \cdot 53.6 + 15 \cdot 49.2}} \sqrt{\frac{15^2(15+15-2)}{15+15}} \simeq 0.369(\mu_Y - \mu_X - 7)$$

は自由度 28 の t 分布に従い，t 累積分布表（表 4.8 参照）より，95% と 99% の確率で，それぞれ，

$$-2.048 < t \simeq 0.369(\mu_Y - \mu_X - 7) < 2.048, \quad -2.763 < t \simeq 0.369(\mu_Y - \mu_X - 7) < 2.763$$

であり，この不等式を $\mu_Y - \mu_X$ について解くことで，母平均の差 $\mu_Y - \mu_X$ の 95% と 99% 信頼区間はそれぞれ，

$$1.450 < \mu_Y - \mu_X < 12.550, \quad -0.487 < \mu_Y - \mu_X < 14.488$$

であることが分かります．95% 信頼区間の場合は 0 を含みませんが，99% 信頼区間の場合は 0 を含むことから，母平均には差があると考えるのが合理的ではありますが，差がないという可能性もすくない確率であり得ることが分かりました．

例 104. 例 80 に対応する区間推定を行いましょう．

この場合も，区間推定を行うべき母数は，大学生全体の立位時と安静時の平均心拍数の期待値の差 $\mu_X - \mu_Y$ です．信頼水準を 95% と 99% の両方で区間推定しましょう．

座位，立位双方について，心拍数は正規分布していると仮定します．

すると，定理 12.12 より，

$$t_f \simeq \frac{(62-69)-(\mu_X-\mu_Y)}{\sqrt{57.43/15+52.71/15}} \simeq 0.369(\mu_Y-\mu_X-7)$$

は自由度 f の t 分布に従うと考えてかまいません．ただし，自由度 f は，ウエルチ・サタスウェイトの近似式を用いて

$$f \simeq \left(\frac{57.43}{15}+\frac{52.71}{15}\right)^2 \Bigg/ \left(\frac{57.43^2}{15^2(15-1)}+\frac{52.71^2}{15^2(15-1)}\right) \simeq 27.948 \simeq 28$$

のように導出される値です．したがって，t 累積分布表（表 4.8 参照）より，95% と 99% の確率で，それぞれ，

$$-2.048 < t_f \simeq 0.369(\mu_Y-\mu_X-7) < 2.048, \quad -2.763 < t_f \simeq 0.369(\mu_Y-\mu_X-7) < 2.763$$

であり，この不等式を $\mu_Y - \mu_X$ について解くことで，母平均の差 $\mu_Y - \mu_X$ の 95% と 99% 信頼区間はそれぞれ，

$$1.450 < \mu_Y-\mu_X < 12.550, \quad -0.487 < \mu_Y-\mu_X < 14.488$$

であることが分かります．

この例の後半の議論は例 103 と全く同じであり，もちろん区間推定の結果も全く同じです．したがって，例 103 の結論はかなり信頼性の高い結果であると考えることができます．

これらの例をみてわかる通り，検定も区間推定も使う定理は全く同じですから，そこから導き出される結論も本質的には全く同じです．しかし，区間推定の場合，かなりの幅があるとはいえ，母数の大きさについての知見が得られています．また，背理法と同じ様な議論を行わざるを得ない検定とは違い，素直な議論になっている分，不自然さを感じる部分が少ないのではないかと思います．

近年，検定という手続きには，誤解，誤用が多いことから，大きな疑問が挟まれつつあり，検定よりも区間推定を実施すべきとの声があがっています．これは区間推定の結果を報告する方が誤解，誤用を生みにくいとの観点によるものだと思いますし，著者としてもこの点については同意します．しかし，検定も区間推定も同じ定理を使っていることから，本質的には同値な議論です．「予測」をその主たる目的とする現代の統計の観点からすると，「検定」もしくは「区間推定」で話を終えるのではなく，モデルを基本に据えた議論に移行する方がより望ましいのではないかと思います．

付録 3　効果量

第 13 講で，些細な効果しか期待できないのに，大きな手間と費用をかけ有意であることを示す行為はバランスを欠く行為だとみなされかねないこと，そして，検討している母数の差（効果）がどの程度かを念頭におく必要性があることを述べ，この差の大きさを統一的に扱うために用いる統計量として**効果量**とよばれる値が使われることにについてふれました．

ここでは，平均値の差の検定の観点から，代表的な 2 つの効果量について議論します．なお，効果量全体についての総合的な解説は，より専門的な文献 [5] や [6] などを参照されることをおすすめします．

定義 3.1. ヘッジの g

独立な母集団 X と Y の長さ k と l の標本に対して，統計量

$$g = (\overline{x} - \overline{y}) \Bigg/ \sqrt{\frac{(k-1)u_x^2 + (l-1)u_y^2}{k+l-2}}$$

を**ヘッジの** g と呼ぶ．

解説. X と Y を同じ母分散 σ^2 をもつ独立な正規母集団としましょう．このとき，定理 10.3 より，ヘッジの g の分母の平方の期待値は，

$$E\left(\frac{(k-1)u_x^2 + (l-1)u_y^2}{k+l-2}\right) = \frac{(k-1)E(u_x^2) + (l-1)E(u_y^2)}{k+l-2} = \sigma^2$$

であり，分子 $\overline{x} - \overline{y}$ の期待値は，$\mu_X - \mu_Y$ です．ヘッジの g の定義式をこれら期待値で置き換えた値は，

$$\theta = \frac{\mu_X - \mu_Y}{\sigma}$$

ですから，ヘッジの g は，バラツキ σ の大きさを基準として，母平均の差 $\mu_X - \mu_Y$ の大きさを測る目的で定められた値であることが分かります．言い換えると，ヘッジの g は，母平均の差の大きさをバラツキの大きさという観点から統一的に取り扱うことを目指した効果量です．

なお，ヘッジの g のほかにも，同様の目的で使われる効果量が複数提案されており，これらはまとめて **d 族**（の効果量）と呼ばれています．また，確率変数 u, v に対して，$E(u/v) = E(u)/E(v)$ は成立しない（第 3 講参照）ことから，$E(g) = \theta$ は成立せず，ゆえに，標本数が少ないとき，統計量 g は，θ からかなりずれた値になる可能性が高くなります．したがって，ヘッジの g を，このずれを考慮に入れた

$$g^* \simeq g\left(1 - \frac{3}{4(k+l) - 9}\right)$$

で置き換え報告すべきとされる場合もあることに注意する必要があります．

例 105. 例 84 の検定に対応するヘッジの g を求めてみましょう．

対応する標本平均と標本分散の値は例 78 ですでに計算済みです．したがって，不偏分散と標本分散の関係 $u_x^2 = 15s_x^2/14, u_y^2 = 15s_y^2/14$ と標本の長さに注意すれば，ヘッジの g は，

$$g = (62-69) \Bigg/ \sqrt{\frac{15 \times 53.6 + 15 \times 49.2}{15+15-2}} \simeq -9.4327$$

となることが分かります．また，ずれを考慮に入れた効果量 g^* は，

$$g^* \simeq -9.4327 \times \left(1 - \frac{3}{4(15+15)-9}\right) \simeq -9.1777$$

となります．

なお，効果量の大きさをどのように表現するのかについては，文献 [5] に

表現	効果量
小さい	0.2
ふつう	0.5
大きい	0.8

のような基準が示されており，これに従うと，この例の効果量は大きいと表現できます．しかし，この表現は絶対的なものではなく，あくまで相対的なものであることが文献 [5] に記されています．効果量の大小は，本来，同様の調査・研究から得られた効果量の大きさと比較して，論じられるべきものです．非常に小さな効果量しか既存研究で得られなかった分野ならば，上の表で「ふつう」場合によっては「小さい」と表現される大きさでも，「大きい」と表現されることがあることを覚えておくべきでしょう．

定義 3.2. 決定係数 r^2

単回帰モデル $y = ax + b + \epsilon$ を仮定する標本 $y_1 = ax_1 + b + \epsilon_1, \ldots, y_m = ax_m + b + \epsilon_m$ に対し，

$$r^2 = \frac{(\hat{a}x_1 + \hat{b} - \overline{y})^2 + (\hat{a}x_2 + \hat{b} - \overline{y})^2 + \cdots + (\hat{a}x_m + \hat{b} - \overline{y})^2}{(y_1 - \overline{y})^2 + (y_2 - \overline{y})^2 + \cdots + (y_m - \overline{y})^2}$$

を**決定係数**と呼び，一般にこれを記号 r^2 で表す．ただし，$\hat{a} = \frac{x_1y_1 + \cdots + x_my_m - m\overline{x}\cdot\overline{y}}{ms_x^2}$, $\hat{b} = \overline{y} - \hat{a}\overline{x}$ である．

解説. まず，この定義が，定義 15.8 を値 $\{x_1, x_2, \ldots, x_m\}$ と $\{y_1, y_2, \ldots, y_m\}$ を用いて直接計算できるよう書き直したものであり，第 15 講で解説したものとは異なる新たな決定係数を定義しているのではないことに注意してください．

決定係数 r^2 は r **族**と呼ばれる効果量の代表例です．これら r 族の効果量は，一般に，モデルによりどの程度標本が説明できるのかを表す値だとされていますが，実際，決定係数 r^2 もそのような値です（定理 15.8 参照）．これは平均値の差の検定の場合，分散の差に着目することに相当します．なぜでしょうか．第 14 講で解説した平均値の差の検定モデルで考えてみましょう．

まず，同じ母分散 σ^2 をもつ正規母集団 Y_1 と Y_0 がさらに同じ母平均 μ をもつと仮定します．また，Y_1 の標本を $y_{1,1},\ldots,y_{1,k}$ Y_0 の標本を $y_{0,1},\ldots,y_{0,l}$ と置きましょう．

このとき，母平均 μ の最も適切な予測値は，

$$\overline{y} = \frac{y_{1,1}+\cdots+y_{1,k}+y_{0,1}+\cdots+y_{0,l}}{k+l} = \frac{k\overline{y_1}+l\overline{y_0}}{k+l}$$

です（$\overline{y_1}$ と $\overline{y_0}$ はそれぞれ母集団 Y_1 と Y_0 の標本平均です）．大数の法則より，より正確な予測を行うには，より多くの標本を利用すべきことが分かっており，Y_1 と Y_0 は同じ母平均 μ をもっているからです．同様に母分散 σ は，

$$\frac{(y_{1,1}-\mu)^2+\cdots+(y_{1,k}-\mu)^2+(y_{0,1}-\mu)^2+\cdots+(y_{0,l}-\mu)^2}{k+l}$$

で予測できますが，母平均 μ の真の値は分かりません．したがって，この値を予測値 $\overline{y}$ に置き換えるのですが，残念ながら，それだけだと，母分散 σ^2 よりも小さな値になる可能性が高く，さらに，分母の $k+l$ を $k+l-1$ に置き換えた値

$$\frac{(y_{1,1}-\overline{y})^2+\cdots+(y_{1,k}-\overline{y})^2+(y_{0,1}-\overline{y})^2+\cdots+(y_{0,l}-\overline{y})^2}{k+l-1} = \frac{s_T^2}{k+l-1} \tag{3.1}$$

が母分散 σ^2 の最も適当な予測値であることが分かります（定理 10.3 参照）．なお，この式の分子が一般に全変動とよばれる値であり，これは記号で s_T^2 と記されます（定義 15.7 参照）．

次に，同じ母分散 σ^2 をもつ正規母集団 Y_1 と Y_0 がそれぞれ異なる母平均 μ_{Y_1} と μ_{y_0} をもつとしましょう．このとき，母分散の最も適当な予測値は，残差 s_W^2 を用いて，$s_W^2/(k+l-2)$ と書くことができました（定理 14.8 参照）．

第 11 講より，分散の比較は比を取ることで行うのでしたから，母平均に差がないとした場合とあるとした場合の母分散の差は，決定係数の定義（定義 15.8 参照）より，

$$\left(\frac{s_W^2}{k+l-2}\right)\Bigg/\left(\frac{s_T^2}{k+l-1}\right) = \frac{s_W^2}{s_T^2}\frac{k+l-1}{k+l-2} = \frac{k+l-1}{k+l-2}(1-r^2)$$

です．これは，決定係数が 1 に近ければ近いほどモデルにより分散が小さくなる，言い換えると，母平均の差を仮定することにより，モデルの予測精度が高くなることを意味しています．正規分布の場合，分散の平方根が期待値から標本がどの程度ズレるのかを規定するからです（第 7 参照）．

したがって，ベッジの d に代表される d 族の効果量と，決定係数 r^2 に代表される r 族の効果量では，その使用目的が大きく異なることに注意しなければなりません．

d 族の効果量は，平均値の差の大きさ，それ自体に着目します．r 族の効果量は，予測精度にどの程度の改善をもたらすのか，という観点で平均値の差の適切性を測っています．

d 族の効果量が大きければ，対応する値は平均的には大きく変化します．しかし，他の要因で，その値は大きく変動する可能性があります．逆に，r 族の効果量が大きい（1 に近い）場合，他の要因で数値が大きく変動することはありませんが，対応する値はあまり大きく変化しない可能性があります．d 族と r 族双方の効果量が大きいときはじめて変動幅と精度の高さが両立することを覚えておくべきでしょう．

例 106. 例 84 の検定に対応する決定係数 r^2 を求めてみましょう.

全変動 s_T^2 は，標本

番号	1	2	3	4	5	6	7	8	9	10	11	12	13	14	15
座位	69	69	75	69	60	54	57	69	66	63	60	48	54	60	60
立位	69	69	78	81	63	66	60	81	72	63	69	60	60	69	75

を座位と立位で区別せず，全てまとめて一つの標本 y だと考え，その標本分散 s^2 に標本の長さをかけた値と一致します（式 (3.1) 参照）．したがって，標本 y の標本分散は $s_y^2 = 63.65$ ですから，全変量は $s_T^2 = 30 \times 63.65 = 1909.5$ です．また，例 87 より，残差 $s_W^2 = 1542$ であること，および定義 15.8 より，決定係数は，

$$r^2 = 1 - \frac{s_W^2}{s_T^2} = 1 - \frac{1542}{1909.5} \simeq 0.1924$$

です．

なお，ヘッジの g と同様に，決定係数 r^2 の大きさをどのように表現するのかについての基準が示されている文献ももちろんあり，それによると，上の約 20% という値は比較的大きな値ということができるようです．

しかし，決定係数の本来の意味から考えると，上の値は，分散の大きさが 20% 程度改善したことに相当します．分布の広がりを規定する値は分散の平方根でしたから，分布の精度という観点からは，せいぜい $\sqrt{0.8} \simeq 90\%$ と 10% 程度しか改善しておらず，血圧が一定値変化することのみ仮定するモデルでは，座位から立位へ移行したことによる血圧の変化をほとんど説明できていないということになります．このようにみると，この約 20% という効果量はどちらかといえば小さな値だと判断すべきでしょう．

ただし，人間の体は非常に複雑であり，血圧が一定値変化することのみ仮定する簡単なモデルで全く説明しきれないのはある意味当然のことです．したがって，この約 20% という決定係数がどの程度大きな値なのかは，d 族の効果量と同様に，類似の調査・研究から得られたものと比較して論じるべきことです．d 族にしても，r 族にしても，効果量の大きさを論じることは，比較対象がなければ本来行なえないことを覚えておくべきでしょう．

付録 4　累積分布表

t	0.00	0.01	0.02	0.03	0.04	0.05	0.06	0.07	0.08	0.09
0.0	0.5000	0.5040	0.5080	0.5120	0.5160	0.5199	0.5239	0.5279	0.5319	0.5359
0.1	0.5398	0.5438	0.5478	0.5517	0.5557	0.5596	0.5636	0.5675	0.5714	0.5753
0.2	0.5793	0.5832	0.5871	0.5910	0.5948	0.5987	0.6026	0.6064	0.6103	0.6141
0.3	0.6179	0.6217	0.6255	0.6293	0.6331	0.6368	0.6406	0.6443	0.6480	0.6517
0.4	0.6554	0.6591	0.6628	0.6664	0.6700	0.6736	0.6772	0.6808	0.6844	0.6879
0.5	0.6915	0.6950	0.6985	0.7019	0.7054	0.7088	0.7123	0.7157	0.7190	0.7224
0.6	0.7257	0.7291	0.7324	0.7357	0.7389	0.7422	0.7454	0.7486	0.7517	0.7549
0.7	0.7580	0.7611	0.7642	0.7673	0.7703	0.7734	0.7764	0.7794	0.7823	0.7852
0.8	0.7881	0.7910	0.7939	0.7967	0.7995	0.8023	0.8051	0.8078	0.8106	0.8133
0.9	0.8159	0.8186	0.8212	0.8238	0.8264	0.8289	0.8315	0.8340	0.8365	0.8389
1.0	0.8413	0.8438	0.8461	0.8485	0.8508	0.8531	0.8554	0.8577	0.8599	0.8621
1.1	0.8643	0.8665	0.8686	0.8708	0.8729	0.8749	0.8770	0.8790	0.8810	0.8830
1.2	0.8849	0.8869	0.8888	0.8907	0.8925	0.8944	0.8962	0.8980	0.8997	0.9015
1.3	0.9032	0.9049	0.9066	0.9082	0.9099	0.9115	0.9131	0.9147	0.9162	0.9177
1.4	0.9192	0.9207	0.9222	0.9236	0.9251	0.9265	0.9279	0.9292	0.9306	0.9319
1.5	0.9332	0.9345	0.9357	0.9370	0.9382	0.9394	0.9406	0.9418	0.9429	0.9441
1.6	0.9452	0.9463	0.9474	0.9484	0.9495	0.9505	0.9515	0.9525	0.9535	0.9545
1.7	0.9554	0.9564	0.9573	0.9582	0.9591	0.9599	0.9608	0.9616	0.9625	0.9633
1.8	0.9641	0.9649	0.9656	0.9664	0.9671	0.9678	0.9686	0.9693	0.9699	0.9706
1.9	0.9713	0.9719	0.9726	0.9732	0.9738	0.9744	0.9750	0.9756	0.9761	0.9767
2.0	0.9772	0.9778	0.9783	0.9788	0.9793	0.9798	0.9803	0.9808	0.9812	0.9817
2.1	0.9821	0.9826	0.9830	0.9834	0.9838	0.9842	0.9846	0.9850	0.9854	0.9857
2.2	0.9861	0.9864	0.9868	0.9871	0.9875	0.9878	0.9881	0.9884	0.9887	0.9890
2.3	0.9893	0.9896	0.9898	0.9901	0.9904	0.9906	0.9909	0.9911	0.9913	0.9916
2.4	0.9918	0.9920	0.9922	0.9925	0.9927	0.9929	0.9931	0.9932	0.9934	0.9936
2.5	0.9938	0.9940	0.9941	0.9943	0.9945	0.9946	0.9948	0.9949	0.9951	0.9952
2.6	0.9953	0.9955	0.9956	0.9957	0.9959	0.9960	0.9961	0.9962	0.9963	0.9964
2.7	0.9965	0.9966	0.9967	0.9968	0.9969	0.9970	0.9971	0.9972	0.9973	0.9974
2.8	0.9974	0.9975	0.9976	0.9977	0.9977	0.9978	0.9979	0.9979	0.9980	0.9981
2.9	0.9981	0.9982	0.9982	0.9983	0.9984	0.9984	0.9985	0.9985	0.9986	0.9986
3.0	0.9987	0.9987	0.9987	0.9988	0.9988	0.9989	0.9989	0.9989	0.9990	0.9990
3.1	0.9990	0.9991	0.9991	0.9991	0.9992	0.9992	0.9992	0.9992	0.9993	0.9993
3.2	0.9993	0.9993	0.9994	0.9994	0.9994	0.9994	0.9994	0.9995	0.9995	0.9995
3.3	0.9995	0.9995	0.9995	0.9996	0.9996	0.9996	0.9996	0.9996	0.9996	0.9997
3.4	0.9997	0.9997	0.9997	0.9997	0.9997	0.9997	0.9997	0.9997	0.9997	0.9998
3.5	0.9998	0.9998	0.9998	0.9998	0.9998	0.9998	0.9998	0.9998	0.9998	0.9998
3.6	0.9998	0.9998	0.9999	0.9999	0.9999	0.9999	0.9999	0.9999	0.9999	0.9999
3.7	0.9999	0.9999	0.9999	0.9999	0.9999	0.9999	0.9999	0.9999	0.9999	0.9999
3.8	0.9999	0.9999	0.9999	0.9999	0.9999	0.9999	0.9999	0.9999	0.9999	0.9999
3.9	1.0000	1.0000	1.0000	1.0000	1.0000	1.0000	1.0000	1.0000	1.0000	1.0000

表 4.1　標準正規累積分布表

k	0.1%	0.5%	1.0%	2.5%	5.0%	10.0%	12.5%	20.0%	25.0%	33.3%	50.0%
1	0.000	0.000	0.000	0.001	0.004	0.016	0.025	0.064	0.102	0.186	0.455
2	0.002	0.010	0.020	0.051	0.103	0.211	0.267	0.446	0.575	0.811	1.386
3	0.024	0.072	0.115	0.216	0.352	0.584	0.692	1.005	1.213	1.568	2.366
4	0.091	0.207	0.297	0.484	0.711	1.064	1.219	1.649	1.923	2.378	3.357
5	0.210	0.412	0.554	0.831	1.145	1.610	1.808	2.343	2.675	3.216	4.351
6	0.381	0.676	0.872	1.237	1.635	2.204	2.441	3.070	3.455	4.074	5.348
7	0.598	0.989	1.239	1.690	2.167	2.833	3.106	3.822	4.255	4.945	6.346
8	0.857	1.344	1.646	2.180	2.733	3.490	3.797	4.594	5.071	5.826	7.344
9	1.152	1.735	2.088	2.700	3.325	4.168	4.507	5.380	5.899	6.716	8.343
10	1.479	2.156	2.558	3.247	3.940	4.865	5.234	6.179	6.737	7.612	9.342
11	1.834	2.603	3.053	3.816	4.575	5.578	5.975	6.989	7.584	8.514	10.341
12	2.214	3.074	3.571	4.404	5.226	6.304	6.729	7.807	8.438	9.420	11.340
13	2.617	3.565	4.107	5.009	5.892	7.042	7.493	8.634	9.299	10.331	12.340
14	3.041	4.075	4.660	5.629	6.571	7.790	8.266	9.467	10.165	11.245	13.339
15	3.483	4.601	5.229	6.262	7.261	8.547	9.048	10.307	11.037	12.163	14.339
16	3.942	5.142	5.812	6.908	7.962	9.312	9.837	11.152	11.912	13.083	15.338
17	4.416	5.697	6.408	7.564	8.672	10.085	10.633	12.002	12.792	14.006	16.338
18	4.905	6.265	7.015	8.231	9.390	10.865	11.435	12.857	13.675	14.931	17.338
19	5.407	6.844	7.633	8.907	10.117	11.651	12.242	13.716	14.562	15.859	18.338
20	5.921	7.434	8.260	9.591	10.851	12.443	13.055	14.578	15.452	16.788	19.337
21	6.447	8.034	8.897	10.283	11.591	13.240	13.873	15.445	16.344	17.720	20.337
22	6.983	8.643	9.542	10.982	12.338	14.041	14.695	16.314	17.240	18.653	21.337
23	7.529	9.260	10.196	11.689	13.091	14.848	15.521	17.187	18.137	19.587	22.337
24	8.085	9.886	10.856	12.401	13.848	15.659	16.351	18.062	19.037	20.523	23.337
25	8.649	10.520	11.524	13.120	14.611	16.473	17.184	18.940	19.939	21.461	24.337
26	9.222	11.160	12.198	13.844	15.379	17.292	18.021	19.820	20.843	22.399	25.336
27	9.803	11.808	12.879	14.573	16.151	18.114	18.861	20.703	21.749	23.339	26.336
28	10.391	12.461	13.565	15.308	16.928	18.939	19.704	21.588	22.657	24.280	27.336
29	10.986	13.121	14.256	16.047	17.708	19.768	20.550	22.475	23.567	25.222	28.336
30	11.588	13.787	14.953	16.791	18.493	20.599	21.399	23.364	24.478	26.165	29.336
35	14.688	17.192	18.509	20.569	22.465	24.797	25.678	27.836	29.054	30.894	34.336
40	17.916	20.707	22.164	24.433	26.509	29.051	30.008	32.345	33.660	35.643	39.335
45	21.251	24.311	25.901	28.366	30.612	33.350	34.379	36.884	38.291	40.407	44.335
50	24.674	27.991	29.707	32.357	34.764	37.689	38.785	41.449	42.942	45.184	49.335
55	28.173	31.735	33.570	36.398	38.958	42.060	43.220	46.036	47.610	49.972	54.335
60	31.738	35.534	37.485	40.482	43.188	46.459	47.680	50.641	52.294	54.770	59.335

表 4.2　χ^2 累積分布表 (0.1% ~ 50%)

k	60.0%	66.7%	75.0%	80.0%	87.5%	90.0%	95.0%	97.5%	99.0%	99.5%	99.9%
1	0.708	0.936	1.323	1.642	2.354	2.706	3.841	5.024	6.635	7.879	10.828
2	1.833	2.197	2.773	3.219	4.159	4.605	5.991	7.378	9.210	10.597	13.816
3	2.946	3.405	4.108	4.642	5.739	6.251	7.815	9.348	11.345	12.838	16.266
4	4.045	4.579	5.385	5.989	7.214	7.779	9.488	11.143	13.277	14.860	18.467
5	5.132	5.730	6.626	7.289	8.625	9.236	11.070	12.833	15.086	16.750	20.515
6	6.211	6.867	7.841	8.558	9.992	10.645	12.592	14.449	16.812	18.548	22.458
7	7.283	7.992	9.037	9.803	11.326	12.017	14.067	16.013	18.475	20.278	24.322
8	8.351	9.107	10.219	11.030	12.636	13.362	15.507	17.535	20.090	21.955	26.125
9	9.414	10.215	11.389	12.242	13.926	14.684	16.919	19.023	21.666	23.589	27.877
10	10.473	11.317	12.549	13.442	15.198	15.987	18.307	20.483	23.209	25.188	29.588
11	11.530	12.414	13.701	14.631	16.457	17.275	19.675	21.920	24.725	26.757	31.264
12	12.584	13.506	14.845	15.812	17.703	18.549	21.026	23.337	26.217	28.300	32.910
13	13.636	14.595	15.984	16.985	18.939	19.812	22.362	24.736	27.688	29.819	34.528
14	14.685	15.680	17.117	18.151	20.166	21.064	23.685	26.119	29.141	31.319	36.123
15	15.733	16.761	18.245	19.311	21.384	22.307	24.996	27.488	30.578	32.801	37.697
16	16.780	17.840	19.369	20.465	22.595	23.542	26.296	28.845	32.000	34.267	39.252
17	17.824	18.917	20.489	21.615	23.799	24.769	27.587	30.191	33.409	35.718	40.790
18	18.868	19.991	21.605	22.760	24.997	25.989	28.869	31.526	34.805	37.156	42.312
19	19.910	21.063	22.718	23.900	26.189	27.204	30.144	32.852	36.191	38.582	43.820
20	20.951	22.133	23.828	25.038	27.376	28.412	31.410	34.170	37.566	39.997	45.315
21	21.991	23.201	24.935	26.171	28.559	29.615	32.671	35.479	38.932	41.401	46.797
22	23.031	24.268	26.039	27.301	29.737	30.813	33.924	36.781	40.289	42.796	48.268
23	24.069	25.333	27.141	28.429	30.911	32.007	35.172	38.076	41.638	44.181	49.728
24	25.106	26.397	28.241	29.553	32.081	33.196	36.415	39.364	42.980	45.559	51.179
25	26.143	27.459	29.339	30.675	33.247	34.382	37.652	40.646	44.314	46.928	52.620
26	27.179	28.520	30.435	31.795	34.410	35.563	38.885	41.923	45.642	48.290	54.052
27	28.214	29.580	31.528	32.912	35.570	36.741	40.113	43.195	46.963	49.645	55.476
28	29.249	30.639	32.620	34.027	36.727	37.916	41.337	44.461	48.278	50.993	56.892
29	30.283	31.697	33.711	35.139	37.881	39.087	42.557	45.722	49.588	52.336	58.301
30	31.316	32.754	34.800	36.250	39.033	40.256	43.773	46.979	50.892	53.672	59.703
35	36.475	38.024	40.223	41.778	44.753	46.059	49.802	53.203	57.342	60.275	66.619
40	41.622	43.275	45.616	47.269	50.424	51.805	55.758	59.342	63.691	66.766	73.402
45	46.761	48.510	50.985	52.729	56.052	57.505	61.656	65.410	69.957	73.166	80.077
50	51.892	53.733	56.334	58.164	61.647	63.167	67.505	71.420	76.154	79.490	86.661
55	57.016	58.945	61.665	63.577	67.211	68.796	73.311	77.380	82.292	85.749	93.168
60	62.135	64.147	66.981	68.972	72.751	74.397	79.082	83.298	88.379	91.952	99.607

表 4.3 χ^2 累積分布表 (60% ~ 99.9%)

$l\backslash k$ 確率		2	3	4	5	6	7	8	10	12	15	20	30	50	∞
1	0.500	1.50	1.71	1.82	1.89	1.94	1.98	2.00	2.04	2.07	2.09	2.12	2.15	2.17	2.20
	0.600	2.63	2.93	3.09	3.20	3.27	3.32	3.36	3.41	3.45	3.48	3.52	3.56	3.59	3.64
	0.667	4.00	4.42	4.64	4.78	4.88	4.95	5.00	5.08	5.13	5.18	5.24	5.29	5.33	5.39
	0.750	7.50	8.20	8.58	8.82	8.98	9.10	9.19	9.32	9.41	9.50	9.58	9.67	9.74	9.85
	0.800	12.0	13.1	13.6	14.0	14.3	14.4	14.6	14.8	14.9	15.0	15.2	15.3	15.4	15.6
2	0.500	1.00	1.13	1.21	1.25	1.28	1.30	1.32	1.35	1.36	1.38	1.39	1.41	1.42	1.44
	0.600	1.50	1.64	1.72	1.76	1.80	1.82	1.84	1.86	1.88	1.89	1.91	1.92	1.94	1.96
	0.667	2.00	2.15	2.22	2.27	2.30	2.33	2.34	2.37	2.38	2.40	2.42	2.43	2.45	2.47
	0.750	3.00	3.15	3.23	3.28	3.31	3.34	3.35	3.38	3.39	3.41	3.43	3.44	3.46	3.48
	0.800	4.00	4.16	4.24	4.28	4.32	4.34	4.36	4.38	4.40	4.42	4.43	4.45	4.47	4.48
3	0.500	0.88	1.00	1.06	1.10	1.13	1.15	1.16	1.18	1.20	1.21	1.23	1.24	1.25	1.27
	0.600	1.26	1.37	1.43	1.47	1.49	1.51	1.52	1.54	1.55	1.56	1.57	1.58	1.59	1.60
	0.667	1.62	1.72	1.77	1.80	1.82	1.83	1.84	1.86	1.87	1.88	1.89	1.90	1.90	1.91
	0.750	2.28	2.36	2.39	2.41	2.42	2.43	2.44	2.44	2.45	2.46	2.46	2.47	2.47	2.47
	0.800	2.89	2.94	2.96	2.97	2.97	2.97	2.98	2.98	2.98	2.98	2.98	2.98	2.98	2.98
4	0.500	0.83	0.94	1.00	1.04	1.06	1.08	1.09	1.11	1.13	1.14	1.15	1.16	1.18	1.19
	0.600	1.16	1.26	1.31	1.34	1.36	1.37	1.38	1.40	1.41	1.42	1.43	1.43	1.44	1.45
	0.667	1.46	1.55	1.58	1.61	1.62	1.63	1.64	1.65	1.65	1.66	1.67	1.67	1.68	1.68
	0.750	2.00	2.05	2.06	2.07	2.08	2.08	2.08	2.08	2.08	2.08	2.08	2.08	2.08	2.08
	0.800	2.47	2.48	2.48	2.48	2.47	2.47	2.47	2.46	2.46	2.45	2.44	2.44	2.43	2.43
5	0.500	0.80	0.91	0.96	1.00	1.02	1.04	1.05	1.07	1.09	1.10	1.11	1.12	1.13	1.15
	0.600	1.11	1.20	1.24	1.27	1.29	1.30	1.31	1.32	1.33	1.34	1.34	1.35	1.36	1.37
	0.667	1.38	1.45	1.48	1.50	1.51	1.52	1.53	1.53	1.54	1.54	1.54	1.55	1.55	1.55
	0.750	1.85	1.88	1.89	1.89	1.89	1.89	1.89	1.89	1.89	1.89	1.88	1.88	1.88	1.87
	0.800	2.26	2.25	2.24	2.23	2.22	2.21	2.20	2.19	2.18	2.18	2.17	2.16	2.15	2.13
6	0.500	0.78	0.89	0.94	0.98	1.00	1.02	1.03	1.05	1.06	1.07	1.08	1.10	1.11	1.12
	0.600	1.07	1.16	1.20	1.22	1.24	1.25	1.26	1.27	1.28	1.29	1.29	1.30	1.31	1.31
	0.667	1.33	1.39	1.42	1.44	1.44	1.45	1.45	1.46	1.46	1.47	1.47	1.47	1.47	1.47
	0.750	1.76	1.78	1.79	1.79	1.78	1.78	1.78	1.77	1.77	1.76	1.76	1.75	1.75	1.74
	0.800	2.13	2.11	2.09	2.08	2.06	2.05	2.04	2.03	2.02	2.01	2.00	1.98	1.97	1.95
7	0.500	0.77	0.87	0.93	0.96	0.98	1.00	1.01	1.03	1.04	1.05	1.07	1.08	1.09	1.10
	0.600	1.05	1.13	1.17	1.19	1.21	1.22	1.23	1.24	1.24	1.25	1.26	1.26	1.27	1.27
	0.667	1.29	1.35	1.38	1.39	1.40	1.40	1.41	1.41	1.41	1.41	1.41	1.42	1.42	1.42
	0.750	1.70	1.72	1.72	1.71	1.71	1.70	1.70	1.69	1.68	1.68	1.67	1.66	1.66	1.65
	0.800	2.04	2.02	1.99	1.97	1.96	1.94	1.93	1.92	1.91	1.89	1.88	1.86	1.85	1.83
8	0.500	0.76	0.86	0.91	0.95	0.97	0.99	1.00	1.02	1.03	1.04	1.05	1.07	1.07	1.09
	0.600	1.03	1.11	1.15	1.17	1.19	1.20	1.20	1.21	1.22	1.22	1.23	1.24	1.24	1.25
	0.667	1.26	1.32	1.35	1.36	1.36	1.37	1.37	1.37	1.37	1.38	1.38	1.38	1.37	1.37
	0.750	1.66	1.67	1.66	1.66	1.65	1.64	1.64	1.63	1.62	1.62	1.61	1.60	1.59	1.58
	0.800	1.98	1.95	1.92	1.90	1.88	1.87	1.86	1.84	1.83	1.81	1.80	1.78	1.76	1.74

表 4.4　F 累積分布表 ($1 \leq l \leq 8, 0.5 \leq$ 確率 ≤ 0.8)

$l \backslash k$ 確率		2	3	4	5	6	7	8	10	12	15	20	30	50	∞
1	0.900	49.5	53.6	55.8	57.2	58.2	59.1	59.7	60.5	61.0	61.5	62.0	62.6	63.0	63.3
	0.950	199.	216.	225.	230.	234.	237.	239.	242.	244.	246.	248.	250.	252.	254.
	0.975	800.	864.	900.	922.	937.	948.	957.	969.	977.	985.	993.			
	0.990														
	0.999														
2	0.900	9.00	9.16	9.24	9.29	9.33	9.35	9.37	9.39	9.41	9.43	9.44	9.46	9.47	9.49
	0.950	19.0	19.2	19.2	19.3	19.3	19.4	19.4	19.4	19.4	19.4	19.4	19.5	19.5	19.5
	0.975	39.0	39.2	39.2	39.3	39.3	39.4	39.4	39.4	39.4	39.4	39.4	39.5	39.5	39.5
	0.990	99.0	99.2	99.2	99.3	99.3	99.4	100.	100.	100.	100.	100.	100.	100.	99.5
	0.999	999.	999.												
3	0.900	5.46	5.39	5.34	5.31	5.28	5.27	5.25	5.23	5.22	5.20	5.18	5.17	5.15	5.13
	0.950	9.55	9.28	9.12	9.01	8.94	8.89	8.85	8.79	8.74	8.70	8.66	8.62	8.58	8.53
	0.975	16.0	15.4	15.1	14.9	14.7	14.6	14.5	14.4	14.3	14.3	14.2	14.1	14.0	13.9
	0.990	30.8	29.5	28.7	28.2	27.9	27.7	27.5	27.2	27.1	26.9	26.7	26.5	26.4	26.1
	0.999	149.	141.	137.	135.	133.	132.	131.	129.	128.	127.	126.	125.	125.	123.
4	0.900	4.32	4.19	4.11	4.05	4.01	3.98	3.95	3.92	3.90	3.87	3.84	3.82	3.79	3.76
	0.950	6.94	6.59	6.39	6.26	6.16	6.09	6.04	5.96	5.91	5.86	5.80	5.75	5.70	5.63
	0.975	10.6	9.98	9.60	9.36	9.20	9.07	8.98	8.84	8.75	8.66	8.56	8.46	8.38	8.26
	0.990	18.0	16.7	16.0	15.5	15.2	15.0	14.8	14.5	14.4	14.2	14.0	13.8	13.7	13.5
	0.999	61.2	56.2	53.4	51.7	50.5	49.7	49.0	48.0	47.4	46.8	46.1	45.4	44.9	44.1
5	0.900	3.78	3.62	3.52	3.45	3.40	3.37	3.34	3.30	3.27	3.24	3.21	3.17	3.15	3.10
	0.950	5.79	5.41	5.19	5.05	4.95	4.88	4.82	4.74	4.68	4.62	4.56	4.50	4.44	4.36
	0.975	8.43	7.76	7.39	7.15	6.98	6.85	6.76	6.62	6.52	6.43	6.33	6.23	6.14	6.02
	0.990	13.3	12.1	11.4	11.0	10.7	10.5	10.3	10.1	9.89	9.72	9.55	9.38	9.24	9.02
	0.999	37.1	33.2	31.1	29.8	28.8	28.2	27.6	26.9	26.4	25.9	25.4	24.9	24.4	23.8
6	0.900	3.46	3.29	3.18	3.11	3.05	3.01	2.98	2.94	2.90	2.87	2.84	2.80	2.77	2.72
	0.950	5.14	4.76	4.53	4.39	4.28	4.21	4.15	4.06	4.00	3.94	3.87	3.81	3.75	3.67
	0.975	7.26	6.60	6.23	5.99	5.82	5.70	5.60	5.46	5.37	5.27	5.17	5.07	4.98	4.85
	0.990	10.9	9.78	9.15	8.75	8.47	8.26	8.10	7.87	7.72	7.56	7.40	7.23	7.09	6.88
	0.999	27.0	23.7	21.9	20.8	20.0	19.5	19.0	18.4	18.0	17.6	17.1	16.7	16.3	15.7
7	0.900	3.26	3.07	2.96	2.88	2.83	2.78	2.75	2.70	2.67	2.63	2.59	2.56	2.52	2.47
	0.950	4.74	4.35	4.12	3.97	3.87	3.79	3.73	3.64	3.57	3.51	3.44	3.38	3.32	3.23
	0.975	6.54	5.89	5.52	5.29	5.12	4.99	4.90	4.76	4.67	4.57	4.47	4.36	4.28	4.14
	0.990	9.55	8.45	7.85	7.46	7.19	6.99	6.84	6.62	6.47	6.31	6.16	5.99	5.86	5.65
	0.999	21.7	18.8	17.2	16.2	15.5	15.0	14.6	14.1	13.7	13.3	12.9	12.5	12.2	11.7
8	0.900	3.11	2.92	2.81	2.73	2.67	2.62	2.59	2.54	2.50	2.46	2.42	2.38	2.35	2.29
	0.950	4.46	4.07	3.84	3.69	3.58	3.50	3.44	3.35	3.28	3.22	3.15	3.08	3.02	2.93
	0.975	6.06	5.42	5.05	4.82	4.65	4.53	4.43	4.29	4.20	4.10	4.00	3.89	3.81	3.67
	0.990	8.65	7.59	7.01	6.63	6.37	6.18	6.03	5.81	5.67	5.52	5.36	5.20	5.07	4.86
	0.999	18.5	15.8	14.4	13.5	12.9	12.4	12.0	11.5	11.2	10.8	10.5	10.1	9.80	9.33

表 4.5　F 累積分布表 ($1 \leq l \leq 8, 0.9 \leq$ 確率 ≤ 0.999)

$l\backslash k$	確率	2	3	4	5	6	7	8	10	12	15	20	30	50	∞
9	0.500	0.75	0.85	0.91	0.94	0.96	0.98	0.99	1.01	1.02	1.03	1.04	1.05	1.06	1.08
	0.600	1.02	1.10	1.13	1.15	1.17	1.18	1.18	1.19	1.20	1.21	1.21	1.22	1.22	1.22
	0.667	1.24	1.30	1.32	1.33	1.34	1.34	1.34	1.34	1.35	1.35	1.35	1.34	1.34	1.34
	0.750	1.62	1.63	1.63	1.62	1.61	1.60	1.60	1.59	1.58	1.57	1.56	1.55	1.54	1.53
	0.800	1.93	1.90	1.87	1.85	1.83	1.81	1.80	1.78	1.76	1.75	1.73	1.71	1.70	1.67
10	0.500	0.74	0.85	0.90	0.93	0.95	0.97	0.98	1.00	1.01	1.02	1.03	1.05	1.06	1.07
	0.600	1.01	1.08	1.12	1.14	1.15	1.16	1.17	1.18	1.18	1.19	1.19	1.20	1.20	1.21
	0.667	1.23	1.28	1.30	1.31	1.32	1.32	1.32	1.32	1.32	1.32	1.32	1.32	1.32	1.31
	0.750	1.60	1.60	1.59	1.59	1.58	1.57	1.56	1.55	1.54	1.53	1.52	1.51	1.50	1.48
	0.800	1.90	1.86	1.83	1.80	1.78	1.77	1.75	1.73	1.72	1.70	1.68	1.66	1.65	1.62
15	0.500	0.73	0.83	0.88	0.91	0.93	0.95	0.96	0.98	0.99	1.00	1.01	1.02	1.03	1.05
	0.600	0.97	1.05	1.08	1.10	1.11	1.12	1.13	1.13	1.14	1.14	1.15	1.15	1.15	1.15
	0.667	1.18	1.23	1.25	1.25	1.26	1.26	1.26	1.26	1.26	1.25	1.25	1.25	1.24	1.23
	0.750	1.52	1.52	1.51	1.49	1.48	1.47	1.46	1.45	1.44	1.43	1.41	1.40	1.38	1.36
	0.800	1.80	1.75	1.71	1.68	1.66	1.64	1.62	1.60	1.58	1.56	1.54	1.51	1.49	1.46
20	0.500	0.72	0.82	0.87	0.90	0.92	0.94	0.95	0.97	0.98	0.99	1.00	1.01	1.02	1.03
	0.600	0.96	1.03	1.06	1.08	1.09	1.10	1.11	1.11	1.12	1.12	1.12	1.12	1.12	1.12
	0.667	1.16	1.21	1.22	1.23	1.23	1.23	1.23	1.23	1.22	1.22	1.22	1.21	1.20	1.19
	0.750	1.49	1.48	1.47	1.45	1.44	1.43	1.42	1.40	1.39	1.37	1.36	1.34	1.32	1.29
	0.800	1.75	1.70	1.65	1.62	1.60	1.58	1.56	1.53	1.51	1.49	1.47	1.44	1.41	1.37
30	0.500	0.71	0.81	0.86	0.89	0.91	0.93	0.94	0.96	0.97	0.98	0.99	1.00	1.01	1.02
	0.600	0.94	1.01	1.05	1.06	1.07	1.08	1.08	1.09	1.09	1.10	1.10	1.10	1.10	1.09
	0.667	1.14	1.18	1.19	1.20	1.20	1.20	1.20	1.19	1.19	1.19	1.18	1.17	1.16	1.15
	0.750	1.45	1.44	1.42	1.41	1.39	1.38	1.37	1.35	1.34	1.32	1.30	1.28	1.26	1.23
	0.800	1.70	1.64	1.60	1.57	1.54	1.52	1.50	1.47	1.45	1.42	1.39	1.36	1.34	1.28
60	0.500	0.70	0.80	0.85	0.88	0.90	0.92	0.93	0.94	0.96	0.97	0.98	0.99	1.00	1.01
	0.600	0.93	1.00	1.03	1.04	1.05	1.06	1.06	1.07	1.07	1.07	1.07	1.07	1.07	1.06
	0.667	1.12	1.16	1.17	1.17	1.17	1.17	1.17	1.16	1.16	1.15	1.14	1.13	1.12	1.10
	0.750	1.42	1.41	1.38	1.37	1.35	1.33	1.32	1.30	1.29	1.27	1.25	1.22	1.20	1.15
	0.800	1.65	1.59	1.55	1.51	1.48	1.46	1.44	1.41	1.38	1.35	1.32	1.29	1.25	1.18
120	0.500	0.70	0.79	0.84	0.88	0.90	0.91	0.92	0.94	0.95	0.96	0.97	0.98	0.99	1.01
	0.600	0.92	0.99	1.02	1.04	1.04	1.05	1.05	1.06	1.06	1.06	1.06	1.06	1.05	1.04
	0.667	1.11	1.15	1.16	1.16	1.16	1.16	1.15	1.15	1.14	1.13	1.13	1.11	1.10	1.06
	0.750	1.40	1.39	1.37	1.35	1.33	1.31	1.30	1.28	1.26	1.24	1.22	1.19	1.16	1.10
	0.800	1.63	1.57	1.52	1.48	1.45	1.43	1.41	1.37	1.35	1.32	1.29	1.25	1.21	1.12
∞	0.500	0.69	0.79	0.84	0.87	0.89	0.91	0.92	0.93	0.95	0.96	0.97	0.98	0.99	1.00
	0.600	0.92	0.98	1.01	1.03	1.04	1.04	1.04	1.05	1.05	1.05	1.05	1.04	1.04	1.00
	0.667	1.10	1.13	1.14	1.15	1.14	1.14	1.14	1.13	1.13	1.12	1.11	1.09	1.07	1.00
	0.750	1.39	1.37	1.35	1.33	1.31	1.29	1.28	1.25	1.24	1.22	1.19	1.16	1.13	1.00
	0.800	1.61	1.55	1.50	1.46	1.43	1.40	1.38	1.34	1.32	1.29	1.25	1.21	1.16	1.00

表 4.6　F 累積分布表 ($9 \leq l \leq \infty, 0.5 \leq$ 確率 ≤ 0.8)

$l \backslash k$	確率	2	3	4	5	6	7	8	10	12	15	20	30	50	∞
9	0.900	3.01	2.81	2.69	2.61	2.55	2.51	2.47	2.42	2.38	2.34	2.30	2.25	2.22	2.16
	0.950	4.26	3.86	3.63	3.48	3.37	3.29	3.23	3.14	3.07	3.01	2.94	2.86	2.80	2.71
	0.975	5.71	5.08	4.72	4.48	4.32	4.20	4.10	3.96	3.87	3.77	3.67	3.56	3.47	3.33
	0.990	8.02	6.99	6.42	6.06	5.80	5.61	5.47	5.26	5.11	4.96	4.81	4.65	4.52	4.31
	0.999	16.4	13.9	12.6	11.7	11.1	10.7	10.4	9.89	9.57	9.24	8.90	8.55	8.26	7.81
10	0.900	2.92	2.73	2.61	2.52	2.46	2.41	2.38	2.32	2.28	2.24	2.20	2.16	2.12	2.06
	0.950	4.10	3.71	3.48	3.33	3.22	3.14	3.07	2.98	2.91	2.84	2.77	2.70	2.64	2.54
	0.975	5.46	4.83	4.47	4.24	4.07	3.95	3.85	3.72	3.62	3.52	3.42	3.31	3.22	3.08
	0.990	7.56	6.55	5.99	5.64	5.39	5.20	5.06	4.85	4.71	4.56	4.41	4.25	4.11	3.91
	0.999	14.9	12.6	11.3	10.5	9.93	9.52	9.20	8.75	8.45	8.13	7.80	7.47	7.19	6.76
15	0.900	2.70	2.49	2.36	2.27	2.21	2.16	2.12	2.06	2.02	1.97	1.92	1.87	1.83	1.76
	0.950	3.68	3.29	3.06	2.90	2.79	2.71	2.64	2.54	2.48	2.40	2.33	2.25	2.18	2.07
	0.975	4.77	4.15	3.80	3.58	3.41	3.29	3.20	3.06	2.96	2.86	2.76	2.64	2.55	2.40
	0.990	6.36	5.42	4.89	4.56	4.32	4.14	4.00	3.80	3.67	3.52	3.37	3.21	3.08	2.87
	0.999	11.3	9.34	8.25	7.57	7.09	6.74	6.47	6.08	5.81	5.53	5.25	4.95	4.70	4.31
20	0.900	2.59	2.38	2.25	2.16	2.09	2.04	2.00	1.94	1.89	1.84	1.79	1.74	1.69	1.61
	0.950	3.49	3.10	2.87	2.71	2.60	2.51	2.45	2.35	2.28	2.20	2.12	2.04	1.97	1.84
	0.975	4.46	3.86	3.51	3.29	3.13	3.01	2.91	2.77	2.68	2.57	2.46	2.35	2.25	2.09
	0.990	5.85	4.94	4.43	4.10	3.87	3.70	3.56	3.37	3.23	3.09	2.94	2.78	2.64	2.42
	0.999	9.95	8.10	7.10	6.46	6.02	5.69	5.44	5.08	4.82	4.56	4.29	4.00	3.76	3.38
30	0.900	2.49	2.28	2.14	2.05	1.98	1.93	1.88	1.82	1.77	1.72	1.67	1.61	1.55	1.46
	0.950	3.32	2.92	2.69	2.53	2.42	2.33	2.27	2.16	2.09	2.01	1.93	1.84	1.76	1.62
	0.975	4.18	3.59	3.25	3.03	2.87	2.75	2.65	2.51	2.41	2.31	2.20	2.07	1.97	1.79
	0.990	5.39	4.51	4.02	3.70	3.47	3.30	3.17	2.98	2.84	2.70	2.55	2.39	2.25	2.01
	0.999	8.77	7.05	6.12	5.53	5.12	4.82	4.58	4.24	4.00	3.75	3.49	3.22	2.98	2.59
60	0.900	2.39	2.18	2.04	1.95	1.87	1.82	1.77	1.71	1.66	1.60	1.54	1.48	1.41	1.29
	0.950	3.15	2.76	2.53	2.37	2.25	2.17	2.10	1.99	1.92	1.84	1.75	1.65	1.56	1.39
	0.975	3.93	3.34	3.01	2.79	2.63	2.51	2.41	2.27	2.17	2.06	1.94	1.82	1.70	1.48
	0.990	4.98	4.13	3.65	3.34	3.12	2.95	2.82	2.63	2.50	2.35	2.20	2.03	1.88	1.60
	0.999	7.77	6.17	5.31	4.76	4.37	4.09	3.86	3.54	3.32	3.08	2.83	2.55	2.32	1.89
120	0.900	2.35	2.13	1.99	1.90	1.82	1.77	1.72	1.65	1.60	1.54	1.48	1.41	1.34	1.19
	0.950	3.07	2.68	2.45	2.29	2.18	2.09	2.02	1.91	1.83	1.75	1.66	1.55	1.46	1.25
	0.975	3.80	3.23	2.89	2.67	2.52	2.39	2.30	2.16	2.05	1.94	1.82	1.69	1.56	1.31
	0.990	4.79	3.95	3.48	3.17	2.96	2.79	2.66	2.47	2.34	2.19	2.03	1.86	1.70	1.38
	0.999	7.32	5.78	4.95	4.42	4.04	3.77	3.55	3.24	3.02	2.78	2.53	2.26	2.02	1.54
∞	0.900	2.30	2.08	1.94	1.85	1.77	1.72	1.67	1.60	1.55	1.49	1.42	1.34	1.26	1.00
	0.950	3.00	2.60	2.37	2.21	2.10	2.01	1.94	1.83	1.75	1.67	1.57	1.46	1.35	1.00
	0.975	3.69	3.12	2.79	2.57	2.41	2.29	2.19	2.05	1.94	1.83	1.71	1.57	1.43	1.00
	0.990	4.61	3.78	3.32	3.02	2.80	2.64	2.51	2.32	2.18	2.04	1.88	1.70	1.52	1.00
	0.999	6.91	5.42	4.62	4.10	3.74	3.47	3.27	2.96	2.74	2.51	2.27	1.99	1.73	1.00

表 4.7　F 累積分布表 ($9 \leq l \leq \infty, 0.9 \leq$ 確率 ≤ 0.999)

k	60.0%	66.7%	75.0%	80.0%	87.5%	90.0%	95.0%	97.5%	99.0%	99.5%	99.9%
1	0.325	0.577	1.000	1.376	2.414	3.078	6.314	12.706	31.821	63.657	318.31
2	0.289	0.500	0.816	1.061	1.604	1.886	2.920	4.303	6.965	9.925	22.327
3	0.277	0.476	0.765	0.978	1.423	1.638	2.353	3.182	4.541	5.841	10.215
4	0.271	0.464	0.741	0.941	1.344	1.533	2.132	2.776	3.747	4.604	7.173
5	0.267	0.457	0.727	0.920	1.301	1.476	2.015	2.571	3.365	4.032	5.893
6	0.265	0.453	0.718	0.906	1.273	1.440	1.943	2.447	3.143	3.707	5.208
7	0.263	0.449	0.711	0.896	1.254	1.415	1.895	2.365	2.998	3.499	4.785
8	0.262	0.447	0.706	0.889	1.240	1.397	1.860	2.306	2.896	3.355	4.501
9	0.261	0.445	0.703	0.883	1.230	1.383	1.833	2.262	2.821	3.250	4.297
10	0.260	0.444	0.700	0.879	1.221	1.372	1.812	2.228	2.764	3.169	4.144
11	0.260	0.443	0.697	0.876	1.214	1.363	1.796	2.201	2.718	3.106	4.025
12	0.259	0.442	0.695	0.873	1.209	1.356	1.782	2.179	2.681	3.055	3.930
13	0.259	0.441	0.694	0.870	1.204	1.350	1.771	2.160	2.650	3.012	3.852
14	0.258	0.440	0.692	0.868	1.200	1.345	1.761	2.145	2.624	2.977	3.787
15	0.258	0.439	0.691	0.866	1.197	1.341	1.753	2.131	2.602	2.947	3.733
16	0.258	0.439	0.690	0.865	1.194	1.337	1.746	2.120	2.583	2.921	3.686
17	0.257	0.438	0.689	0.863	1.191	1.333	1.740	2.110	2.567	2.898	3.646
18	0.257	0.438	0.688	0.862	1.189	1.330	1.734	2.101	2.552	2.878	3.610
19	0.257	0.438	0.688	0.861	1.187	1.328	1.729	2.093	2.539	2.861	3.579
20	0.257	0.437	0.687	0.860	1.185	1.325	1.725	2.086	2.528	2.845	3.552
21	0.257	0.437	0.686	0.859	1.183	1.323	1.721	2.080	2.518	2.831	3.527
22	0.256	0.437	0.686	0.858	1.182	1.321	1.717	2.074	2.508	2.819	3.505
23	0.256	0.436	0.685	0.858	1.180	1.319	1.714	2.069	2.500	2.807	3.485
24	0.256	0.436	0.685	0.857	1.179	1.318	1.711	2.064	2.492	2.797	3.467
25	0.256	0.436	0.684	0.856	1.178	1.316	1.708	2.060	2.485	2.787	3.450
26	0.256	0.436	0.684	0.856	1.177	1.315	1.706	2.056	2.479	2.779	3.435
27	0.256	0.435	0.684	0.855	1.176	1.314	1.703	2.052	2.473	2.771	3.421
28	0.256	0.435	0.683	0.855	1.175	1.313	1.701	2.048	2.467	2.763	3.408
29	0.256	0.435	0.683	0.854	1.174	1.311	1.699	2.045	2.462	2.756	3.396
30	0.256	0.435	0.683	0.854	1.173	1.310	1.697	2.042	2.457	2.750	3.385
35	0.255	0.434	0.682	0.852	1.170	1.306	1.690	2.030	2.438	2.724	3.340
40	0.255	0.434	0.681	0.851	1.167	1.303	1.684	2.021	2.423	2.704	3.307
45	0.255	0.434	0.680	0.850	1.165	1.301	1.679	2.014	2.412	2.690	3.281
50	0.255	0.433	0.679	0.849	1.164	1.299	1.676	2.009	2.403	2.678	3.261
55	0.255	0.433	0.679	0.848	1.163	1.297	1.673	2.004	2.396	2.668	3.245
60	0.254	0.433	0.679	0.848	1.162	1.296	1.671	2.000	2.390	2.660	3.232
∞	0.253	0.431	0.674	0.842	1.150	1.282	1.645	1.960	2.326	2.576	3.090

表 4.8　t 累積分布表

付録 5　参考文献

[1] 堤裕之, 岡谷良二, 畔津憲司. 教養としての数学. ナカニシヤ出版, 2013.

[2] 小針晛宏. 確率・統計入門. 岩波書店, 1973.

[3] 山本幸一. 順列・組合せと確率. 新装版 数学入門シリーズ. 岩波書店, 2015.

[4] Ladislaus von Bortkiewicz. *Das Gesetz der Kleinen Zahlen*. Nabu Press, 2010.

[5] Jacob Cohen. *Statistical Power Analysis for the Behavioral Sciences (Second Edition)*. Routledge, 1988.

[6] 永田靖. サンプルサイズの決め方. 統計ライブラリー. 朝倉書店, 2003.

[7] AnnetteJ.Dobson（田中豊, 森川敏彦, 山中竹春, 冨田誠訳）. 一般化線形モデル入門 原著第 2 版. 共立出版, 2008.

[8] 佐武一郎. 線型代数学. 新装版 数学選書. 裳華房, 2015.

[9] 杉浦光夫. 解析入門 I. 基礎数学 2. 東京大学出版会, 1980.

[10] 杉浦光夫. 解析入門 II. 基礎数学 3. 東京大学出版会, 1985.

[11] 柳川尭. 統計数学. 現代数学ゼミナール. 近代科学社, 1990.

[12] 東京大学教養学部統計学教室編. 統計学入門. 基礎統計学. 東京大学出版会, 1991.

[13] 坂元慶行, 石黒真木夫, 北川源四郎, 北川敏男. 情報量統計学. 情報科学講座. 共立出版, 1983.

[14] 小西貞則, 北川源四郎. 情報量規準. シリーズ・予測と発見の科学. 朝倉書店, 2004.

[15] 市原清志. バイオサイエンスの統計学—正しく活用するための実践理論. 南江堂, 1990.

[16] 宮川公男. 基本統計学（第 4 版）. 有斐閣, 2015.

[17] 鈴木武, 山田作太郎. 数理統計学—基礎から学ぶデータ解析. 内田老鶴圃, 1996.

[18] Gene V. Glass and Kenneth D. Hopkins. *Statistical Methods in Education and Psychology*. Prentice Hall College Div, 1984.

[19] Erich L. Lehmann and Joseph P. Romano. *Testing Statistical Hypotheses*. Springer Texts in Statistics. Springer, 2010.

[20] George Casella and Roger L. Berger. *Statistical Inference*. Brooks/Cole, 2008.

[21] C.M. ビショップ（元田浩, 栗田多喜夫, 樋口知之, 松本裕治, 村田昇監訳）. パターン認識と機械学習 上 (ベイズ理論による統計的予測). 丸善出版, 2012.

[22] C.M. ビショップ（元田浩, 栗田多喜夫, 樋口知之, 松本裕治, 村田昇監訳）. パターン認識と機械学習 下 (ベイズ理論による統計的予測). 丸善出版, 2012.

[23] 久保拓弥. データ解析のための統計モデリング入門一般化線形モデル・階層ベイズモデル・MCMC. 確率と情報の科学. 岩波書店, 2012.

[24] 西尾真喜子. 確率論. 実教理工学全書. 実教出版, 1978.

[25] 市川雅教. 因子分析. 行動軽量の科学. 朝倉書店, 2010.

[26] 清水良一. 中心極限定理. 新しい応用の数学. 教育出版, 1976.

付録6　索　引

記号／数字

I

あ

か

さ

わ

おわりに

冒頭の「はじめに」の部分に記した通り，本書は理系以外の大学初年時の学生に向けた「統計学」の教科書として書き下ろしたものです．しかし，非理系向けというには書き方が数学的であり，さらに，より基本的な記述統計について何もふれられていないことについて疑問に感じる方も多いでしょう．この辺りの事情についていくらか説明させていただきたいと思います．

本書のもととなったのは，著者の勤務校の「統計基礎」という講義科目の講義ノートです．

統計基礎は，「学生が卒業論文等を書く前にせめて有意差くらいは聞いたことがあるようにして欲しい」との要望から設置された大学初年時向けの半期 15 回の科目で，必然的に「平均値の差の検定を学ぶ」がその到達目標でした．非理系の学生向けということもあり，当初はなるべく数式を使わない，記述統計を含む形の講義を計画したのですが，まず，記述統計から始めると，半期の授業で平均値の差の検定までたどりつくのにかなり早足になってしまうという欠点が明らかになりました．

この欠点は，かなり深刻なものでした．というのも，記述統計で平均，分散などを解説したあと，今度は推測統計の平均，分散を解説します．計算の仕方は同じなのに，片方は定数であり，もう片方は確率変数と考えるべき値です．このような非常にまぎらわしい話を駆け足で進めていくのですから，聞いている学生の混乱は必至です．実際，後半部分がチンプンカンプンであるとの授業評価が多く，また，かなりできる学生でも有意差について学ぶ以前の段階で思考停止している様子がうかがえました．

数式を過度に避けるという方針も同様です．

数式を極力使わないような説明でも記述統計までならなんとかなります．しかし，推測統計をこの方針で話そうとすると，結局のところ単に計算の仕方を解説しているだけ，しかも，数式を使えば 1 行で書けることを，長々と解説する羽目になり，果ては説明しきれなくなるという結果に終わりました．著者の実力不足な面もあるとは思います．しかし，統計は数学の言葉で書かれているのだから，数学の言葉で説明すべきという当たり前のことを再認識させられただけの結果となりました．

このような理由から，記述統計の解説は推測統計とは切り離した方がよいだろう，可能な限り数式を使った説明をした方がよいだろうと思っていたところ，前者は 2016 年の入学生から実現させることができました．2012 年に高等学校の学習指導要領が変わり，全員必修の単元「数学 I」に「データの分析」として取り上げられるようになったからです．したがって，残った課題は，非理系の学生についても仮定できる「数学 I」の知識を前提として，できる限り正確に教える，のみになった訳です．

本書は，この視点を基に執筆されています．

すなわち，本書は，半期 15 回の授業を前提に，要望の多い「平均値の差の検定」を，あまり多くの数学の知識を仮定することなく，なるべく正確に解説することを目標としたものです．非常に限られた期間ですから，本題の理解と関係しないものはほとんど全て省略しました．また，各回の授業で取り扱う内容を明確にするために，各回の要点は 2 頁以内に収まるように執筆しました．

ただし，次の点について特にご留意いただきたいと思います．

本書は「平均値の差の検定」の解説が目標ですが，これは，著者の勤務校の要望に応えた結果そうなったというだけです．つまり，筆者自身，統計のなかで最も学ぶべきことが「検定」だと考えている訳ではありません．それどころか，近年，この「検定」という手続きには，大きな疑問が挟まれつつあります．もちろん，「検定」という手続き自体に問題はありません．しかし，「検定」のみを頼りに結果の正誤を議論すべきではなく，より多くの指標やモデル自体の正しさを議論の対象とすべきとの指摘が強くなされるようになってきており，著者もこの考えに同意せざるを得ません．そして，本書の後半，第 14，15 講はこの考えに添い，「検定」の先にある「予測」について解説しています．すなわち，筆者は「検定」は統計の入り口の一つにしか過ぎないと考えています．そして，より進んだ統計を学ぶには，遠回りにみえるかもしれませんが，最低限，微分積分と線形代数について一通り学び，さらに，R，もしくは python などのプログラミング言語について学んでからにすべきだろうと思います．

統計学は応用数学の一分野です．前にも書きましたが，数学の言葉で書かれているのだから，やはり，その理解に数学の言葉は必須です．また，現実に統計を使うには大量の計算を行わなければなりません．本書のレベルでも，後半部分の講の例だと，手計算はかなりの苦行ですから，これを超えるような計算を手で行うことは非現実的です．

ここで「ちょっと待ってください，より高度な数学やプログララミングの知識が必要なのだとすると，これは理系に任せておくべきことなのではないですか」といわれそうなことは分かっています．確かに，全員が学ぶ必要があるとは思いません．しかし，理系だけが学べば十分という主張には同意できません．統計学は，情報技術の進歩と相まって，社会に非常に大きな影響を与えつつあるからです．

令和元年 6 月 1 日　著者記す

著者紹介

堤　裕之（つつみ　ひろゆき）
所　　属　大阪体育大学体育学部教授。
最終学歴　九州大学大学院数理学研究科博士後期課程中退。数理学博士。
共 編 書　『学士力を支える学習支援の方法論』（ナカニシヤ出版，2012年）
　　　　　『教養としての数学 増補版』（ナカニシヤ出版，2018年）

平均値の差の検定からの統計学入門
統計的仮説検定の理解から予測へ

2020年3月30日　　初版第1刷発行
2023年3月30日　　初版第3刷発行

著　者　堤　裕之
発行者　中西　良
発行所　株式会社ナカニシヤ出版
〒606-8161　京都市左京区一乗寺木ノ本町15番地
Telephone　075-723-0111
Facsimile　075-723-0095
Website　http://www.nakanishiya.co.jp/
Email　iihon-ippai@nakanishiya.co.jp
郵便振替　01030-0-13128

装幀＝白沢　正／印刷・製本＝創栄図書印刷

ISBN978-4-7795-1469-2